JN146954

実践 Deep Learning

PythonとTensorFlowで学ぶ次世代の機械学習アルゴリズム

Nikhil Buduma 著

太田 満久、藤原 秀平 監訳

牧野 聡 訳

Fundamentals of Deep Learning

Designing Next-Generation Machine Intelligence Algorithms

Nikhil Buduma

with contributions by Nicholas Locascio

Beijing • Boston • Farnham • Sebastopol • Tokyo 

監訳者まえがき

ディープラーニングの登場が機械学習という分野に与えた影響の大きさは計り知れません。ディープラーニング自体が優れた手法であるということも重要ですが、それ以上にこの分野のあり方を大きく変化させているように感じます。最も大きな変化は、研究から実用までの速度がこれまでとは段違いに速くなったことでしょう。

開発者が当然のように最近の論文の話をして実装を行い、それが実社会の役に立つ。これほど研究と開発の距離が近くなることを予想できた人は少ないでしょう。しかし、実際にそんな時代が訪れているのです。

非常にわくわくする話ですが、一方で最前線に居続けることにはそれなりの苦労が伴います。日々新しく出てくる論文に目を通し、実際に手を動かして実装し、さらには実務に役立てていく、というのは容易ではありません。

そんな中、書籍にも変化の波が訪れてきました。本書を手に取った時「この内容がもう書籍として出版されるのか」という驚きがありました。研究の分野では書籍になった時点で枯れた技術であるという意見を聞くこともありますが、そんな話はどこ吹く風といった感じです。

ディープラーニングの最新の動向について広く知り、この世界に飛び込んでいきたいという方にとっては、きっと本書が良い入り口となるでしょう。すでにこの世界で戦う人にとっては、知識の良い整理になるでしょう。本書が多くの方の一助となることを願ってやみません。

2018年2月吉日

太田 満久

藤原 秀平

まえがき

2000年代に人気を集めたニューラルネットワークが、再び脚光を浴びています。そしてディープラーニングは、モダンな機械学習への道を切り開く研究としてとても活発に議論されています。本書では十分な解説と実例を示し、ディープラーニングという込み入ったトピックをよりよく理解できるように努めます。GoogleやMicrosoft、Facebookなどの大企業もディープラーニングの重要性を理解し、それぞれ社内に研究チームを発足させています。しかし我々にとっては依然として、ディープラーニングというのは複雑で理解しにくいテーマです。研究論文は専門用語であふれ、オンラインの解説記事は問題解決への動機も手法も明らかにはしてくれません。このような不満を解消するために、本書は執筆されました。

本書の目的と前提

本書は、微積分や行列演算、そしてPythonプログラミングについての基礎的な知識を持った読者を対象とします。これらの経験の乏しい読者が本書を読み進めるのは、不可能ではありませんが困難を伴うでしょう。また、数学的な解説の一部では、線形代数に関する知識も役立つことになります。

本書をすべて読み終えると、読者はディープラーニングを使った問題解決のアプローチを直感的に理解できるようになるでしょう。ディープラーニングの歴史的背景を把握し、オープンソースのTensorFlowライブラリを使ってディープラーニングのアルゴリズムを記述できるようにもなります。

表記上のルール

本書では、次に示す表記上のルールに従います。

太字（Bold）
新しい用語、強調やキーワードフレーズを表します。

等幅（`Constant Width`）
プログラムのコード、コマンド、配列、要素、文、オプション、スイッチ、変数、属性、キー、関数、型、クラス、名前空間、メソッド、モジュール、プロパティ、パラメーター、値、オブジェクト、イベント、イベントハンドラー、XML タグ、HTML タグ、マクロ、ファイルの内容、コマンドからの出力を表します。その断片（変数、関数、キーワードなど）を本文中から参照する場合にも使われます。

等幅太字（`Constant Width Bold`）
ユーザーが入力するコマンドやテキストを表します。コードを強調する場合にも使われます。

等幅イタリック（*`Constant Width Italic`*）
ユーザーの環境などに応じて置き換えなければならない文字列を表します。

ヒントや示唆を表します。

ライブラリのバグやしばしば発生する問題などのような、注意あるいは警告を表します。

監訳者による補足説明を表します。

サンプルコードの使用について

本書日本語版のサンプルコードは、以下から入手できます（原書のサンプルコードは https://github.com/darksigma/Fundamentals-of-Deep-Learning-Book から入手できます）。

https://github.com/oreilly-japan/fundamentals-of-deep-learning-ja

本書の目的は、読者の仕事を助けることです。一般に、本書に掲載しているコードは読者のプログラムやドキュメントに使用してかまいません。コードの大部分を転載する場合を除き、我々に許可を求める必要はありません。例えば、本書のコードの一部を使用するプログラムを作成するために、許可を求める必要はありません。なお、オライリー・ジャパンから出版されている書籍のサンプルコードを CD-ROM として販売したり配布したりする場合には、そのための許可が必要です。本書や本書のサンプルコードを引用して質問などに答える場合、許可を求める必要はありません。ただし、本書のサンプルコードのかなりの部分を製品マニュアルに転載するような場合には、そのための許可が必要です。

出典を明記する必要はありませんが、そうしていただければ感謝します。Nikhil Buduma 著『実践 Deep Learning』（オライリー・ジャパン発行）のように、タイトル、著者、出版社、ISBN などを記載してください。

サンプルコードの使用について、公正な使用の範囲を超えると思われる場合、または上記で許可している範囲を超えると感じる場合は、permissions@oreilly.com まで（英語で）ご連絡ください。

意見と質問

本書（日本語翻訳版）の内容については、最大限の努力をもって検証、確認していますが、誤りや不正確な点、誤解や混乱を招くような表現、単純な誤植などに気がつかれることもあるかもしれません。そうした場合、今後の版で改善できるようお知らせいただければ幸いです。将来の改訂に関する提案なども歓迎いたします。連絡先は次のとおりです。

株式会社オライリー・ジャパン
電子メール　japan@oreilly.co.jp

本書の Web ページには次のアドレスでアクセスできます。

https://www.oreilly.co.jp/books/9784873118321
http://shop.oreilly.com/product/0636920039709.do（英語）

オライリーに関するそのほかの情報については、次のオライリーの Web サイトを参照してください。

https://www.oreilly.co.jp/
https://www.oreilly.com/（英語）

謝辞

本書の完成に尽力してくださった皆さまに感謝します。はじめに、「7 章　シーケンス分析のモデル」と「8 章　メモリ強化ニューラルネットワーク」の原稿に大きく貢献した Mostafa Samir と Surya Bhupatiraju の名前をあげたいと思います。本書の GitHub リポジトリに置かれているサンプルコードの初期バージョンは、Mohamed (Hassan) Kane と Anish Athalye が作成してくれました。

編集担当の Shannon Cutt からの不断のサポートと深い知見がなかったら、本書が世に出ることはなかったはずです。Isaac Hodes、David Andrzejewski、Aaron Schumacher は草稿をレビューし、示唆に富む詳細な批評を与えてくれました。そして最後に、Jeff Dean、Nithin Buduma、Venkat Buduma、William、Jack をはじめとする友人・家族にも感謝したいと思います。執筆の最終段階で、さまざまな洞察を得ることができました。

目次

1章 ニューラルネットワーク

1.1 知的な機械を作るということ

人間の体の中で、最もすばらしい能力を備えているのが脳という器官です。脳は視覚や聴覚、嗅覚、味覚そして触覚のすべてを司っています。物事を記憶したり、感情を引き起こしたり、夢を見るのさえも脳の働きです。脳がなかったら、我々はごく単純な反射運動しかできない原始生物と変わりありません。脳が我々を知的生命体たらしめているのです。

幼児の脳の重さは 500 グラム足らずですが、最も大きく最も強力なスーパーコンピューターにも解けないような難問を解決できてしまいます。生後わずか数ヶ月で幼児は両親の顔を認識でき、物体と背景を区別でき、声を聞き分けることも可能です。そして 1 年もすると、自然界の物理を直感的に理解でき、対象が一部またはすべて物陰に隠れていても動きを追跡できて、音声とその意味を関連付けられるようになります。幼少期の早い段階で、数千のボキャブラリーやきちんとした文法を身につけられます[†1]。

過去数十年にわたって我々は、人間と同じような脳を持った知的な機械を作ることを夢見てきました。家を清掃する家政婦ロボット、自律的に運転する自動車、病気を発見してくれる顕微鏡などがその一例です。しかし、このような知能を人工的に実現するには、我々が今までに取り組んできた中でもきわめて難しい部類に属する問題をコンピューター上で解かなければなりません。我々の脳はこのような問題をマイクロ秒単位で解けてしまうのですが、コンピューターにとっては難問です。こういった問

†1 Kuhn, Deanna, et al. *Handbook of Child Psychology. Vol. 2, Cognition, Perception, and Language.* Wiley, 1998.

題を解くためには、まったく新しいプログラミングの手法が必要になると考えられます。過去 10 年ほどの間にとても活発に行われてきた人工知能関連の研究を通じて、ここで使われることになるテクニックが生み出されました。それは**ディープラーニング**と呼ばれます。

1.2 従来のプログラムの限界

そもそも、コンピューターにとって困難な問題とはどのようなものなのでしょうか。従来のプログラムは、計算をとても速く行うことと、明示された手順に従って処理を行うことを得意としています。例えば大量の財務計算が必要だといった場合には、従来のプログラムが能力を発揮できます。一方、もう少し面白いことを行いたい場合についても考えてみましょう。**図1-1** のような手書き文字を自動的に認識するというプログラムを例に取ります。

図1-1 手書き文字のデータセット。MNIST データセットより[†2]

†2 Y. LeCun, L. Bottou, Y. Bengio, and P. Haffner. "Gradient-Based Learning Applied to Document Recognition" *Proceedings of the IEEE*, 86(11):2278-2324, November 1998.

この図にある数字はどれも少しずつ違いますが、我々人間は1行目の数字をすべてゼロと認識でき、2行目の数字は1だとわかります。同等の処理を行うプログラムを作成できるでしょうか。ある数字を別の数字と区別するには、どのようなルールが必要でしょうか。

まずは単純な例から考えてみます。両端が閉じた輪が1つ書かれていたら、その画像はゼロを表すと言えるかもしれません。**図1-1**でのゼロはすべてこのルールに適合していますが、残念ながらこのルールだけでは不十分です。両端が完全には接していない場合にも対応しなければなりません。また、**図1-2**のように雑に書かれたゼロを6ではないと判断する必要もあります。

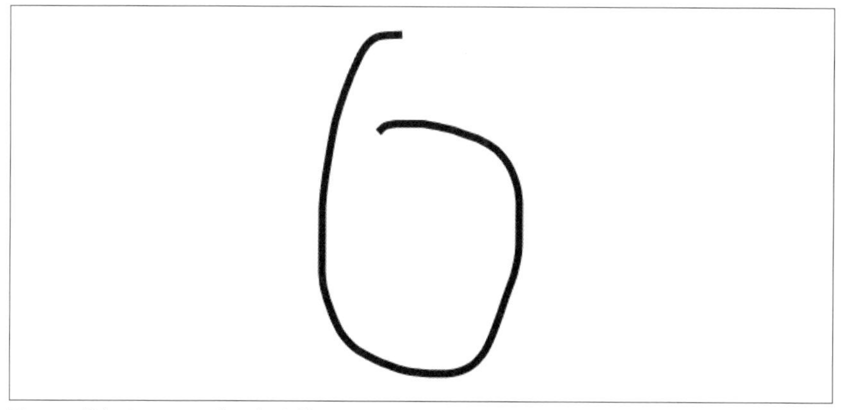

図1-2　雑なゼロ。アルゴリズムを使って6と区別するのは難しい

始点と終点の間の距離に何らかのしきい値を設けて、ゼロと6とを区別するという方法も考えられます。しかし、具体的にどのような値が使われるべきかは明らかではありません。これは問題のほんの一部にすぎず、3と5の区別や4と9の区別にも同様のジレンマがあります。慎重な観察と長期の試行錯誤を経て、多数のルール（**特徴**とも呼ばれます）を追加してゆくことは可能ですが、明らかに面倒です。

物体の識別や音声認識、自動翻訳などでも同様の問題が見られます。我々の脳がどのようにしてこれらの処理を行っているか知らないため、同等の処理を行おうとしてもどのようなプログラムを書いたらよいのかわからないのです。たとえ脳の処理内容がわかったとしても、プログラムは恐ろしく複雑なものになるでしょう。

1.3 機械学習のしくみ

この種の問題に取り組むためには、まったく異なる種類のアプローチが必要です。幼児が大きくなり学校に通うようになってから学ぶことについては、従来のプログラムとの共通点が多く見られます。例えば掛け算を計算したり、方程式を解いたり、一連の手順を身につけて成果を得たりといったことは、プログラムにとって得意です。しかし、我々が幼少期のうちに学ぶようなごく当たり前の事柄については、数式ではなく実例を通じて学習されたものばかりです。

我々が2歳ぐらいの頃に、犬とはどのようなものか覚えた時のことを思い出してみましょう。我々の両親は、犬の鼻や体の長さを測ってみせたりはしなかったはずです。犬の実例を多数見て、別のものを犬だと判断したら訂正されるという手順の繰り返しを通じて、我々は犬を認識するようになりました。言い換えると、我々には物の見え方を表すモデルが生まれながらに備えられています。成長するにつれて、感覚器官から入力された情報が何を表しているのか推測できるようになります。推測が正しいということを親が示すと、その推測に基づくモデルは強化されます。推測が誤りだという指摘を受けると、この新しい情報を元にモデルが修正されます。そして一生の間に多数の実例に触れて、モデルはより正確なものになってゆきます。以上のような手順は明らかに、無意識のうちに発生しています。しかし、我々の役に立っていることに疑いはありません。

幅広い人工知能に関する研究の1分野に**機械学習**というものがあり、ディープラーニングはさらにその一部です。機械学習の特徴は、前述の例のように実例から学ぶという点です。機械学習では、問題解決のためのルールを大量に与えるといったことは行われません。入力された実例に対して判断を行うための**モデル**と、判断が誤っていた場合にモデルを修正するための簡単な手順という2つが用意されます。時が経つにつれてモデルの精度が向上し、きわめて正確に問題を解決できるようになることが見込まれます。

このことの意味をもう少し厳密に明らかにするために、数式を使って表現してみます。我々のモデルは $h(\mathbf{x}, \theta)$ という関数を使って定義されます。入力のうち $\mathbf{x}$ は、実例をベクトルとして表現したものです。例えば $\mathbf{x}$ がグレースケール画像だとしたら、その要素は各ピクセルでの色の濃さを表します（**図1-3**）。

もう1つの入力 θ は、モデルが利用するパラメーターのベクトルです。多くの実例から学び、これらのパラメーターの値を完全なものに近づけてゆくというのが我々のプログラムの目標です。このプログラムの詳細については「2章　フィードフォワー

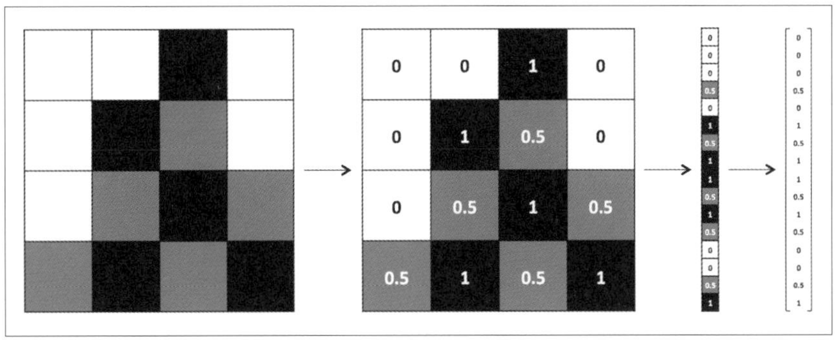

図1-3 機械学習のために、画像をベクトルとして表現する

ドニューラルネットワークの訓練」で解説します。

機械学習でのモデルについて直感的に理解できるような、簡単な例を1つ紹介します。前日の睡眠時間と学習時間を元に、テストでの成績を予測したいとします。データを多数集め、それぞれのデータポイント $\mathbf{x} = \begin{bmatrix} x_1 & x_2 \end{bmatrix}^\top$ ごとに睡眠時間（x_1）と学習時間（x_2）そしてクラス平均以上の成績を得たかどうかを記録します。ここでの目標は、以下のようなパラメーターベクトル $\theta = \begin{bmatrix} \theta_0 & \theta_1 & \theta_2 \end{bmatrix}^\top$ を持つモデル $h(\mathbf{x}, \theta)$ を学習によって得ることです。

$$h(\mathbf{x}, \theta) = \begin{cases} -1 & \text{if } \mathbf{x}^\top \cdot \begin{bmatrix} \theta_1 \\ \theta_2 \end{bmatrix} + \theta_0 < 0 \\ 1 & \text{if } \mathbf{x}^\top \cdot \begin{bmatrix} \theta_1 \\ \theta_2 \end{bmatrix} + \theta_0 \geqq 0 \end{cases}$$

つまり、我々のモデル $h(\mathbf{x}, \theta)$ の青写真は上のように記述できると想定しています。幾何学的に言うなら、この青写真では線形分類器が定義され、座標空間が2つに分割されます。そして、$\mathbf{x}$ という入力を受け取った際にモデルが正しい予測を行える（平均未満の成績なら -1 を返し、そうでなければ1を返す）ようにパラメーターベクトル θ を学習します。このようなモデルは線形**パーセプトロン**と呼ばれ、1950年代から使われてきました[†3]。さて、**図1-4**のようなデータが収集されたものとしましょう。

†3 Rosenblatt, Frank. "The perceptron: A probabilistic model for information storage and organization in the brain." *Psychological Review* 65.6 (1958): 386.

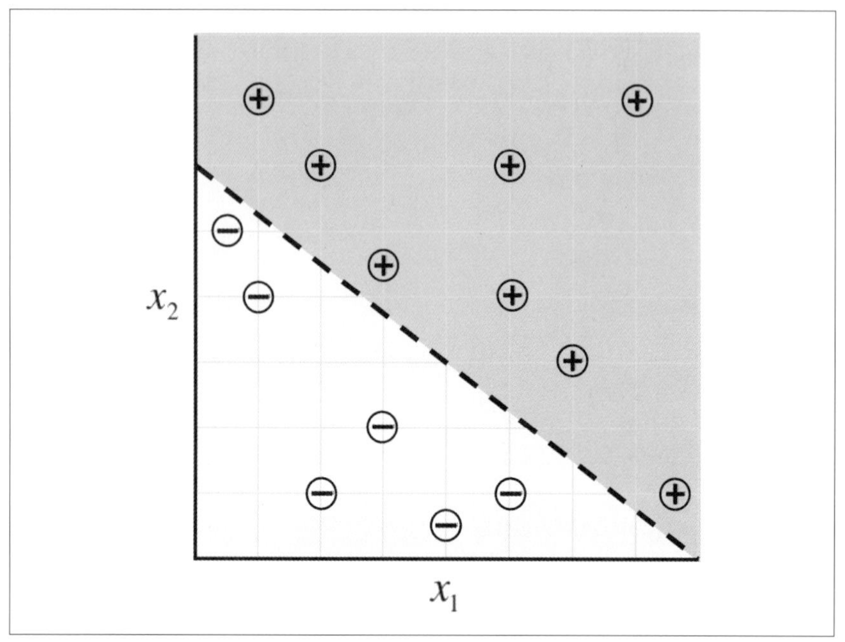

図1-4　成績を予測するアルゴリズムのためのサンプルデータと、分類器の一例

この場合は $\theta = \begin{bmatrix} -24 & 3 & 4 \end{bmatrix}^\top$ というパラメーターベクトルを使うと、すべてのデータポイントに対して正しい予測を行えます。モデルは以下のようになります。

$$h(\mathbf{x}, \theta) = \begin{cases} -1 & \text{if } 3x_1 + 4x_2 - 24 < 0 \\ 1 & \text{if } 3x_1 + 4x_2 - 24 \geqq 0 \end{cases}$$

最適なパラメーターベクトル θ は、できるだけ正しい予測を行えるような分類器を表します。最適な θ の選択肢は多数（あるいは無数）存在するのが一般的です。しかしほとんどの場合、これらの選択肢は違いを無視できるほど似通っています。そうではない場合には、より多くのデータを集めて θ の選択肢の幅を狭める必要があります。

ここまでの議論は筋道が通っているようにも思えますが、重要な疑問もいくつか残されています。まず、パラメーターベクトル θ の最適な値はどのようにして導き出されたのでしょうか。この問題を解決するためには、一般に**最適化**と呼ばれている手法が必要になります。最適化における目標は、機械学習のモデルの精度を最大に高めることです。誤りが最小化されるまで、パラメーターの値が繰り返し調整されます。2章で**勾配降下法**[†4]のプロセスについて解説する際に、このパラメーターベクトルの学習に取り組みます。以降の章では、このプロセスへのさらなる効率化を探ります。

また、ここでの線形パーセプトロンというモデルが学習できる相互関係はとても限られていることは明らかです。例えば**図1-5**のようなデータの分布は、線形パーセプトロンではうまく表現できません。

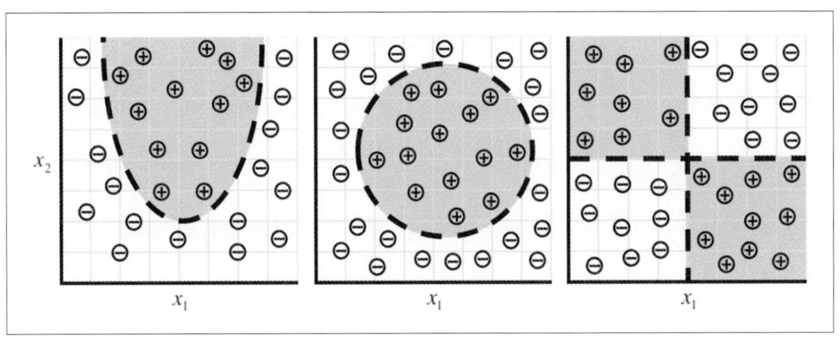

図1-5 データの分布形状が複雑になると、データを表現するモデルも複雑化を求められる

しかも、これらは氷山の一角にすぎません。物体の認識や文章の解析といった複雑な問題に取り組もうとすると、次元数は急激に増加し、発見するべき関係性もまったく線形ではないものになります。このような複雑さに対処するために、近年の研究では我々の脳で使われている構造に似たモデルの構築が試みられています。こうした研究は**ディープラーニング**と呼ばれており、画像認識や自然言語処理などの分野で大きな成功を収めています。ディープラーニングのアルゴリズムは他の機械学習のアルゴリズムと比べて高い精度を出しやすく、人間の認識能力に並んだり、さらには上回ったりすることもあります。

1.4 ニューロン

人間の脳を構成する基本的な要素はニューロンと呼ばれます。脳から米粒ほどの小さな範囲を切り出してみても、その中に1万個以上のニューロンが含まれています。そして、それぞれのニューロンは平均6千もの他のニューロンと接続されていま

†4 Bubeck, Sébastien. "Convex optimization: Algorithms and complexity." *Foundations and Trends ® in Machine Learning.* 8.3-4 (2015): 231-357.

す[†5]。この大規模な生物学的ネットワークを使い、我々は外界を知覚します。ここからの解説では、ニューロンの構造に基づいて機械学習のモデルを作成し、人間の脳と同様のやり方で問題を解いてゆくことをめざします。

ニューロンの働きとは、他のニューロンから情報を受け取り、その情報を独自の方法で処理して、結果を他の細胞に伝達するということです。ニューロンはこの手順を効率よく行えるように最適化されています。手順をまとめたのが図1-6です。ニューロンは**樹状突起**と呼ばれるアンテナのような構造を介して情報を受け取ります。これらの接続の1つ1つは、その使用頻度に応じて動的に強弱が調整されます。新しい概念を学習する際には、このようなしくみが使われるのです。接続の強度が、ニューロンからの出力に対するそれぞれの入力の貢献度つまり重みを表します。接続の強度によって重み付けが行われた入力の値は、**細胞体**の中で合計が計算されます。この合計値は新しい出力信号へと変換され、細胞の**軸索**を通じて他のニューロンへと伝達されます。

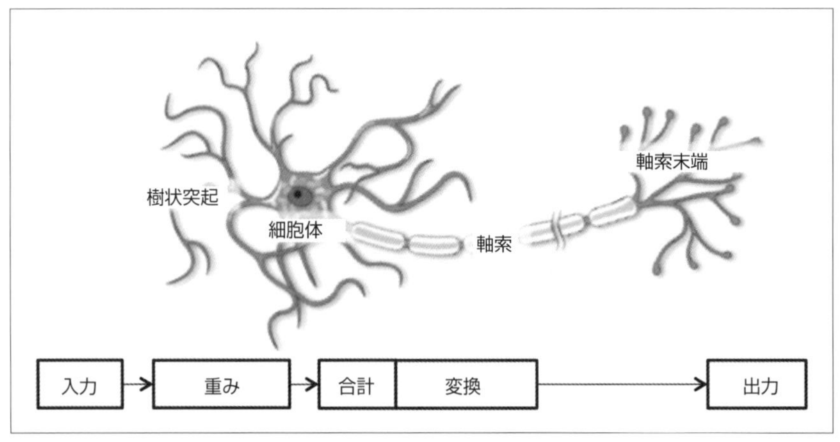

図1-6　ニューロンの生物学的構造

このような脳のニューロンの機能についての知識を、コンピューター上で表現可能な人工的モデルへと置き換えてみましょう。1943年にWarren S. McCullochとWalter H. Pittsが提案したアプローチ[†6]を利用して、図1-7のようなモデルを作成

†5　Restak, Richard M. and David Grubin. *The Secret Life of the Brain.* Joseph Henry Press, 2001.

†6　McCulloch, Warren S., and Walter Pitts. "A logical calculus of the ideas immanent in nervous activity." *The Bulletin of Mathematical Biophysics.* 5.4 (1943): 115-133.

できます。生物学的なニューロンと同様に、我々の人工的ニューロンも複数個の入力 $x_1, x_2, \ldots, x_n$ を受け取ります。それぞれの入力には重み $w_1, w_2, \ldots, w_n$ が設定されており、入力値との乗算が行われます。これらの重み付けされた値は、脳での場合と同じように合計されます。合計値つまり $z = \sum_{i=0}^{n} w_i x_i$ は、ニューロンの**ロジット**と呼ばれます。図では省略されていますが、多くの場合、ロジットには**バイアス**という値も加算されます。そしてロジットの値が関数 f に渡され、出力値 $y = f(z)$ が算出されます。最後に、この出力値が他のニューロンに送信されます。

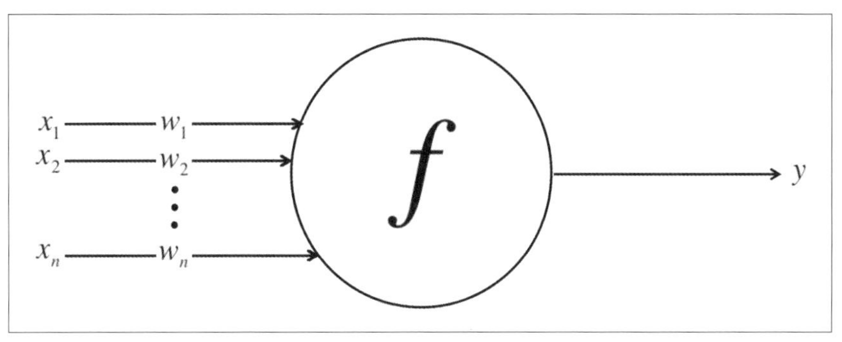

図1-7　人工的なニューラルネットワークでのニューロンの概略

人工ニューロンについての数学的議論の締めくくりとして、ニューロンの機能をベクトルとして表現してみます。入力されるデータは $\mathbf{x} = \begin{bmatrix} x_1 & x_2 & \ldots & x_n \end{bmatrix}$ というベクトルであるとみなし、ニューロンの重みは $\mathbf{w} = \begin{bmatrix} w_1 & w_2 & \ldots & w_n \end{bmatrix}$ というベクトルとして保持するものとします。すると、ニューロンからの出力は $y = f(\mathbf{x} \cdot \mathbf{w} + b)$ になります。ここで b はバイアスを表します。入力と重みのベクトルに対してドット積を計算し、バイアスを加えてロジットを算出し、さらに変換の関数を適用します。このような書き換えに意味があるのかと思われたかもしれません。しかし、このことはとても重要です。ニューロンをベクトル演算としてとらえることは、今後ニューロンの処理をプログラミングしてゆく上で不可欠です。

1.5　線形パーセプトロンをニューロンとして表現する

「1.3　機械学習のしくみ」では、睡眠時間および学習時間とテストの成績との関係を知るために機械学習を試みました。次のような線形パーセプトロンを使った分類器を定義し、デカルト座標面を2分割しました。

$$h(\mathbf{x}, \theta) = \begin{cases} -1 & \text{if } 3x_1 + 4x_2 - 24 < 0 \\ 1 & \text{if } 3x_1 + 4x_2 - 24 \geqq 0 \end{cases}$$

図1-4 で示したように、ここでの θ はデータセット中のすべてのサンプルを正しく分類できており、最適な選択です。これから、このモデル h がニューロンを使って簡単に表現できることを示します。**図1-8** のニューロンは、2つの入力と1つのバイアスを受け取ります。その変換には次の関数が使われます。

$$f(z) = \begin{cases} -1 & \text{if } z < 0 \\ 1 & \text{if } z \geqq 0 \end{cases}$$

我々の線形パーセプトロンとニューロンの両モデルは、明らかに等価です。そして一般的には、単一のニューロンが線形パーセプトロンよりも高い表現力を持つということも容易に示せます。逆に言うなら、すべての線形パーセプトロンは単一のニューロンとして表現できます。また、どのような線形パーセプトロンを使っても表現できないようなことを、ニューロン1つで表現できる可能性があります。

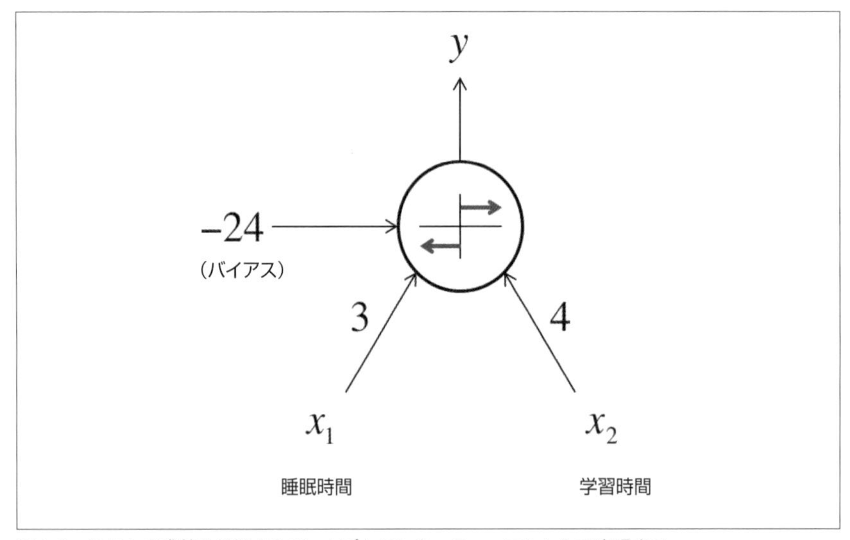

図1-8 テストの成績を予測するパーセプトロンを、ニューロンとして表現する

1.6 フィードフォワードニューラルネットワーク

ニューロンが1つでも線形パーセプトロンよりは強力ですが、さらに複雑な学習の問題を解決するほどの表現力はありません。だからこそ、我々の脳は複数のニューロンから成り立っているのです。例えば、ニューロン1つでは手書きの数字を識別できません。こうした複雑な作業に取り組むためには、より高度な機械学習のモデルが必要になります。

脳のニューロンは階層的に構成されています。人間の知性の大部分を司る大脳皮質は、6層のニューロンからなることがわかっています[†7]。層から層へと情報が伝わってゆくうちに、感覚器官からの入力が概念的な理解へと変換されます。例えば脳の視覚野にあるニューロンの最下層は、眼からの視覚情報をそのまま受け取ります。この情報がそれぞれの層で処理され、上層へと受け渡されてゆきます。最終的に第6層では、自分が見ているのが猫なのか缶ジュースなのか、それとも飛行機なのかを判断します。**図1-9**は、層が3つの場合の簡略化された例を表しています。

このような考え方を借りて、**人工的ニューラルネットワーク**を組み立てることができます。複数のニューロンと、入力データそして出力ノードを接続します。出力されるデータは、学習の問題に対するネットワーク[†8]からの回答に相当します。**図1-9**は人工的ニューラルネットワークのシンプルな例でもあり、1943年にMcCullochとPittが発表した構造に似ています。ネットワークの最下層で、入力データが取り込まれます。そして最上位層のニューロンつまり出力ノードで、最終的な回答が算出されます。中間にある層は**隠れ層**と呼ばれます。隠れ層は複数あってもかまいません。また、第k層のi番目のニューロンから第$k+1$層のj番目のニューロンへの接続に対する重みは$w_{i,j}^{(k)}$として表現されています。これらの重みの値は、パラメーターベクトルθを構成します。そして以前の例と同様に、θの最適な値を見つけられるかどうかがニューラルネットワークの問題解決能力を左右します。

この例では、接続は下層から上層への1方向のみです。同じ層のニューロン間でデータを受け渡す接続はなく、上層から下層への接続もありません。このような構成のニューラルネットワークは、**フィードフォワード**ニューラルネットワークと呼ばれます。解析が容易であるため、本書ではまずこの種のネットワークについて議論することにします。解析（具体的には、適切な重みの値を選択するプロセス）は「2章

---

†7 Mountcastle, Vernon B. "Modality and topographic properties of single neurons of cat's somatic sensory cortex." *Journal of Neurophysiology* 20.4 (1957): 408-434.

†8 訳注：以降、特に注釈がある場合を除いて「ネットワーク」はニューラルネットワークを意味します。

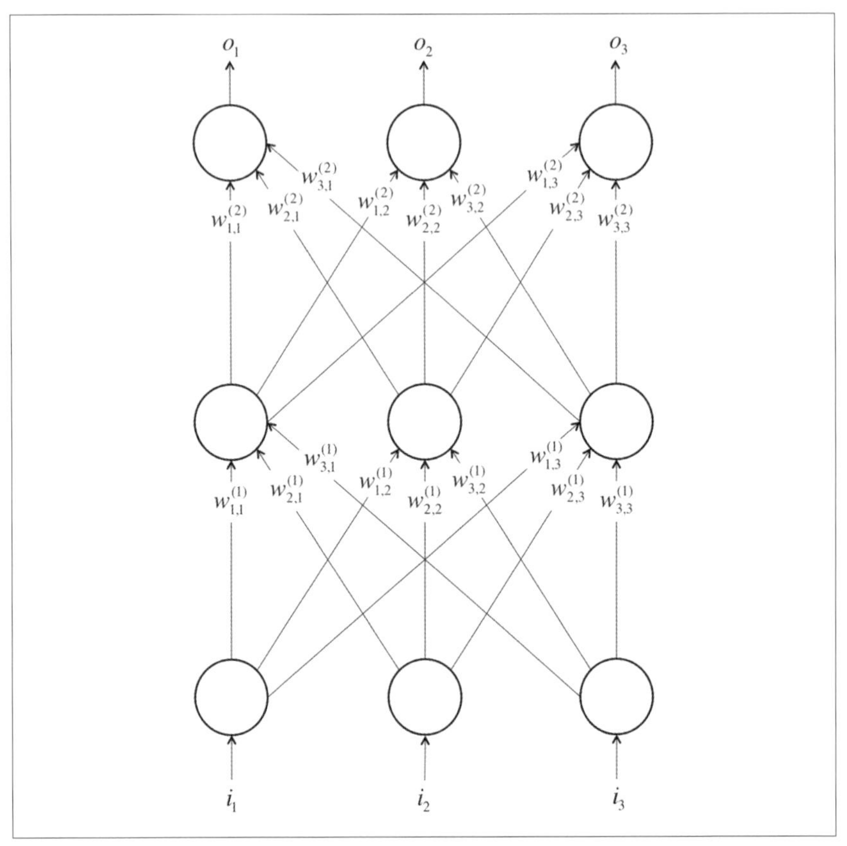

図1-9 シンプルなフィードフォワードニューラルネットワークの例。入力層、1 つの隠れ層、出力層の合計 3 層からなる。それぞれの層には 3 つのニューロンが含まれる

フィードフォワードニューラルネットワークの訓練」で紹介します。以降の章では、より複雑な接続の形態について解説します。

この章の最後で、フィードフォワードニューラルネットワークで使われる主な層の種類を紹介します。その前に、覚えておいてほしい点が4つあります。

1. 前述のように、最初の層（入力層）と最後の層（出力層）との間に挟まれている層は隠れ層と呼ばれます。ニューラルネットワークが問題を解決しようとする際に、重要な処理のほとんどを受け持つのがこの隠れ層です。手書き文字の例にもあったように、以前は意味のある特徴を発見するためには我々が多くの時間を費

やす必要がありました。隠れ層はこの作業を自動化してくれます。隠れ層での処理を観察すると、ネットワークがデータから特徴を自動的に学習する様子がよくわかります。

2. 今回の例ではすべての層でニューロンは同数ですが、これは必須ではなく推奨されているわけでもありません。隠れ層のニューロンの数は、入力層より少ないということもよくあります。こうすることによって、当初の入力データよりも圧縮された表現形式の情報に対して学習を行えます。例えば我々の眼は周囲の情報をピクセルの集合として取得しますが、脳はこれを辺あるいは輪郭として知覚します。脳内のニューラルネットワークの隠れ層が、より良い表現形式を求めて圧縮を行っているためです。
3. ニューロンは必ずしも、次の層のすべてのニューロンに接続しなければならないわけではありません。どのニューロンに接続するかを選ぶという作業は、経験がものを言う技能です。ニューラルネットワークのさまざまな実例に触れながら、このことについてより深く考えてゆくことにします。
4. 入力と出力は**ベクトル化**された形で表現されます。例えば**図1-3**のように、画像の各ピクセルのRGB値をベクトルとして表現したニューラルネットワークが考えられます。問題への答えを表す最上位層には、2つのニューロンが配置されるかもしれません。$[1,0]$ は画像の中に犬がいることを表し、猫がいれば $[0,1]$、犬も猫もいれば $[1,1]$、どちらもいなければ $[0,0]$ といった形式の回答が考えられます。

ここまでのニューロンへの書き換えと同様に、ニューラルネットワークをベクトルと行列の演算として数学的に表現し直すことも可能です。例えば i 番目の層への入力は、$\mathbf{x} = \begin{bmatrix} x_1 & x_2 & \ldots & x_n \end{bmatrix}$ というベクトルとして表現できます。そして、ニューロンを通じて入力データを伝搬させた結果も $\mathbf{y} = \begin{bmatrix} y_1 & y_2 & \ldots & y_m \end{bmatrix}$ というベクトルであるとします。重みを表す大きさ $n \times m$ の行列 $\mathbf{W}$ と、バイアスを表す大きさ m のベクトルを用意すると、伝播をシンプルな行列の乗算として表現できます。つまり、$y = f(\mathbf{W}^\top \mathbf{x} + \mathbf{b})$ であるということになります。ここでの変換の関数は、ベクトルの要素ごとに適用されます。これからニューラルネットワークをソフトウェアとして表現してゆく際に、以上のような定式化が大きな意味を持つことになります。

1.7 線形ニューロンとその限界

ほとんどの種類のニューロンは、ロジット z に対して適用される関数 f で区別できます。まず、$f(z) = az + b$ のような線形関数を使ったニューロンについて考えてみましょう。例えばファストフード店での支払い金額を見積もるニューロンでは、$a = 1$ かつ $b = 0$ の線形関数が使われるでしょう。つまり、関数は $f(z) = z$ です。図1-10のように、入力はハンバーガーとフライそしてソーダの個数を表す順序付きの3つ組であり、重みはそれぞれの商品の価格です。出力されるのは、合計の金額です。

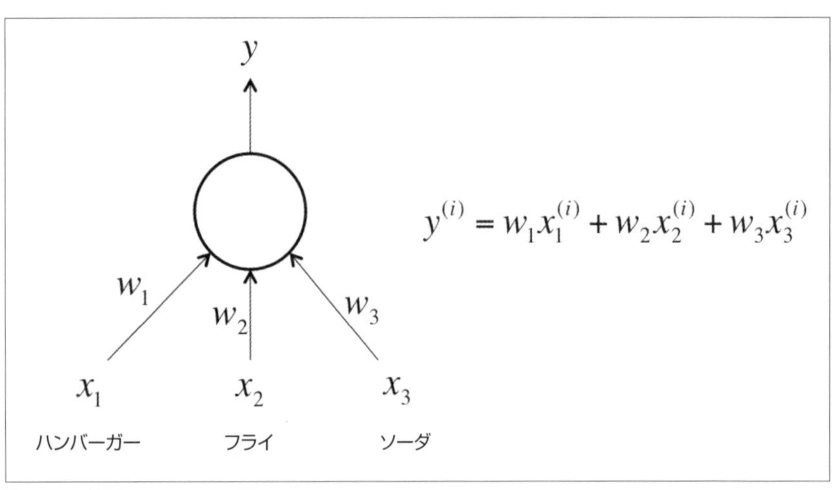

図1-10 線形ニューロンの例

線形ニューロンは簡単にプログラムできますが、大きな制約を抱えています。線形ニューロンだけで構成されたフィードフォワードニューラルネットワークはすべて、隠れ層のないネットワークとしても表現できることがわかっています。以前にも述べたように、入力データから重要な特徴を学習するためには隠れ層が欠かせません。つまり、複雑な関係を学習するには、何らかの非線形性を持ったニューロンが必要だということになります。

1.8 シグモイド、tanh、ReLUのニューロン

計算結果が線形的ではないニューロンとして、広く使われているものは主に3種類

あります。1つ目は**シグモイドニューロン**（ロジスティックニューロンと呼ばれることもあります）で、次の関数が使われます。

$$f(z) = \frac{1}{1+e^{-z}}$$

この数式からわかることは、ロジットがとても小さい場合にはゼロに近い値が出力され、とても大きい場合には1に近くなるという点です。どちらでもない値に対しては、S字形のグラフ（**図1-11**）に沿った計算結果になります。

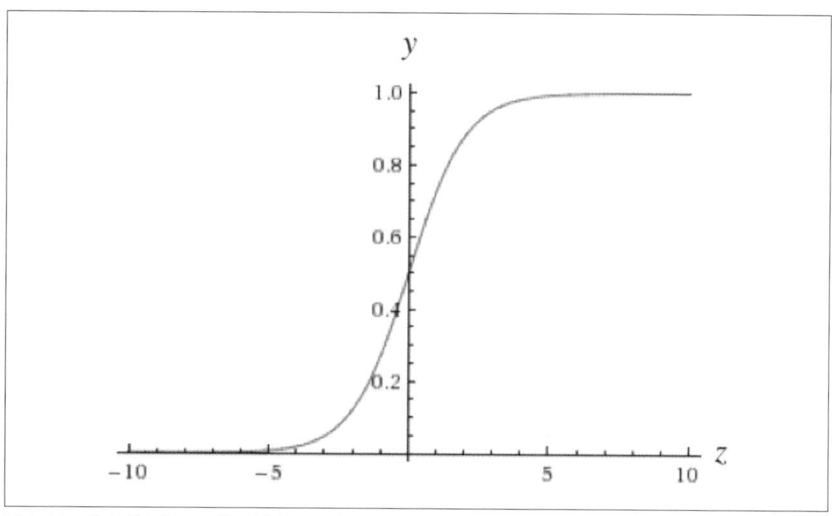

図1-11　さまざまなzの値に対するシグモイドニューロンの出力

tanh ニューロンも同様のS字カーブを描きますが、出力はゼロから1ではなく −1 から1になります。名前のとおり、ここで使われている関数は $f(z) = \tanh(z)$ です。ロジット z と出力 y の関係は**図1-12**のようになります。原点が中心になっているため、S字型の非線形性が求められる場合にはシグモイドニューロンより tanh ニューロンのほうがよく使われます。

ReLU (Rectified Linear Unit) ニューロンを使っても、非線形性を表現できます。ここで使われている関数は $f(z) = \max(0, z)$ で、**図1-13**のようにホッケーのスティック状の特徴的なグラフが描かれます。

ReLU にはいくつか欠点もあります。しかし、主にコンピュータービジョンをはじめとするさまざまな作業で、近年ではReLUが選ばれるようになってきています[†9]。

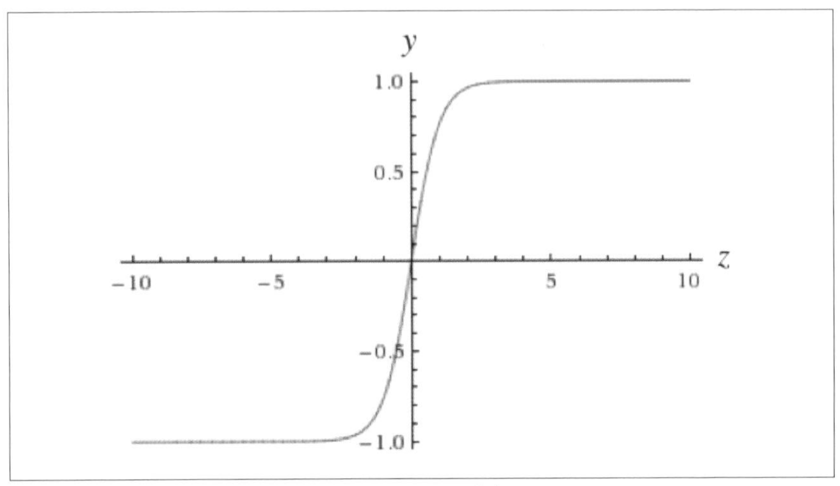

図1-12　さまざまなzの値に対するtanhニューロンの出力

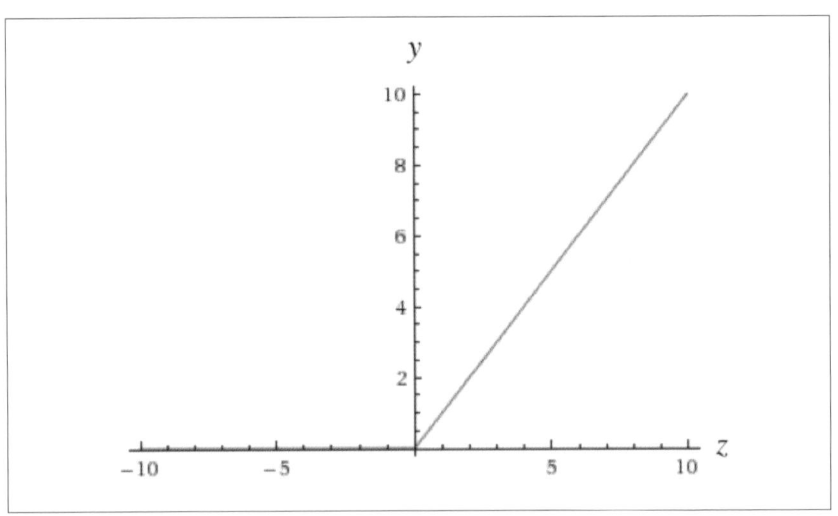

図1-13　さまざまなzの値に対するReLUニューロンの出力

†9　Nair, Vinod, and Geoffrey E. Hinton. "Rectified Linear Units Improve Restricted Boltzmann Machines" *Proceedings of the 27th International Conference on Machine Learning* (ICML-10), 2010.

1.9 ソフトマックス出力層

出力のベクトルとして、相互に排他的なラベルについての確率分布を生成したいということがよくあります。例えば、MNIST データセットに含まれる手書き数字を認識するニューラルネットワークについて考えてみましょう。それぞれのラベル（ゼロから 9）は相互に排他的ですが、数字を 100 パーセントの信頼度で認識できる可能性は高くありません。そこで、確率分布を使うと予測の信頼度をより良く表現できます。出力のベクトルは次のような形になり、$\sum_{i=0}^{9} p_i = 1$ を満たします。

$$\begin{bmatrix} p_0 & p_1 & p_2 & p_3 & \ldots & p_9 \end{bmatrix}$$

このようなベクトルを得るには、**ソフトマックス層**という特別な出力層を利用します。他の種類の層と異なり、ソフトマックス層のニューロンからの出力は、同じ層にある他のニューロンからの出力に影響を受けます。これは、すべての出力の合計を 1 にしなければならないためです。ソフトマックス層の i 番目のニューロンでのロジットを z_i とすると、合計を 1 にするための標準化を経た出力は次のようになります。

$$y_i = \frac{e^{z_i}}{\sum_j e^{z_j}}$$

信頼度の高い予測では、出力ベクトルの中で特定の要素だけが 1 に近い値になり、他の要素はゼロに近くなります。一方、弱い予測では複数の要素が似通った値になります。

1.10 まとめ

この章では、機械学習とニューラルネットワークに関する基礎的な知識を紹介しました。ニューロンの基本的構造、フィードフォワードニューラルネットワークのしくみ、複雑な学習の問題における非線形性の重要さなどについて解説しました。次の章では、ニューラルネットワークに対する訓練を行って問題を解決するための数学的基盤について議論します。具体的には、最適なパラメーターベクトルの発見、ニューラルネットワークを訓練する際のベストプラクティス、そして大きな課題などを紹介します。ここで得られた基本的な考え方を元に、以降の章で高度なニューラルネットワークのアーキテクチャーを作り上げてゆきます。

2章
フィードフォワードニューラルネットワークの訓練

2.1 ファストフード店での問題

ディープラーニングは興味深い課題の解決に利用できることがわかりましたが、大きな問題が残されています。それは、パラメーターベクトル（ニューラルネットワークでのすべての接続に対する重み）をどのように決めればよいかという点です。ここで行われるのが、一般的に**訓練**と呼ばれるプロセスです（**図2-1**）。訓練とは、ニューラルネットワークに多数の例となるデータを与え、誤りが最小化されるように重みを徐々に調整してゆくというものです。十分に例を与えれば、かなり効果的に問題を解決できるようになると見込まれます。

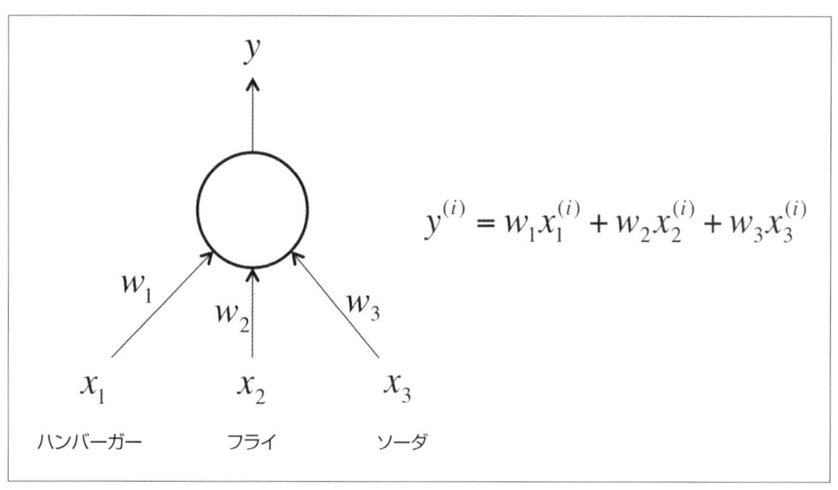

図2-1　ファストフード店での問題を解決するために、このニューロンに対して訓練を行う

1章で紹介した線形ニューロンの例をここでも使い、説明を続けることにします。我々はこのファストフード店で毎日、ハンバーガーとフライ、そしてソーダを購入しています。それぞれの個数は毎回異なります。商品には値札が付いておらず、店員さんは合計金額だけを教えてくれます。このような状況で、1つの線形ニューロンに対して訓練を行い、個々の商品の金額を予測するという問題を解決してみましょう。

1つの戦略として、訓練のためのデータを賢く選ぶというものがあります。1回目の食事ではハンバーガーを1つだけ購入し、2回目にはフライを1つだけ、そして3回目にはソーダを1つだけ購入するといった戦略が考えられます。一般的に、訓練データを慎重に選ぶのはとても良いことです。訓練データを適切に用意すれば、ニューラルネットワークの効率は大幅に高まるという研究が多数発表されています。しかし、実際にはこのようなケースはほとんどありません。例えば画像認識の際に、ファストフード店の例と同じくらい明確な戦略は思い当たりません。つまり、これは現実的なソリューションとは言えません。

必要なのは、より一般的に適用できるソリューションです。たくさんの訓練データのi番目に対してニューラルネットワークが出力するデータは、**図2-1**の中で示した数式を使って簡単に求められます。このニューロンを訓練し、可能な限り最適な重みの値を導き出します。ここでの「最適」とは、訓練データを適用した際の誤差を最小化できるという意味です。今回は、すべての訓練データについての誤差の二乗を最小化するものとします。数式として表すなら、i番目のデータについて、正解が$t^{(i)}$でニューラルネットワークからの出力が$y^{(i)}$だとすると、以下の誤差を表す関数Eの値を最小にすることが目標になります。

$$E = \frac{1}{2}\sum_i (t^{(i)} - y^{(i)})^2$$

この誤差は二乗和誤差と呼ばれます。すべての訓練データに対して完全に正しい予測を行えたなら、Eの値はゼロです。この値が小さければ小さいほど、モデルはより良いということになります。つまり我々の目標は、Eの値ができるだけゼロに近づくようにパラメーターベクトルθ（モデル内で使われるすべての重みの値を表します）を選択するということです。

問題を一連の方程式として表現できているのに、なぜわざわざ誤差の概念を持ち出さなければならないのかと思われたかもしれません。未知の値（重み）と方程式（訓練データごとに1つ）は、すでに用意されています。訓練データに一貫性さえあれば、誤差がゼロの解を得られるはずです。

鋭い指摘ではあるのですが、残念ながらこの指摘は一般的には当てはまりません。今回のケースでは線形ニューロンを使っていますが、学習できることが限られているので実際にはあまり利用されていません。1章の最後で紹介したシグモイドやtanh、そしてReLUなどの非線形ニューロンを使い始めると、もはや方程式も作れなくなります。明らかに、より良い学習のための戦略が必要です。

2.2 勾配降下法

問題を単純化して、二乗和誤差を最小化する手順を視覚化してみます。ここでは、線形ニューロンへの入力が2つだけで、重みも w_1 と w_2 しかないものとします。すると、水平面がこれらの重みを表し、垂直方向で損失関数 E の値を表すような3次元空間が考えられます。この空間では、水平面上のさまざまな重みの値に対応する誤差の値が高さとして表現されます。あらゆる重みの組み合わせについての誤差をグラフとして表すと、**図2-2** のように2次関数的な鉢の形状が描かれます。

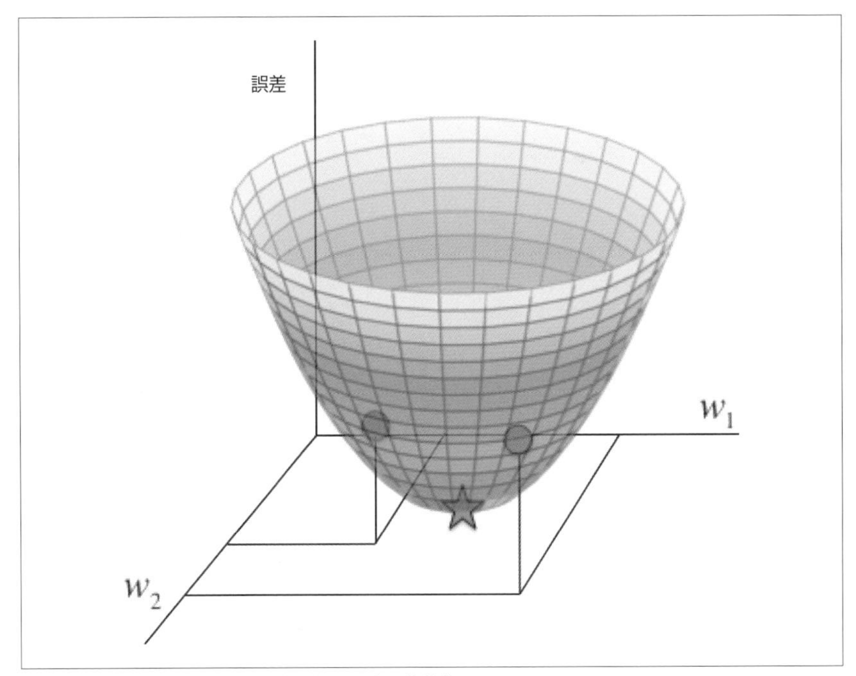

図2-2 線形ニューロンでの誤差を表す2次関数的曲面

この曲面を、円形の等高線の集合として表現することもできます。円の中心に、誤差が最小となる位置があります。ここで、2つの重みだけからなる2次元の平面を考えます。等高線は、Eが同じ値になるw_1とw_2の組み合わせに対応します。等高線が近接していればいるほど、曲面の傾きが急だということになります。傾きが最も急になるのは常に、等高線に対して垂直な方向です。この方向をベクトルとして表したものは**勾配**と呼ばれます。

この勾配という概念を使って、損失関数の値が最小になる重みを発見するための高レベルな戦略を考えてみましょう。まず、それぞれの重みの初期値を適当に決めます。2次元の平面のどこかに、これらの初期値に対応する位置があります。この位置での勾配を計算することによって、3次元曲面での傾きが最も急になる方向がわかります。そして、この方向に向かって少し移動します。つまり、誤差が最小になる位置に近づきます。移動後の位置で再び勾配を計算し、関数の値が最も大きく減少する方向に移動します。この手順を繰り返すと、**図2-3**のように最終的には誤差が最小の位置に到達できます。以上のアルゴリズムは**勾配降下法**と呼ばれており、個々のニューロンに対する訓練だけでなくネットワーク全体での訓練にも利用できます[†1]。

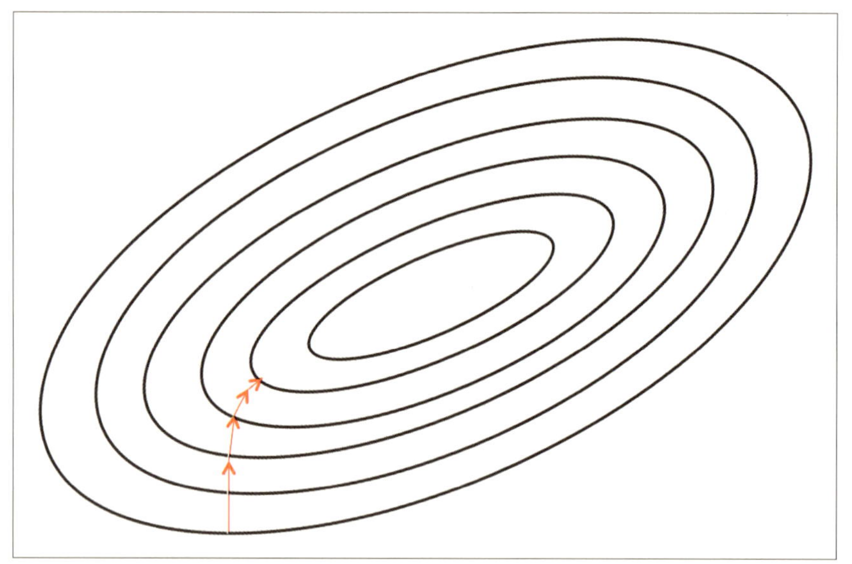

図2-3　誤差を示す曲面を、等高線の集合として表現する

†1　Rosenbloom, P. "The method of steepest descent." *Proceedings of Symposia in Applied Mathematics.* Vol. 6. 1956.

2.3　デルタルールと学習率

ファストフード店の例でのニューロンを訓練する実際のアルゴリズムに取りかかる前に、**ハイパーパラメーター**という値について簡単に解説しておきます。ニューラルネットワークで定義される重みのパラメーターの他にも、訓練を行うために必要なパラメーターが学習のアルゴリズムごとに定義されています。これらはハイパーパラメーターと呼ばれ、その中の１つが**学習率**です。

等高線に対して垂直な方向に進む際に、どの程度進んでから勾配を再計算するか決めなければなりません。この移動距離は、曲面の傾きに応じて変化させる必要があります。最小値に近ければ近いほど、移動距離は短くするべきだからです。曲面が平坦に近づいているなら最小値が近いとわかるため、最小値への距離の指標として傾斜を利用できます。しかし、なだらかな平面では訓練に長い時間がかかってしまう可能性が生じます。そこで、勾配に係数 ε を乗算するということがよく行われます。この係数が学習率と呼ばれます。適切な学習率を決めるのは難しい問題です。学習率が小さすぎる場合、訓練にかかる時間が長くなります。大きすぎる場合には、最小値に到達できずに発散してしまう可能性が生まれます（**図2-4**）。「3 章　TensorFlow を使ったニューラルネットワークの実装」では、学習率を適応的に変化させることによる最適化のテクニックをいくつか紹介します。

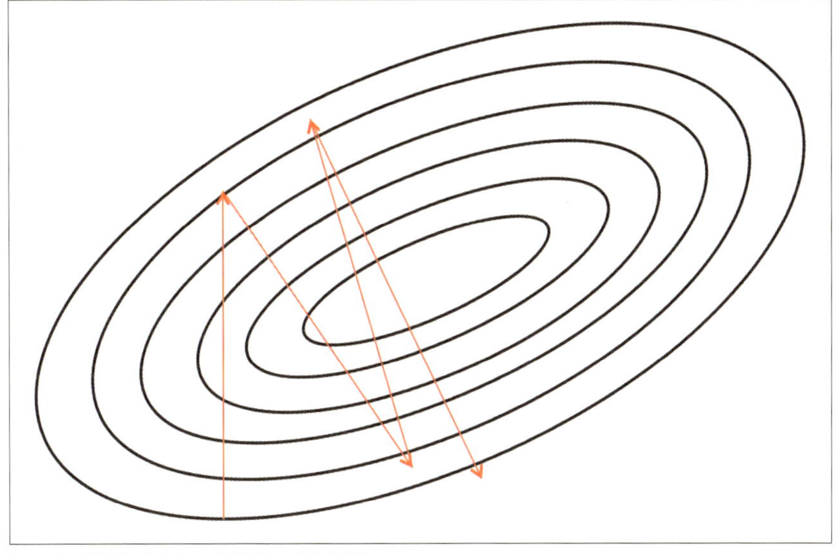

図2-4　学習率が大きすぎる場合、収束は難しい

以上の点を踏まえて、我々の線形ニューロンを訓練するための**デルタ（差分）ルール**を導き出してみましょう。重みをどの程度変化させるか決定するためには、勾配を算出する必要があります。この勾配とは、それぞれの重みに対する損失関数の偏微分として表されます。

$$\begin{aligned}\Delta w_k &= -\varepsilon \frac{\partial E}{\partial w_k} \\ &= -\varepsilon \frac{\partial}{\partial w_k}\left(\frac{1}{2}\sum_i (t^{(i)} - y^{(i)})^2\right) \\ &= \sum_i \varepsilon (t^{(i)} - y^{(i)}) \frac{\partial y_i}{\partial w_k} \\ &= \sum_i \varepsilon x_k^{(i)} (t^{(i)} - y^{(i)})\end{aligned}$$

この数式に基づいて重みを繰り返し変化させてゆくというのが、勾配降下法です。

2.4　勾配降下法とシグモイドニューロン

ここからは、非線形的なニューロンのネットワークを扱います。モデルとしてはシグモイドニューロンを利用し、他の非線形ニューロンを利用する場合の手法については読者への課題とします。バイアスの項を取り入れるのは簡単ですが、ここでは説明をシンプルにするために省略します。必要なら、常に入力値が1の接続に対する重みとしてバイアスを表現できます。

ロジスティックニューロンが入力値から出力を算出するしくみを思い出してみましょう。数式は以下のとおりです。

$$z = \sum_k w_k x_k$$

$$y = \frac{1}{1 + e^{-z}}$$

このニューロンでは、それぞれの入力値と重みの積の総和がロジット z として計算されます。そしてロジットの値が入力関数に渡され、最終的な出力値 y が算出されます。好都合なことに、これらの関数はとてもシンプルな形に微分できるため、学習を容易に行えます。学習の際には、重みについての損失関数の勾配が必要です。まず、入力データと重みに対するロジットの偏微分はそれぞれ次のようになります。

$$\frac{\partial z}{\partial w_k} = x_k$$
$$\frac{\partial z}{\partial x_k} = w_k$$

驚くべきことに、ロジットに対する出力値の導関数も、出力値を使って簡単に表現できます。

$$\begin{aligned}\frac{dy}{dz} &= \frac{e^{-z}}{(1+e^{-z})^2} \\ &= \frac{1}{1+e^{-z}} \frac{e^{-z}}{1+e^{-z}} \\ &= \frac{1}{1+e^{-z}} \left(1 - \frac{1}{1+e^{-z}}\right) \\ &= y(1-y)\end{aligned}$$

ここで連鎖律を適用すると、重みに対する出力値の導関数は次のようにして求められます。

$$\frac{\partial y}{\partial w_k} = \frac{dy}{dz} \frac{\partial z}{\partial w_k} = x_k y(1-y)$$

以上をまとめると、それぞれの重みに対する損失関数の導関数は以下のようになります。

$$\frac{\partial E}{\partial w_k} = \sum_i \frac{\partial E}{\partial y^{(i)}} \frac{\partial y^{(i)}}{\partial w_k} = -\sum_i x_k^{(i)} y^{(i)} (1 - y^{(i)})(t^{(i)} - y^{(i)})$$

そして、重みを変化させるための最終的なルールは以下のとおりです。

$$\Delta w_k = \sum_i \varepsilon x_k^{(i)} y^{(i)} (1 - y^{(i)})(t^{(i)} - y^{(i)})$$

この新しいルールはデルタルールとほぼ同じであることに気づかれたでしょうか。違いは、シグモイドニューロンでの曲線的な要素に対応するための乗算の項だけです。

2.5 逆伝播のアルゴリズム

これで、単一のニューロンだけでなく複数層のニューラルネットワークの訓練に取り組む準備が整いました。ここでは**逆伝播**と呼ばれるアプローチを取り入れます。これは1986年にDavid E. Rumelhart、Geoffrey E. Hinton、Ronald J. Williamsの3名によって提唱されたアプローチです[†2]。逆伝播の背景にある考え方は、「隠れている処理の内容はわからないけれども、この処理を変化させるとどの程度誤差が変化するかは計算できる」というものです。そこから、個々の接続の重みを変えた場合の誤差の変わり具合がわかるようになります。傾斜が最も急になる経路を探すという、我々の目的にも合致します。ただし、次元数のきわめて多い空間を扱うことになる点が今までと違います。まずは、訓練データが1つだけの場合に損失関数の導関数を計算することにします。

隠れている処理のそれぞれが、多くの出力先に影響を与えています。つまり、誤差に対するそれぞれの影響をわかりやすくまとめる必要があります。ある隠れ層での損失関数の導関数がわかれば、この値を使って1つ下の層で行われる処理について損失関数の導関数を求めることができます。こうしてすべての隠れ層で損失関数の導関数がわかったなら、隠れた処理への入力の重みに関する隠れ層全体としての損失関数の導関数も簡単にわかります。以降の説明をシンプルにするため、**図2-5**のような記法を定めることにします。

下付きの添字はニューロンの階層を表します。yはこれまでと同様に、ニューロンからの出力です。そしてzはニューロンへのロジットです。まずは、動的計画法の基礎となるケースについて考えてみましょう。具体例には、出力層での損失関数の導関数は以下のようになります。

$$E = \frac{1}{2} \sum_{j \in output} (t_j - y_j)^2 \quad \Longrightarrow \quad \frac{\partial E}{\partial y_j} = -(t_j - y_j)$$

帰納的に計算を進めてゆきましょう。第j層での損失関数の導関数がすでにわかっていると仮定して、その直下にある第i層での損失関数の導関数を求めます。このためには、第i層のニューロンからの出力が第j層のそれぞれのニューロンでのロジットに及ぼす影響を調べる必要があります。これは以下のように求められます。下の層からの出力データに関するロジットの偏微分は、単に接続の重み、つまりw_{ij}として表されることを利用しています。

†2 Rumelhart, David E., Geoffrey E. Hinton, and Ronald J. Williams. "Learning representations by back-propagating errors." *Cognitive Modeling* 5.3 (1988): 1.

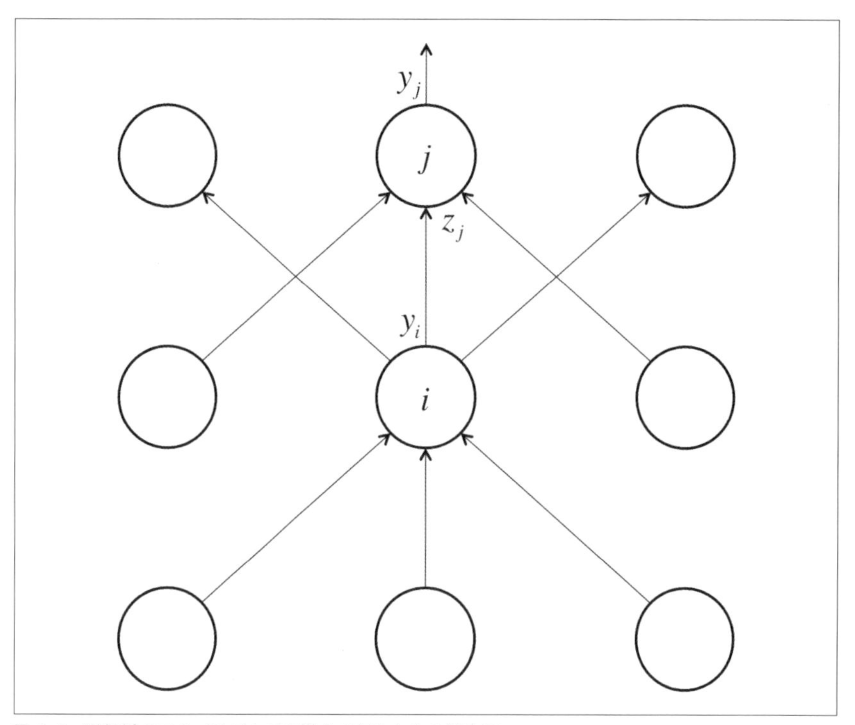

図2-5 逆伝播のアルゴリズムでの微分を行うための概念図

$$\frac{\partial E}{\partial y_i} = \sum_j \frac{\partial E}{\partial z_j} \frac{dz_j}{dy_i} = \sum_j w_{ij} \frac{\partial E}{\partial z_j}$$

また、次の数式も成り立ちます。

$$\frac{\partial E}{\partial z_j} = \frac{\partial E}{\partial y_j} \frac{dy_j}{dz_j} = y_j(1 - y_j) \frac{\partial E}{\partial y_j}$$

これらを組み合わせると、第 j 層での損失関数の導関数を使って第 i 層での損失関数の導関数を表現できます。以下のようになります。

$$\frac{\partial E}{\partial y_i} = \sum_j w_{ij} y_j (1 - y_j) \frac{\partial E}{\partial y_j}$$

動的計画法の手順を一通り終えて、隠れ層での処理についての損失関数の偏微分をすべて求められたので、重みに応じて誤差がどの程度変化するかがわかります。具体的には次のようになります。これが、個々の訓練データを与えた後に変化させるべき重みの量です。

$$\frac{\partial E}{\partial w_{ij}} = \frac{\partial z_j}{\partial w_{ij}} \frac{\partial E}{\partial z_j} = y_i y_j (1 - y_j) \frac{\partial E}{\partial y_j}$$

最後に、今までと同様にすべての訓練データに対する偏微分の値を合計します。重みの変化は次のように表現できます。

$$\Delta w_{ij} = - \sum_{k \in dataset} \varepsilon y_i^{(k)} y_j^{(k)} (1 - y_j^{(k)}) \frac{\partial E^{(k)}}{\partial y_j^{(k)}}$$

これで、逆伝播のアルゴリズムは完成です。

2.6 確率的勾配降下法とミニバッチ

「2.5 逆伝播のアルゴリズム」で解説したのは、勾配降下法の一種である**バッチ勾配降下法**というアルゴリズムです。この方法では、すべての訓練データを使って損失関数の曲面を求め、勾配が最も急な方向に進むという考え方が使われています。2次関数のようなシンプルな曲面では、このアプローチはとてもうまく機能します。しかしほとんどの場合、損失関数の曲面はずっと複雑な形状になります。例えば**図2-6**のような場合について考えてみましょう。

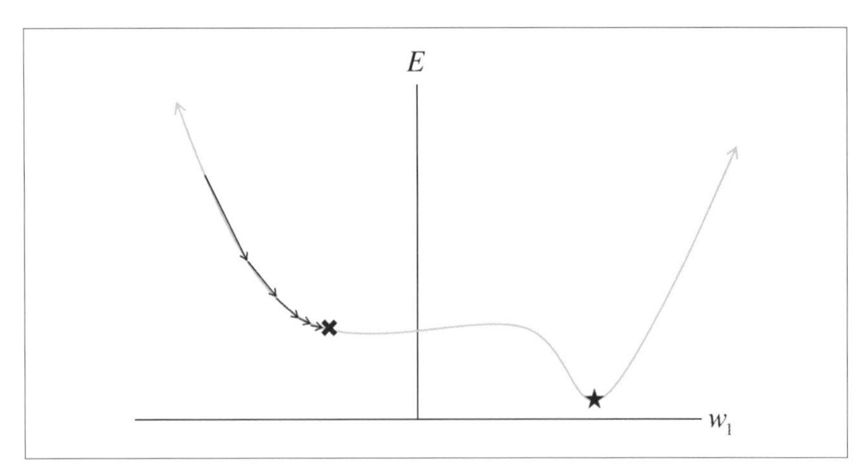

図2-6 バッチ勾配降下法は鞍点に弱い。早まった収束を示すことがある

重みは１つだけで、ランダムな初期値とバッチ（一括）処理を使って最適な値を探します。しかし今回は、損失関数の曲面の中に平坦な箇所があります。多次元空間では馬に乗るための鞍に似た形状になることから、このような箇所は鞍点（あんてん）と呼ばれます。鞍点に到達すると、そこから先に進めなくなってしまうことがあります。

確率的勾配降下法（SGD、Stochastic Gradient Descent）というアプローチも考えられています。この方法では、１つの訓練データだけを使って損失関数の曲面を見積もるという処理が繰り返されます。静的な曲面が１つだけ存在するのではなく、**図2-7**のように曲面は動的に変化します。確率的な曲面を降下することによって、平坦な領域を乗り越えられる可能性が大きく上昇します。

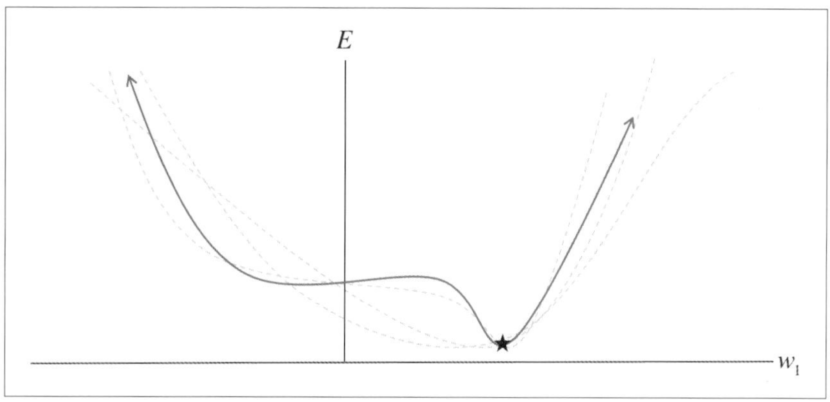

図2-7　確率的勾配降下法では損失関数の曲面がバッチ勾配降下法の場合とは異なり変動するため、鞍点を回避できる可能性が高まる

ただし、確率的勾配降下法には大きな問題点もあります。１つのデータから得られる誤差だけでは、損失関数の曲面を見積もるには不十分かもしれません。そのため、勾配降下法の適用に長い時間がかかってしまう可能性があります。この問題への対策として、**ミニバッチ勾配降下法**というものが考えられています。この方法では、データセットのうち（１つではなく）複数のデータを使って曲面を算出するという処理が繰り返されます。この部分的なデータは**ミニバッチ**と呼ばれます。学習率と同様に、ミニバッチに含まれるデータの個数もハイパーパラメーターの１つです。ミニバッチを使うと、バッチ勾配降下法の効率と確率的勾配降下法での局所的な最小値の回避を両立できます。ミニバッチ勾配降下法を使って逆伝播を行う場合、重みは次のようにして更新されます。

$$\Delta w_{ij} = - \sum_{k \in minibatch} \varepsilon y_i^{(k)} y_j^{(k)} (1 - y_j^{(k)}) \frac{\partial E^{(k)}}{\partial y_j^{(k)}}$$

これは前に導いた数式とほぼ同一です。合計する対象が、データセット中の全データではなく現在のミニバッチに含まれるデータへと変わっているだけです。

2.7 テストデータ、検証データ、過学習

人工的なニューラルネットワークにおける大きな問題点の1つに、モデルが複雑になりすぎるというものがあります。例として、MNISTデータベースにある縦横28ピクセルの画像を扱うニューラルネットワークについて考えてみましょう。このデータはそれぞれ30個のニューロンを持つ2つの隠れ層に渡され、そして10個のニューロンからなるソフトマックス層に到達するとします。このネットワーク全体でのパラメーターの数は、2万5千近くに上ります。このことが意味する大きな問題を理解するために、**図2-8**のような極端な例を取り上げます。

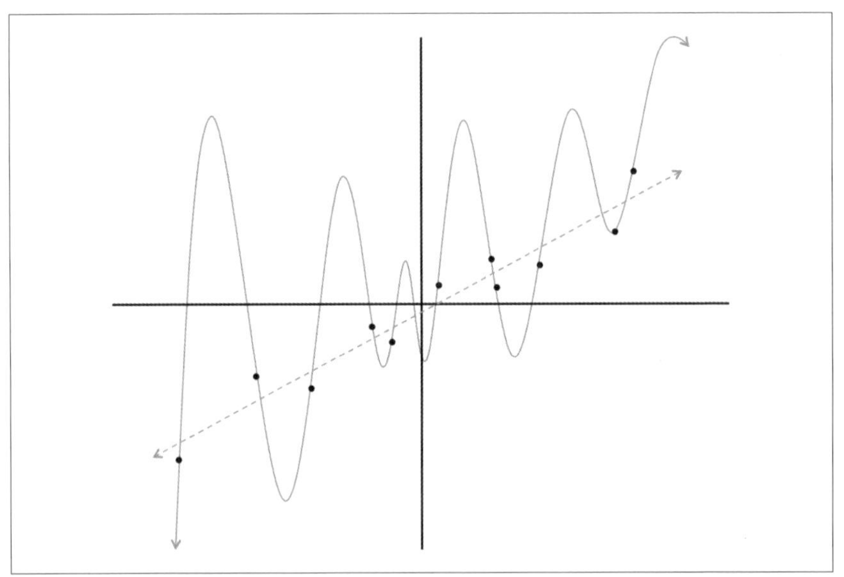

図2-8 あるデータセットを表そうとする2つのモデル。線形のモデルと、12次の多項式のモデル

2次元平面上に多数のデータポイントが散在しています。ここでの目標は、これら

のデータセットを最も適切に表現できる（x の値から y の値を予測できる）ような曲線を発見することです。このデータを使い、線形モデルと 12 次の多項式で表現されるモデルの 2 つに対して訓練を行います。信頼するべきなのは、どちらの曲線でしょうか。どの訓練データにも接していない直線でしょうか、それともすべての点を通る曲線でしょうか。この時点では直線のモデルのほうが、はるかに自然であり信頼に値すると考えられます。確認のために、データセットに新たなデータを追加したところ**図2-9**のようになりました。

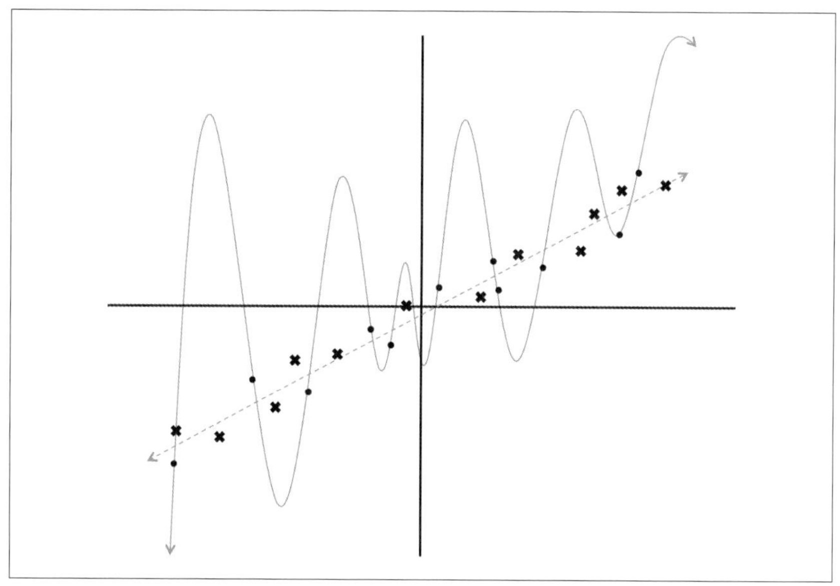

図2-9　新たなデータの追加によって、直線のほうが 12 次の多項式よりもはるかに優れていることが判明した

結果は明らかです。主観的にも量的（二乗和誤差という観点から）にも、線形モデルのほうが優れています。このことは、機械学習のモデルに対する訓練や評価について興味深い事柄を示しています。複雑さを上げさえすれば、すべての訓練データに対して完全に適合するモデルは作れます。グラフを自由に曲げて、すべてのデータポイント上を通過するようにできます。しかし、このようなモデルに対して新しいデータを追加して評価を行うと、成績は大きく低下することになります。つまり、このモデルは**汎化能力**が低いと言えます。このような状態は**過学習**と呼ばれ、機械学習のエンジニアが取り組まなければならない大きな問題の 1 つです。ディープラーニングでは

多数のニューロンを持つ多数の層からニューラルネットワークが構成されるため、過学習の問題はさらに深刻です。こうしたモデルでは、接続の数は数百万という天文学的数字に上ります。そして過学習も頻繁に発生します。

ニューラルネットワークでの過学習とはどういうことか、具体的に見てみましょう。2つの入力と大きさ2のソフトマックスによる出力、そして3、6、20個のニューロンによる隠れ層から構成されるニューラルネットワークを想定します。バッチのサイズが10のミニバッチ勾配降下法を使い、これらのネットワークを訓練します。ConvNetJS[†3]を使って訓練結果を可視化したところ、**図2-10**のようになりました。

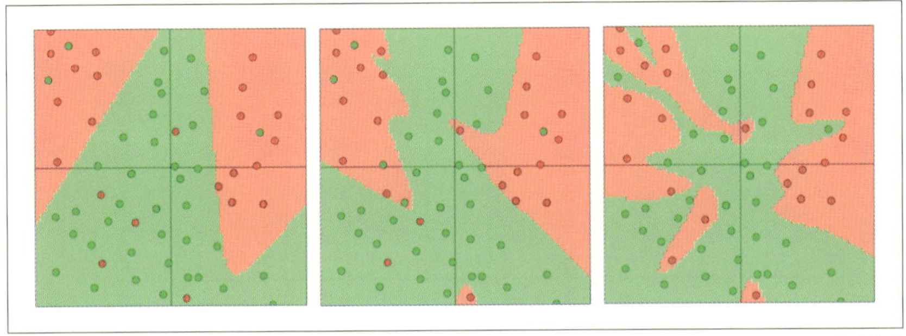

図2-10　左から順に3、6、20個のニューロンを隠れ層に持つニューラルネットワークでの訓練結果

明らかに、ネットワーク内の接続の数が増えるごとに過学習の危険性も高まっています。ニューラルネットワークの深さを増やしても、過学習に関して同様の傾向が見られます。3個のニューロンを持つ隠れ層を1、2、4個にした場合の訓練結果を、**図2-11**に示します。

ここからは3つのことがわかります。1つ目は、過学習とモデルの複雑さとの間には直接的なトレードオフの関係があり、機械学習のエンジニアは常に両者の間のどこかに位置するということです。モデルの複雑さが不足していると、問題の解決に必要な情報をすべて捕捉するための力を持てないかもしれません。一方モデルが過度に複雑だと、(扱えるデータが少ない場合は特に）過学習のリスクが高まります。ディープラーニングでは、複雑なモデルと過学習への対策を組み合わせることによって複雑な問題を解くという立場がとられています。具体的な対策については、この章や以降の章で多数紹介してゆきます。

2つ目は、訓練データを使ってモデルを検証するのは大きな間違いだということで

†3　https://cs.stanford.edu/people/karpathy/convnetjs/

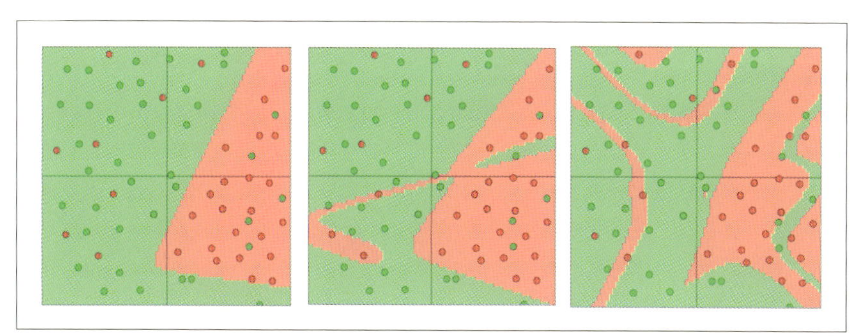

図2-11 3個のニューロンを持つ隠れ層を、左から順に1、2、4個含むニューラルネットワークでの訓練結果

す。例えば**図2-8**では、12次の多項式のモデルのほうが線形的なモデルよりも優れているという誤った分析が行われがちです。そのため、データセット全体を使ってモデルの訓練を行うことはほとんどありません。**図2-12**のように、データセットを**訓練データ**と**テストデータ**に分割します。

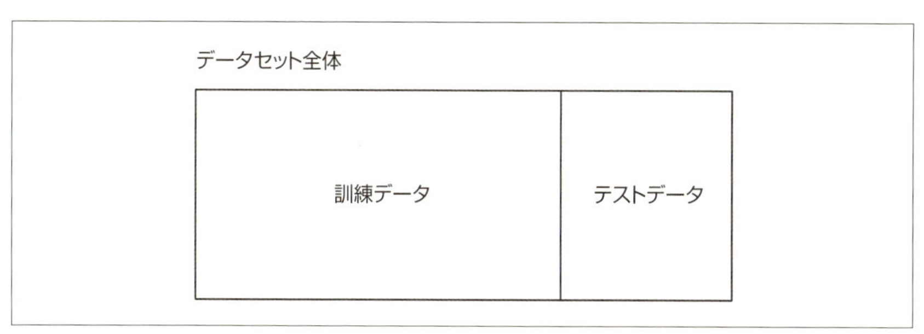

図2-12 データセットを重なりのない2つのグループに分割し、モデルの正しい評価をめざす

テストデータを別にすることで、未知のデータに対する汎化能力を公平に評価できるようになります。実世界では大きなデータセットを獲得するのが難しいため、訓練にすべてのデータを投入しないのはもったいないと思われるかもしれません。そして、訓練データをテストに再利用したり、テストデータの準備がおろそかになったりしがちです。しかし、不適切なテストデータではモデルから意味のある結論を引き出すのは難しいということを肝に銘じるべきです。

3つ目は、訓練を行っていると、ある時点で意味のある特徴を学習できなくなり、訓練データへの過学習が始まるということです。そこで、過学習が始まったらすぐに訓練のプロセスを停止し、汎化能力の低下を防ぐべきです。このために、訓練のプロセスがしばしば**エポック**という単位に分割されます。1エポックとは、訓練データ全体を1回ずつ使用した状態を表します。例えば d 個の訓練データに対して b 個単位でミニバッチ勾配降下法を適用した場合、1エポックの間に $\frac{d}{b}$ 回モデルが更新されることになります。そして1エポックごとに、モデルの汎化能力を測定するようにします。これには**検証データ**というデータを別に用意します（**図2-13**）。各エポックが終了したら、検証データを使って未知のデータに対するモデルのふるまいを確認します。訓練データに対する精度が上がっているのに、検証データに対する精度が変わらない（あるいは低下している）場合には、過学習が始まっています。訓練を終わらせるべきでしょう。

検証データは、**ハイパーパラメーターの最適化**のプロセスの精度を間接的に知るためにも役立ちます。ここまで、ハイパーパラメーターとして学習率やミニバッチのサイズなどを取り上げてきましたが、これらの最適な値を見つけるためのフレームワークはまだ用意されていません。ハイパーパラメーターの最適値を求める方法の1つに、**グリッドサーチ**と呼ばれるものがあります。この方法では、それぞれのハイパーパラメーターの値について有限の集合（例えば、$\varepsilon \in \{0.001, 0.01, 0.1\}$、batch size $\in \{16, 64, 128\}$ など）を用意します。そしてこれらの値の組み合わせすべてに対してモデルの訓練を行い、検証データに対する精度が最も高いものを選びます。その組み合わせを使って訓練を行ったモデルに対してテストデータを適用し、結果を最終的な精度とします[†4]。

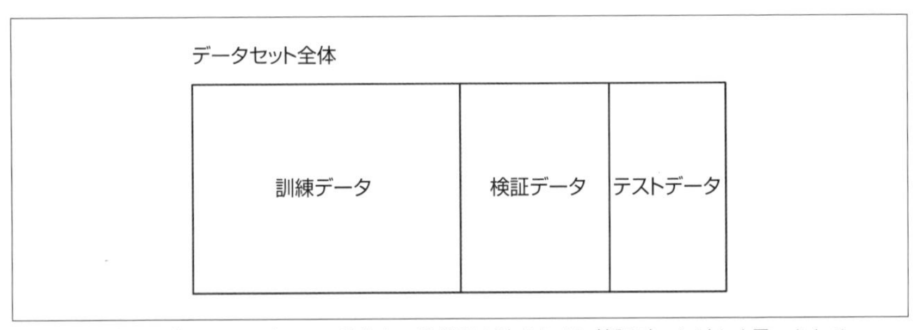

図2-13 ディープラーニングでは、訓練中の過学習を防ぐために検証データがよく用いられる

過学習への直接的な対策へと進む前に、以上で学んだ点を踏まえて、ディープラーニングのモデルを構築し訓練する手順を説明しておくことにしましょう。手順を図に

†4 Nelder, John A., and Roger Mead. "A simplex method for function minimization." *The Computer Journal* 7.4 (1965): 308-313.

すると**図2-14**のようになります。やや複雑ですが、ニューラルネットワークを適切に訓練するためには正しい理解が欠かせません。

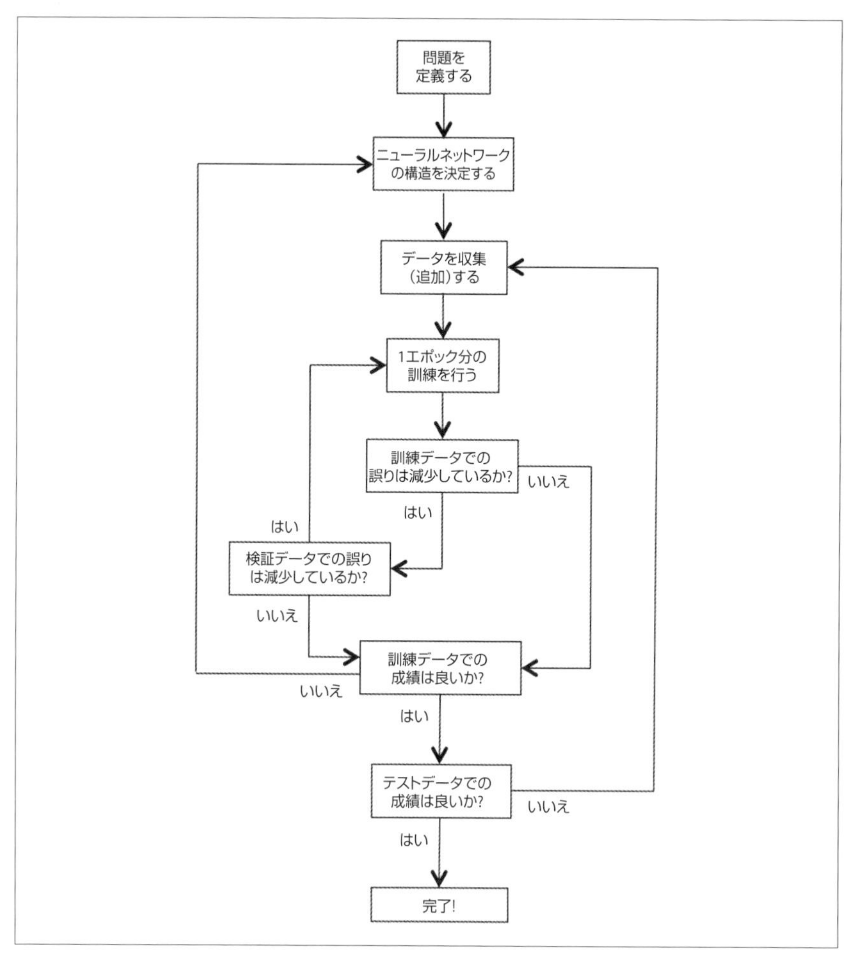

図2-14　ディープラーニングのモデルに対する訓練と評価手順の詳細

まず、問題を厳密に定義します。具体的には、入力されるデータや想定される出力を決め、これらをベクトルとして表現します。例えばガンを発見するためのディープラーニングのモデルでは、入力としてRBG形式の画像が考えられます。これはそれぞれのピクセルのRBG値からなるベクトルとして表現できます。そして出力は、3つの相互排他的な変数からなる確率分布が考えられます。変数とはそれぞれ、正常、良性腫瘍（まだ転移していないガン）、悪性腫瘍（他の器官に転移しているガン）です。

問題を定義したら、それを解くためのニューラルネットワークの構造を決定します。ガンの例では、入力層は画像の生データを受け取れるほどのサイズでなければならず、出力はサイズが3のソフトマックス層です。同時に、ネットワークの内部構造（隠れ層の数や接続など）も定義します。「5章 畳み込みニューラルネットワーク」で畳み込みニューラルネットワークについて議論する際に、画像認識のモデルでの内部構造を紹介します。加えて、訓練やモデルの作成のために十分な量のデータを集める必要もあります。今回の例のデータとしては、サイズが統一されており、医療の専門家によってラベルが付けられた病理画像が考えられるでしょう。我々はこのデータをシャッフルし、訓練データと検証データ、そしてテストデータへと分割します。

ここでいよいよ、勾配降下法の適用を開始します。訓練データを使い、1エポック分の訓練を行います。エポックが終了するたびに、訓練データと検証データでの誤りが減少しているかどうか調べます。どちらか片方でも改善が止まったら、テストデータを使って十分な成績を得られるか確認します。ここでの成績が不十分な場合は、構造を再検討するか、行おうとしている予測のために必要な情報がデータの中に含まれているかどうか再確認します。また、訓練データでの誤りの改善が止まったなら、データから重要な特徴を取り出す作業に工夫が必要でしょう。検証データでの誤りが減少しなくなったなら、過学習への対策が必要と考えられます。

一方、訓練データに対するモデルのふるまいが満足できるものになったなら、モデルにとって未知であるテストデータを使って成績を測定します。ここで良くない成績が得られた場合には、より多くのデータを追加する必要があります。訓練データでは説明できないようなテストデータが含まれていると考えられるためです。テストデータでの成績にも満足できたなら、完了です。

2.8 深層ニューラルネットワークでの過学習の防止

訓練の際に過学習を防ぐための方法は、いくつか考えられています。これらのテクニックについて、これから詳しく解説します。

過学習を防ぐ手法の1つは**正則化**と呼ばれます。この方法では、最小化しようとしている損失関数に項を追加し、大きな重みに対して罰則を適用します。言い換えると、損失関数が $Error + \lambda f(\theta)$ に置き換えられます。$f(\theta)$ の値は、θ の値が大きくなるにつれて増加します。λ はハイパーパラメーターの1つで、正則化の強度を表します。この λ を通じて、どの程度過学習を防ぎたいかを指定します。$\lambda = 0$ の場合、過学習に対して何も対策を行わないということを意味します。一方 λ がとても大きい場合には、訓練データに対して高い成績を示すパラメーター値を発見することよりも、θ の値を小さく保つことに重点が置かれます。つまり、ここでは λ の値を適切に選ぶことがきわめて重要です。ある程度の試行錯誤が必要になるでしょう。

機械学習では、**L2 正則化**[†5]と呼ばれる手法が最もよく使われています。この方法では、ニューラルネットワーク内でのすべての重みの二乗が損失関数に加えられます。より正確には、ニューラルネットワーク内での重み w のすべてについて、$\frac{1}{2}\lambda w^2$ の値が損失関数に追加されます。L2 正則化では、突出した重みのベクトルには大きな罰則が与えられ、重みの拡散が好まれるということが直感的にわかります。入力の一部だけに強く依存するのではなく、すべての入力を少しずつ利用することが推奨されるという、魅力的な特性を備えています。なお、勾配降下法で重みを更新する際に L2 正則化を適用すると、最終的にはすべての重みがゼロへと線形的に減衰してゆきます。この性質から、L2 正則化はよく**重みの減衰**とも呼ばれます。

ConvNetJS を使い、L2 正則化の効果を可視化してみましょう。**図2-10** や**図2-11** と同様に、入力とソフトマックスの出力がそれぞれ 2 つで、20 個のニューロンを持つ隠れ層が 1 つあるニューラルネットワークを想定します。サイズが 10 のミニバッチ勾配降下法を適用し、正則化の強度として 0.01、0.1、1 を指定した場合の結果が**図2-15** です。

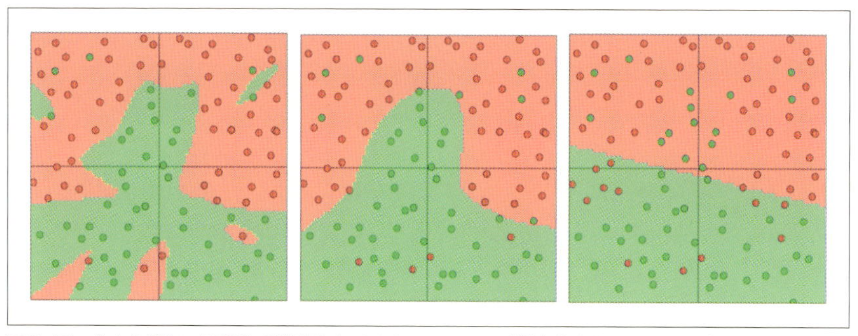

図2-15 左から順に、正則化の強度として 0.01、0.1、1 が指定されたニューラルネットワーク

L1 正則化と呼ばれる正則化もよく使われています。この方法では、ニューラルネッ

†5 Tikhonov, Andrei Nikolaevich, and Vladlen Borisovich Glasko. "Use of the regularization method in non-linear problems." *USSR Computational Mathematics and Mathematical Physics* 5.3 (1965): 93-107.

トワーク内の重み w のすべてについて $\lambda|w|$ という項が追加されます。L1 正則化には、最適化に伴って重みのベクトルが疎になってゆく（ほとんどの重みがゼロになる）という興味深い性質があります。言い換えると、L1 正則化を経たニューロンはとても重要な一部の入力だけを利用し、入力に含まれるノイズへの耐性がかなり強くなります。一方、L2 正則化では、重みのベクトルは小さな値へと拡散するのが一般的です。L1 正則化は、どの特徴が判断に影響を与えているか正確に知りたい場合に有効です。このような分析は不要だという場合は、良い成績を示すことが経験的に知られている L2 正則化のほうが広く使われています。

θ が過度に大きくなるのを防ぐ方法として、**最大ノルム制約**というものも知られています[†6]。この方法では、より直接的な制限が適用されます。それぞれのニューロンに対して、入力される重みのベクトルの大きさが強制的に制限されます。この制限のために、射影勾配降下法（projected gradient descent）が使われます。具体的には、勾配降下法によって重みのベクトルが $\|w\|_2 > c$ となるような更新が行われた場合に、射影が行われてベクトルが原点を中心とする半径 c の球に収められます。一般的な c の値は 3 または 4 です。重みの更新に対して常に上限が設けられているため、たとえ学習率がきわめて大きいとしてもパラメーターベクトルが制御できなくなるということはありません。

過学習を回避するためのまったく異なる方法として、**ドロップアウト**というものも考えられています[†7]。深層ニューラルネットワークでは、この方法がとてもよく使われるようになりました。訓練の際に、ニューロンをある確率 p（ハイパーパラメーター）でしか活性化させず、それ以外の場合には出力をゼロにするというものです。この方法では明らかに、一部の情報が存在しなくてもネットワークが正しく機能することが求められます。その結果、1 つあるいは少数のニューロンに対する過度の依存を防げます。より数学的に表現するなら、指数的に多くのニューラルネットワークの構造を近似的に組み合わせる方法を提供することによって、ドロップアウトでは過学習が回避されています。ドロップアウトの手順を図示すると、**図2-16** のようになります。

ドロップアウトはとても直感的で理解しやすいのですが、重要な注意点がいくつかあります。その 1 つとして、テスト時のニューロンからの出力値は訓練時の期待さ

---

†6 Srebro, Nathan, Jason DM Rennie, and Tommi S. Jaakkola. "Maximum-Margin Matrix Factorization." *NIPS*, Vol. 17, 2004.

†7 Srivastava, Nitish, et al. "Dropout: A Simple Way to Prevent Neural Networks from Overfitting." *Journal of Machine Learning Research* 15.1 (2014): 1929-1958.

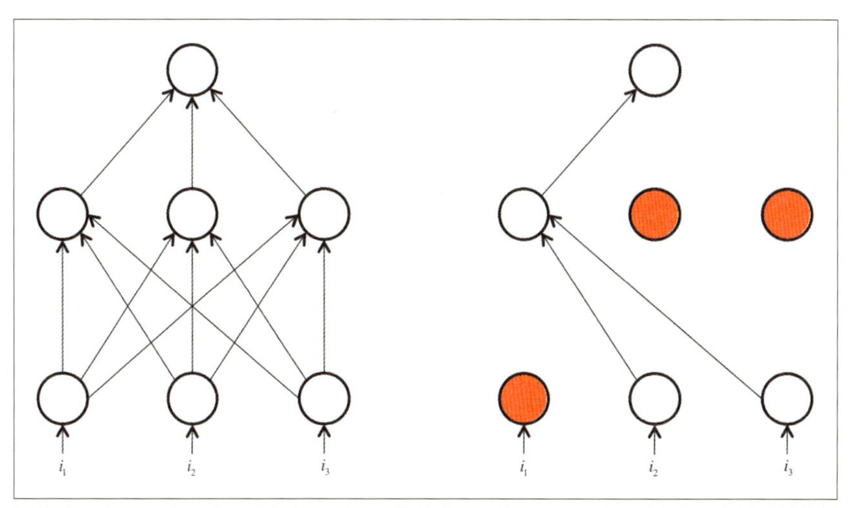

図2-16 訓練でのミニバッチごとに、ドロップアウトでは各ニューロンが一定の確率でランダムに無効化される

れる出力と等価であることが望まれます。単純な解決策としては、テスト時の出力を定数倍するというものが考えられます。例えば $p = 0.5$ の場合、訓練時の（期待される）出力と一致させるためにテスト時の出力が半分にされます。$1 - p$ の確率でニューロンからの出力がゼロになるため、この解決策は容易に理解できるでしょう。あるニューロンについて、ドロップアウトを適用する前の出力が x だとすると、適用後の期待される出力は $E[\text{output}] = px + (1-p) \cdot 0 = px$ です。しかし、このように安直なドロップアウトの実装は正しくありません。なぜなら、テスト時のニューロンからの出力が変更されてしまうためです。テスト時の成績はモデルへの評価にとってとても重要なので、代わりに**逆ドロップアウト**を使うべきです。逆ドロップアウトでは、テスト時ではなく訓練時に出力値が調整されます。無効化されていないニューロンのアクティベーション（活性化関数の出力）が、次の層に渡される前に p で除算されます。その結果 $E[\text{output}] = p \cdot \frac{x}{p} + (1-p) \cdot 0 = x$ が成り立ち、テスト時にニューロンからの出力を改変せずに済みます。

2.9 まとめ

この章では、フィードフォワードニューラルネットワークの訓練で必要になる基礎知識をすべて紹介しました。勾配降下法や逆伝播のアルゴリズム、過学習を防ぐさまざまな手法などについて解説しました。次の章では、これらの知識を実践へと適用します。TensorFlow ライブラリを使い、ニューラルネットワークを効率的に実装します。そして「4章　勾配降下法を超えて」では、目的としている損失関数の最適化という課題に戻り、性能を大幅に向上させるアルゴリズムをいくつか設計します。これらの改善によって、はるかに多くのデータを処理できるようになり、より網羅的なモデルを構築できます。

3章
TensorFlowを使ったニューラルネットワークの実装

3.1 TensorFlowとは

本書全体を通じて、ディープラーニングのモデルを抽象的に解説し続けるということも可能でした。しかし筆者は、深層モデルのしくみを学ぶだけでは不十分だと考えます。本書を読み終えた読者が、このようなモデルを1から構築し、各自の問題領域に適用できるようなスキルを身につけていることを願っています。ディープラーニングのモデルについて理論的理解を獲得した読者のために、この章ではこれらのアルゴリズムのいくつかをソフトウェアとして実装します。

本書では主に、TensorFlow[†1]というツールを利用します。TensorFlowはオープンソースのライブラリで、2015年にGoogleからリリースされました。開発者が容易にディープラーニングのモデルを設計して、構築、訓練できることが目標とされています。当初のTensorFlowは社内向けツールであり、Googleの開発者がモデルを構築するのに利用していました。社内での検討やテストを経た機能が、オープンソース版にも追加されてゆくと見込まれます。開発者にとって、TensorFlowは選択肢の1つでしかありません。しかし、思慮深い設計や使いやすさなどの観点から、筆者はTensorFlowを選びました。後ほど、TensorFlowと他のライブラリを簡単に比較することにします。

大まかに言うなら、TensorFlowとは任意の計算を**データフロー**のグラフとして表現するためのPythonライブラリです。このグラフでは、それぞれのノード（頂点）は算術演算を表し、エッジ（辺）はノード間を流れるデータを表します。TensorFlow

†1 https://www.tensorflow.org/

でのデータはテンソルつまり多次元配列として表現されます。例えばベクトルは1次元のテンソルとして、行列は2次元のテンソルとしてそれぞれ表現されます。このような形で演算を表現するのはさまざまな分野で効果的ですが、TensorFlowは主にディープラーニングの実践や研究に使われています。

ニューラルネットワークをテンソルとしてとらえたり、逆にテンソルからニューラルネットワークを連想したりすることは簡単ではありません。しかし、本書を通じてこのような考え方を身につけてゆく必要があります。深層ニューラルネットワークをテンソルとみなすと、近年のハードウェアの高速化による恩恵を受けられるようになります。例えばGPUアクセラレーションを使い、テンソルへの並列処理を高速に行えます。また、モデルを操作するためのクリーンで表現力豊かな手法も利用できます。この章ではTensorFlowの基礎について解説し、シンプルな例を2つ（ロジスティック回帰と、複数層からなるフィードフォワードニューラルネットワーク）紹介します。しかしその前に、ディープラーニングのモデルを表現できる他のフレームワークとTensorFlowを比較してみましょう。

3.2 他の選択肢との比較

TensorFlow以外にも、深層ニューラルネットワークを構築するためのライブラリがここ数年の間にいくつか登場しています。例えばTheano、Torch、Caffe、Neon、Kerasなどです[†2]。表現力と活発な開発者コミュニティーという2つのシンプルな観点から検討した結果、まずTensorFlowとTheano（University of MontrealのLISA Labで開発）そしてTorch（主にFacebook AI Researchが開発）という3つに選択肢を絞りました。

これら3つはいずれも強固な開発者コミュニティーを抱え、ほとんど制約なしにテンソルを操作でき、自動微分が可能です。自動微分とは、構造ごとに異なる逆伝播のアルゴリズム（2章では手作業で作成しました）を毎回求めなくても深層モデルを訓練できるようにするためのしくみです。しかしTorchには、Lua言語を使って開発されているという問題点があります。LuaはPythonに似たスクリプト言語なのですが、ディープラーニング（やゲーム開発）のコミュニティー以外ではあまり使われていません。初学者がディープラーニングのモデルを構築するために新しい言語を習

†2 http://deeplearning.net/software/theano/、http://torch.ch/、http://caffe.berkeleyvision.org/、https://ai.intel.com/neon/、https://keras.io/

得しなければならないというのはハードルが高いと考えたため、Torch を選択肢から外すことにしました。

残る TensorFlow と Theano との比較は難しいものでした（実は、この章の草稿では Theano を使って説明を行っていました）。最終的に TensorFlow を選んだのは、いくつかの小さな理由によります。まず、Theano ではグラフのコンパイルと呼ばれる操作が必要です。一部のディープラーニングの構造をセットアップする際、この操作にかなり時間がかかります。訓練にかかる時間と比較すれば短いのですが、新しいコードを作成してデバッグする時にはいら立ちの元になります。また、TensorFlow のインタフェースは Theano と比べてはるかにクリーンです。モデルを表すクラスの多くは大幅に少ない行数で実装されており、しかもフレームワークとしての表現力は損なわれていません。3 点目に、TensorFlow は実運用を意識して作られた一方で、Theano はほぼ純粋に研究用途で設計されているという問題があります。その結果として、TensorFlow はインストールするだけで多くの機能を利用でき、さらなる機能追加も予定されています。実際のシステムでは、TensorFlow のほうがより良い選択肢になるでしょう。例えばモバイル環境で実行したり、単一マシン上の複数の GPU にまたがってモデルを構築したり、大規模なネットワークを分散形式で訓練したりといったことが可能です。Theano や Torch についての知識はオープンソースのコード例を理解するためにとても役立ちますが、本書ではこれらのフレームワークの解説については省略したいと思います。

3.3 TensorFlow のインストール

TensorFlow のソースコードを変更したいというのでもない限り、読者のローカルの開発環境に TensorFlow をインストールするのは簡単です。ここでは Pip と呼ばれる Python のパッケージマネージャーを利用します。Pip がインストールされていない場合は、ターミナルで以下のコマンドを実行してください。

```
# Ubuntu/Linux、64 ビット
$ sudo apt-get install python-pip python-dev

# macOS
$ sudo easy_install pip
```

Pip（バージョン 8.1 またはそれ以降）をインストールしたら、以下のコマンドを実行して TensorFlow をインストールします。GPU に対応したバージョンをインス

トールしたい場合とそうでない場合でパッケージ名が異なります。GPUに対応したバージョンを強く勧めします[†3]。

```
$ pip install --upgrade tensorflow      # Python 3.n
$ pip install --upgrade tensorflow-gpu  # Python 3.n、GPU対応
```

監訳者補記

本書のサンプルコードはTensorFlow v1.4を想定しています。そのため、必要に応じてバージョンを指定してインストールの作業を行ってください。

```
$ pip install tensorflow==1.4.0
```

GPU対応版のTensorFlowをインストールした場合、追加の操作が必要になります。具体的には、CUDA Toolkit[†4]と最新のCUDNN Toolkit[†5]を入手します。CUDA Toolkitは/usr/local/cudaにインストールしてください。ダウンロードしたCUDNN Toolkitのファイルは解凍し、CUDA Toolkitのディレクトリにコピーします。CUDA Toolkitのインストール先が/usr/local/cudaなら、以下のコマンドを実行します。

```
$ tar xvzf cudnn-version-os.tgz
$ sudo cp cudnn-version-os/cudnn.h /usr/local/cuda/include
$ sudo cp cudnn-version-os/libcudnn* /usr/local/cuda/lib64
```

また、TensorFlowがCUDAライブラリにアクセスできるようにするために、LD_LIBRARY_PATHとCUDA_HOMEという2つの環境変数を指定する必要があります。~/.bash_profileに以下の行を追加してください。ここでも、CUDAライブラリが/usr/local/cudaにインストールされていると仮定します。

```
export LD_LIBRARY_PATH="$LD_LIBRARY_PATH:/usr/local/cuda/lib64"
export CUDA_HOME=/usr/local/cuda
```

現在のターミナルのセッションにもこの変更を反映させたい場合には、次のコマンドを実行します。

```
$ source ~/.bash_profile
```

これで、PythonシェルからTensorFlowを利用できるようになりました。本書で

†3 訳注：ただしCPUのみの環境ではGPUに対応したバージョンのTensorFlowは正しく動作しません。必要に応じて適切なほうを選んでください。

†4 http://docs.nvidia.com/cuda

†5 https://developer.nvidia.com/rdp/cudnn-archive

は IPython を使用します。Pip を使えば、次のコマンド 1 つで IPython をインストールできます。

```
$ pip install ipython
```

続いて以下のように、TensorFlow が正しくインストールされていて利用できるか確認しましょう。

```
$ ipython

...

In [1]: import tensorflow as tf

In [2]: deep_learning = tf.constant("Deep Learning")

In [3]: session = tf.Session()

In [4]: session.run(deep_learning)
Out[4]: b'Deep Learning'

In [5]: a = tf.constant(2)

In [6]: b = tf.constant(3)

In [7]: multiply = tf.multiply(a, b)

In [7]: session.run(multiply)
Out[7]: 6
```

最新の追加情報やインストール手順の詳細については、TensorFlow の Web サイト[†6]に掲載されています。

3.4 TensorFlow の Variable の生成と操作

TensorFlow を使ってディープラーニングのモデルを構築する際には、モデルのパラメーターを表す Variable[†7]というものを作る必要があります。TensorFlow の Variable は、テンソルをメモリ上に格納したバッファーのようなものです。TensorFlow における通常のテンソルは、グラフが実行される時にインスタンス化さ

†6 https://www.tensorflow.org/install/
†7 訳注：ここでの Variable は一般的なプログラミングにおける変数ではなく TensorFlow の用語であるため、訳さずそのまま Variable としています。

れ、実行が終わると即座に破棄されます。これに対してVariableは、複数回のグラフの実行にまたがってメモリ上に存在し続ける特殊なテンソルという位置付けになります。そのため、次のような性質を持っています。

- グラフが初回に利用される時点までに、Variableは明示的に初期化されていなければなりません。
- 勾配降下法を使ってVariableを何度も更新することで、モデルでの最適なパラメーターを探せます。
- Variableに保持された値をディスクに記録し、後で必要になった時に読み込めます。

これら3つの性質のおかげで、TensorFlowは機械学習のモデルを構築する際にきわめて有用です。

Variableは簡単に生成でき、初期化のしくみが複数用意されています。さっそく、フィードフォワードニューラルネットワークでの2つの層のニューロンを接続する重みを表現してみましょう。

```
weights = tf.Variable(
  tf.random_normal([300, 200], stddev=0.5),
  name="weights"
)
```

ここでは`tf.Variable`[†8]に2つの引数が渡されています。1つ目は、正規分布を使って初期化されたテンソルを生成する`tf.random_normal`[†9]です。上のコードでは標準偏差として0.5が指定されています。また、300個のニューロンを持つ層から200個のニューロンを持つ層への接続を表すために、テンソルのサイズとして300 × 200が指定されています。そして2つ目の引数`weights`は、計算グラフ上での特定のノードを表す識別子として使われます。今回の例では、重みは**訓練可能**だということが意図されています。つまり、`weights`に対して自動的に勾配降下法の処理が適用されます。訓練可能ではないということを表すには、次のようにして`tf.Variable`の呼び出し時に`trainable`フラグを追加します。

†8 https://www.tensorflow.org/api_docs/python/tf/Variable
†9 https://www.tensorflow.org/api_docs/python/tf/random_normal

```
weights = tf.Variable(
  tf.random_normal([300, 200], stddev=0.5),
  name="weights",
  trainable=False
)
```

`tf.random_normal` 以外にも、TensorFlow での Variable を初期化する方法がいくつか用意されています。

```
# よく使われるテンソルの例（TensorFlowのAPIドキュメントより）

tf.zeros(shape, dtype=tf.float32, name=None)
tf.ones(shape, dtype=tf.float32, name=None)
tf.random_normal(
  shape, mean=0.0, stddev=1.0, dtype=tf.float32, seed=None, name=None
)
tf.truncated_normal(
  shape, mean=0.0, stddev=1.0, dtype=tf.float32, seed=None, name=None
)
tf.random_uniform(
  shape, minval=0, maxval=None, dtype=tf.float32, seed=None, name=None
)
```

`tf.Variable` を呼び出すと、以下の 3 つの操作が計算グラフに追加されます。

- Variable の初期化に使うテンソルを生成する操作
- Variable の使用に先立って、Variable に初期値のテンソルを割り当てる `tf.assign` の操作
- Variable の現在の値を保持する操作

これらを可視化したのが**図3-1** です。

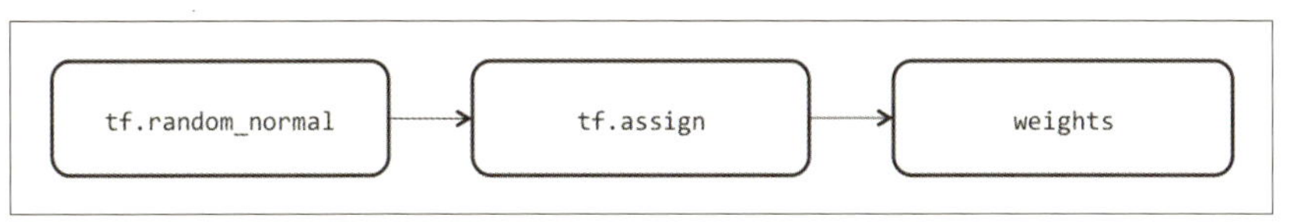

図3-1　TensorFlow での Variable を初期化する際には、3 つの操作が追加される。今回の例では weights という Variable を、標準偏差を指定してランダムに初期化している

TensorFlowのVariableを利用する際には、`tf.assign`メソッド†10が実行されている必要があります。このメソッドの中で、Variableに適切な値がセットされて初期化されます。`tf.global_variables_initializer()`†11を実行すると、計算グラフ中のすべての`tf.assign`が呼び出されます。一部のVariableだけを初期化したい場合には、`tf.initialize_variables([var1, var2, ...])`†12を利用できます。TensorFlowのセッションについて解説する際に、再びこのトピックを取り上げることにします。

3.5 TensorFlowでの操作

Variableの初期化に関連して操作を少し紹介しましたが、これらはTensorFlowに用意されている多様な操作のごく一部です。大まかに言うと、TensorFlowでの**操作**とは、計算グラフ中のテンソルに対して適用される変換を抽象的に表現したものです。操作には属性が伴うことがあり、その値は事前に指定されることも実行時に推測されることもあります。例えば、期待される入力の型（`float32`や`int32`など）を指定するために属性が使われます。Variableに名前があるのと同様に、操作にも名前を属性として指定できます。この名前を使って、計算グラフの中にある特定の操作を簡単に参照できます。

操作は1つ以上の**カーネル**から構成されます。カーネルは、デバイスに固有の実装を表すものです。例えば、1つの操作にCPUのカーネルとGPUのカーネルが用意されていることがあります。GPUを使うほうが、処理を効率的に表現できるためです。このことは行列に対するTensorFlowの操作の多くで当てはまります。

表3-1はさまざまな操作の概要です。TensorFlow公式のホワイトペーパー†13から抜粋しました。

†10 https://www.tensorflow.org/api_docs/python/tf/assign
†11 https://www.tensorflow.org/api_docs/python/tf/global_variables_initializer
†12 https://www.tensorflow.org/api_docs/python/tf/initialize_variables
†13 Abadi, Martín, et al. "TensorFlow: Large-Scale Machine Learning on Heterogeneous Distributed Systems." *arXiv preprint arXiv*:1603.04467 (2016).

表3-1 TensorFlowでの操作の概要

カテゴリー	例
要素ごとの算術演算	Add、Sub、Mul、Div、Exp、Log、Greater、Less、Equal、…
配列の操作	Concat、Slice、Split、Constant、Rank、Shape、Shuffle、…
行列の操作	MatMul、MatrixInverse、MatrixDeterminant、…
内部状態を持った操作	Variable、Assign、AssignAdd、…
ニューラルネットワークの基盤	SoftMax、Sigmoid、ReLU、Convolution2D、MaxPool、…
チェックポイント関連の操作	Save、Restore
キューと同期の操作	Enqueue、Dequeue、MutexAcquire、MutexRelease、…
制御フローの操作	Merge、Switch、Enter、Leave、NextIteration

3.6 プレースホルダのテンソル

Variableや操作について把握できたら、TensorFlowにおける計算グラフの構成要素をほぼ理解したことになります。残るは、訓練やテストの際に入力データをモデルに渡す方法だけです。Variableは一度しか初期化されないため、ここでは利用できません。代わりに、グラフの実行のたびに値がセットされるようなしくみが必要になります。

そこで、TensorFlowでは**プレースホルダ**[†14]という構成要素が用意されています。プレースホルダは次のようにしてインスタンス化され、TensorFlowでの通常のVariableやテンソルと同じように操作できます。

```
x = tf.placeholder(tf.float32, name="x", shape=[None, 784])
W = tf.Variable(tf.random_uniform ([784,10], -1, 1), name="W")
multiply = tf.matmul(x, W)
```

上のコードでのプレースホルダxは、float32型のデータのミニバッチを表しています。列の数として784が指定されており、個々のサンプルデータの大きさは784であることがわかります。また、xの行数は不定であると指定されています。つまり、初期化時のデータの個数は任意です。データを1つずつ取り出してWを乗算するということも可能ですが、ミニバッチ全体をテンソルとして表現すると、それぞれのデータに対する並列処理が可能になります。つまり、multiplyテンソルのi行目は

†14 https://www.tensorflow.org/api_docs/python/tf/placeholder

i 番目のデータと W を乗算した結果を表すようになります。

計算グラフの初回作成時に Variable を初期化しなければならないのと同様に、計算グラフ（または部分グラフ）を実行するごとにプレースホルダに値をセットする必要があります。詳しくは後ほど解説します。

3.7 TensorFlowでのセッション

TensorFlow のプログラムは、**セッション**[†15]というしくみを使って計算グラフを操作します。TensorFlow のセッションには、初期状態の計算グラフを作成するという役割があります。そしてすべての Variable を正しく初期化し、計算グラフを実行します。次の Python スクリプトを通じて、一連の処理について詳しく見てみましょう。

session.py

```
import tensorflow as tf
from tensorflow.examples.tutorials.mnist import input_data

x = tf.placeholder(tf.float32, name="x", shape=[None, 784])
W = tf.Variable(tf.random_uniform([784, 10], -1, 1), name="W")
b = tf.Variable(tf.zeros([10]), name="biases")
output = tf.matmul(x, W) + b

init_op = tf.global_variables_initializer()
sess = tf.Session()
sess.run(init_op)

mnist = input_data.read_data_sets("data", one_hot=True)
minibatch_x, minibatch_y = mnist.train.next_batch(32)

feed_dict = {x : minibatch_x}
sess.run(output, feed_dict=feed_dict)
```

import 文に続く 4 行で、セッションのインスタンス化時に作成される計算グラフが記述されています。Variable の初期化操作を除く計算グラフを**図3-2** に示します。その後 sess.run(init_op) で、セッションの変数を使って初期化の操作が行われます。最後に sess.run が再び呼び出され、部分グラフが実行されます。ここでは計算したいテンソル（またはテンソルのリスト）と、その計算に必要な入力データをプ

†15 https://www.tensorflow.org/api_docs/python/tf/Session

レースホルダにセットするためのfeed_dictが渡されています。

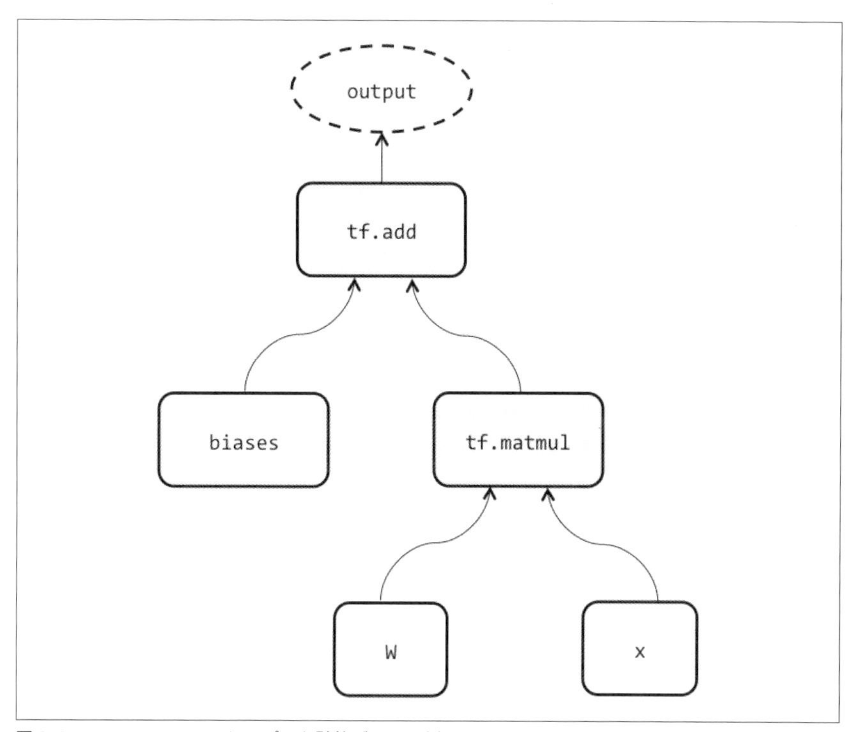

図3-2 TensorFlowでのシンプルな計算グラフの例

sess.runというインタフェースはネットワークの訓練にも使えます。後ほどTensorFlowを使ってMNISTデータに対する機械学習のモデルを訓練する際に、sess.runについて再び触れる予定です。ここでは、このたった1行のコードがどのようにしてさまざまな処理を行えるのか考えてみましょう。その答えは、基盤となる計算グラフの中にあります。さまざまな処理はすべてTensorFlowの操作として表現でき、つまりsess.runへの引数にできます。sess.runは計算グラフをたどり、指定された部分グラフを構成する依存先をすべて特定します。feed_dictを呼び出し、部分グラフに含まれるすべてのプレースホルダの変数に値をセットします。そして中間にある操作を実行しながら部分グラフをさかのぼり、引数で指定された操作の結果を求めます。

セッションとその実行方法についての説明は以上です。続いて、計算グラフを作成し取り扱う際の重要な考え方を2つ紹介します。

3.8 Variable のスコープと共有

ここまでの例ではまだ不必要でしたが、複雑なモデルを作成する場合には、一度インスタンス化した多くの Variable を共有し再利用したいということがよくあります。しかし、不用意にモジュール性や読みやすさを求めると予期しない結果を招くことがあります。次のような例について考えてみましょう。

scope1.py（抜粋）

```
def my_network(input):
  W_1 = tf.Variable(tf.random_uniform([784, 100], -1, 1), name="W_1")
  b_1 = tf.Variable(tf.zeros([100]), name="biases_1")
  output_1 = tf.matmul(input, W_1) + b_1

  W_2 = tf.Variable(tf.random_uniform([100, 50], -1, 1), name="W_2")
  b_2 = tf.Variable(tf.zeros([50]), name="biases_2")
  output_2 = tf.matmul(output_1, W_2) + b_2

  W_3 = tf.Variable(tf.random_uniform([50, 10], -1, 1), name="W_3")
  b_3 = tf.Variable(tf.zeros([10]), name="biases_3")
  output_3 = tf.matmul(output_2, W_3) + b_3

  # printing names
  print("Printing names of weight parameters")
  print(W_1.name, W_2.name, W_3.name)
  print("Printing names of bias parameters")
  print(b_1.name, b_2.name, b_3.name)

  return output_3
```

このネットワークは3つの層から構成され、6つの Variable が含まれています。もしもこのネットワークを複数回利用したいなら、処理を my_network といった関数へコンパクトにカプセル化するのが自然です。しかし、入力を変えてこの関数を2回呼び出すと、以下のように期待と異なる実行結果が得られます。

```
In [1]: i_1 = tf.placeholder(tf.float32, [1000, 784], name="i_1")

In [2]: my_network(i_1)
Printing names of weight parameters
W_1:0 W_2:0 W_3:0
Printing names of bias parameters
biases_1:0 biases_2:0 biases_3:0
```

```
Out[2]: <tf.Tensor 'add_2:0' shape=(1000, 10) dtype=float32>

In [1]: i_2 = tf.placeholder(tf.float32, [1000, 784], name="i_2")

In [2]: my_network(i_2)
Printing names of weight parameters
W_1_1:0 W_2_1:0 W_3_1:0
Printing names of bias parameters
biases_1_1:0 biases_2_1:0 biases_3_1:0
Out[2]: <tf.Tensor 'add_5:0' shape=(1000, 10) dtype=float32>
```

よく見ると、2回目のmy_networkの呼び出しでは、1回目と名前が異なる別のVariableが使われています。呼び出しのたびにVariableが生成されているようです。多くの場合、これは望ましいことではなく、モデルやVariableは再利用されるべきです。今回の例では、tf.Variableを使ったのが失敗の原因です。代わりに、TensorFlowに用意された名前付けのしくみを利用してみましょう。

TensorFlowでVariableの有効範囲を指定する際には、主に2つの関数が使われます。

tf.get_variable(<name>, <shape>, <initializer>)
: 指定された名前のVariableが存在するかチェックします。存在するなら、そのVariableを返します。存在しないなら指定された形状で新規作成し、初期化処理を適用します[†16]。

tf.variable_scope(<scope_name>)
: 名前空間を管理し、tf.get_variableの有効範囲を判断します[†17]。

my_networkを書き直し、TensorFlowのVariableの有効範囲を意識したクリーンなコードをめざしましょう。Variableの名前は"layer_1/W"、"layer_2/b"、"layer_2/W"のように、名前空間が付いたものになります。

scope2.py（抜粋）

```
def layer(input, weight_shape, bias_shape):
  weight_init = tf.random_uniform_initializer(minval=-1, maxval=1)
  bias_init = tf.constant_initializer(value=0)
  W = tf.get_variable("W", weight_shape, initializer=weight_init)
```

†16 https://www.tensorflow.org/api_docs/python/tf/get_variable
†17 https://www.tensorflow.org/api_docs/python/tf/variable_scope

```
    b = tf.get_variable("b", bias_shape, initializer=bias_init)
    return tf.matmul(input, W) + b

def my_network(input):
    with tf.variable_scope("layer_1"):
        output_1 = layer(input, [784, 100], [100])

    with tf.variable_scope("layer_2"):
        output_2 = layer(output_1, [100, 50], [50])

    with tf.variable_scope("layer_3"):
        output_3 = layer(output_2, [50, 10], [10])

    return output_3
```

そして以前の例と同じように、my_networkを2回呼び出してみます。

```
In [1]: i_1 = tf.placeholder(tf.float32, [1000, 784], name="i_1")

In [2]: my_network(i_1)
Out[2]: <tf.Tensor 'layer_3/add:0' shape=(1000, 10) dtype=float32>

In [1]: i_2 = tf.placeholder(tf.float32, [1000, 784], name="i_2")

In [2]: my_network(i_2)
ValueError: Variable layer_1/W already exists...
```

tf.Variableと異なり、tf.get_variableではVariableがすでにインスタンス化されているかどうかのチェックが行われます。デフォルトでは、安全のために共有は無効化されています。有効範囲の中での共有を有効化するには、下のような指定が必要です。

scope2.py（抜粋）

```
with tf.variable_scope("shared_variables") as scope:
    i_1 = tf.placeholder(tf.float32, [1000, 784], name="i_1")
    my_network(i_1)
    scope.reuse_variables()
    i_2 = tf.placeholder(tf.float32, [1000, 784], name="i_2")
    my_network(i_2)
```

これで、モジュール性を保ちながらVariableを共有できるようになりました。また、名前付けのルールもクリーンにできました。

3.9 CPUとGPU上でのモデルの管理

TensorFlowでは、必要に応じて複数の計算デバイスを利用しながらモデルの作成や訓練を行えます。サポートされているデバイスには文字列のIDが割り当てられます。一般的には、次のようなデバイスを利用できます。

`"/cpu:0"`
: CPUを表します。

`"/gpu:0"`
: 1つ目のGPU（あれば）を表します。

`"/gpu:1"`
: 2つ目のGPU（あれば）を表します。

TensorFlowの操作にCPUのカーネルとGPUのカーネルがともに用意されており、かつGPUが有効化されている場合、自動的にGPUのカーネルが使われます。計算グラフの中でどのデバイスが使われているか知りたいなら、TensorFlowのセッションを初期化する際`log_device_placement`に`True`を指定します。コードは次のようになります。

device.py（抜粋）

```
sess = tf.Session(config=tf.ConfigProto(log_device_placement=True))
```

特定のデバイスを使いたい場合は、`with tf.device`[†18]を使ってデバイスを選択します。指定されたデバイスを利用できなかった場合、エラーが発生します。選択したデバイスが利用できない時に別のデバイスを探してほしいなら、次のコードのようにセッションの変数に`allow_soft_placement`フラグ[†19]を指定します。

device.py（抜粋）

```
with tf.device("/gpu:2"):
  a = tf.constant([1.0, 2.0, 3.0, 4.0], shape=[2, 2], name="a")
  b = tf.constant([1.0, 2.0], shape=[2, 1], name="b")
  c = tf.matmul(a, b)
```

†18 https://www.tensorflow.org/api_docs/python/tf/device
†19 https://www.tensorflow.org/api_docs/python/tf/ConfigProto

```
sess = tf.Session(
  config=tf.ConfigProto(
    allow_soft_placement=True,
    log_device_placement=True
  )
)

sess.run(c)
```

複数のデバイスにまたがって、塔のようにモデルを作成することも可能です。以下のコードから、**図3-3**のようなモデルが作られます。

device.py（抜粋）

```
c = []

for d in ["/gpu:0", "/gpu:1"]:
  with tf.device(d):
    a = tf.constant([1.0, 2.0, 3.0, 4.0], shape=[2, 2], name="a")
    b = tf.constant([1.0, 2.0], shape=[2, 1], name="b")
    c.append(tf.matmul(a, b))

with tf.device("/cpu:0"):
  sum = tf.add_n(c)

sess = tf.Session(
  config=tf.ConfigProto(
    allow_soft_placement=True,
    log_device_placement=True
  )
)

sess.run(sum)
```

3.10 ロジスティック回帰のモデルを記述する

TensorFlowでの基本的な概念を理解したら、MNISTのデータセットを扱うシンプルなモデルを作ってみましょう。以前にも述べましたが、我々の目標は縦横28ピクセルの白黒画像で手書きの数字を識別することです。これから作成するネットワークでは、ロジスティック回帰†20と呼ばれるシンプルな機械学習のアルゴリズムが使われます。

†20 Cox, David R. "The Regression Analysis of Binary Sequences." *Journal of the Royal Statistical Society. Series B (Methodological)* (1958): 215-242.

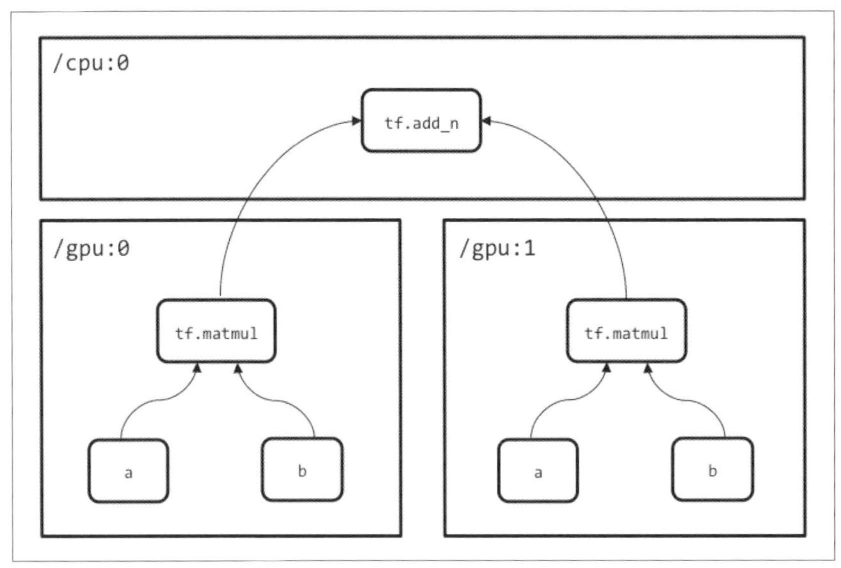

図3-3 塔のように複数の GPU を使ったモデル

簡潔に言うなら、ロジスティック回帰とは入力がターゲットのクラスのうちどれに分類されるかを確率として表現するためのしくみです。我々の例に当てはめると、与えられた入力がゼロである確率、1 である確率、…、9 である確率をすべて求めます。モデルでは行列 W とベクトル b が含まれます。W はネットワーク上のすべての接続の重みを表し、b はバイアスを表します。これらを元に、入力 x がクラス i に含まれるかどうかを見積もります。下のように、以前にも述べたソフトマックス関数が使われます。

$$P(y=i|x) = softmax_i(Wx+b) = \frac{e^{W_i x + b_i}}{\sum_j e^{W_j x + b_j}}$$

我々の目標は、入力をできるだけ正確かつ効率的に分類する W と b の値を学習によって獲得することです。このロジスティック回帰のネットワークを図で表すと、**図3-4** のようになります（バイアスの接続は省略しています）。

ロジスティック回帰のネットワークの実装はかなり原始的だということがわかります。隠れ層がないため、複雑な関係を学習する能力に欠けています。出力がサイズ 10 のソフトマックスなのは、識別結果の選択肢の数が 10 個だからです。また、入力層のサイズは 784 です。これは、画像の 1 ピクセルごとに入力のニューロンを 1 つ

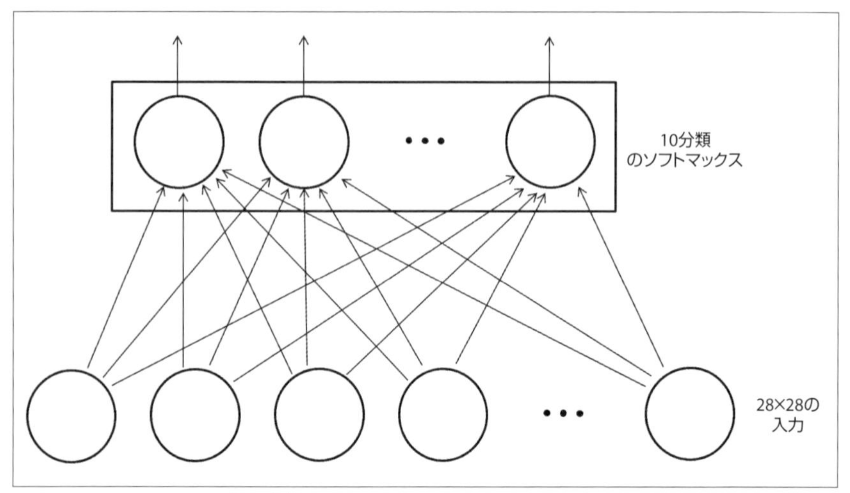

図3-4 ロジスティック回帰を単純なニューラルネットワークとして表現する

ずつ用意するためです。このモデルはそこそこ正確にデータセットを識別してくれるということを後ほど示しますが、改善の余地は多く残されています。ここから「5章 畳み込みニューラルネットワーク」にかけて、正確さを大幅に高めてゆきます。まずはTensorFlowを使ってロジスティック回帰のネットワークを実装し、読者のコンピューター上で訓練を行ってみましょう。

ロジスティック回帰のモデルは4段階で作成してゆきます。

1. `inference` —— 与えられたミニバッチに対して、出力クラスの確率分布を生成します。
2. `loss` —— 損失関数（今回は交差エントロピー誤差）の値を算出します。
3. `training` —— モデルのパラメーターの勾配を求め、モデルを更新します。
4. `evaluate` —— モデルの性能を評価します。

複数のMNISTの画像（それぞれが大きさ784のベクトルです）からなるミニバッチを受け取り、ロジスティック回帰を行います。入力層と出力層の接続の重みを表す行列を入力と掛け合わせ、ソフトマックス関数に渡します。出力されるテンソルに含まれる行は、ミニバッチ中のそれぞれのデータサンプルについての出力の確率分布を表します。

logistic_regression.py（抜粋）

```
def inference(x):
  init = tf.constant_initializer(value=0)
  W = tf.get_variable("W", [784, 10], initializer=init)
  b = tf.get_variable("b", [10], initializer=init)
  output = tf.nn.softmax(tf.matmul(x, W) + b)
  return output
```

ミニバッチに対する正しいラベルは既知なので、データサンプルごとの平均の誤差を計算できます。次のコードを使い、ミニバッチに対する交差エントロピー誤差を求めます。

logistic_regression.py（抜粋）

```
def loss(output, y):
  elementwise_product = y * tf.log(output)
  # Reduction along axis 0 collapses each column into a
  # single value, whereas reduction along axis 1 collapses
  # each row into a single value. In general, reduction along
  # axis i collapses the ith dimension of a tensor to size 1.
  xentropy = -tf.reduce_sum(elementwise_product, reduction_indices=1)

  loss = tf.reduce_mean(xentropy)

  return loss
```

現在のコスト（損失）を得られたので、勾配を求めてモデルのパラメーターを更新することにします。TensorFlowにはオプティマイザーと呼ばれる使いやすいしくみが組み込みで用意されており、特別な訓練の操作を生成してセッションの中から呼び出せます。訓練の操作を生成する際に、処理されたミニバッチの個数を表すVariable（`global_step`）を渡します。訓練の操作が行われるたびにこのVariableの値が加算されてゆくので、進捗状況を把握できます。

logistic_regression.py（抜粋）

```
def training(cost, global_step):
  optimizer = tf.train.GradientDescentOptimizer(learning_rate)
  train_op = optimizer.minimize(cost, global_step=global_step)
  return train_op
```

最後にシンプルな部分計算グラフを組み立て、検証データまたはテストデータを使ってモデルを評価します。

logistic_regression.py（抜粋）

```
def evaluate(output, y):
  correct_prediction = tf.equal(tf.argmax(output, 1), tf.argmax(y, 1))
  accuracy = tf.reduce_mean(tf.cast(correct_prediction, tf.float32))
  return accuracy
```

これで、ロジスティック回帰のためのTensorFlowのグラフを準備できました。

3.11 ログの記録と訓練

主な構成要素がそろったので、これらを組み合わせてゆきましょう。モデルの訓練中に発生した重要な情報として、いくつかの要約統計量を記録することにします。例えばtf.summary.scalar[†21]やtf.summary.histogram[†22]といったコマンドを使い、ミニバッチごとの損失や検証時の誤り、そしてパラメーターの分布を記録します。次のコードでは、損失関数でのスカラーの要約統計量を示しています。

logistic_regression.py（抜粋）

```
def training(cost, global_step):
  tf.summary.scalar("cost", cost)
  optimizer = tf.train.GradientDescentOptimizer(learning_rate)
  train_op = optimizer.minimize(cost, global_step=global_step)
  return train_op
```

エポックごとにtf.summary.merge_all[†23]を呼び出してすべての要約統計量を集め、tf.summary.FileWriterを使ってディスクに出力します。後ほど、TensorFlowの組み込みのツールを使ってこれらのログを可視化します。

要約統計量だけでなく、モデルのパラメーターも保存できます。ここではモデルセーバー（tf.train.Saver）が使われます。デフォルトでは、モデルセーバーには新しいものから順に5回分のパラメーターが保持されており、後で使いたくなった時に呼び出せます。

まとめると、以下のようなPythonスクリプトになります。

logistic_regression.py（抜粋）

```
import tensorflow as tf
import os
```

†21 https://www.tensorflow.org/api_docs/python/tf/summary/scalar
†22 https://www.tensorflow.org/api_docs/python/tf/summary/histogram
†23 https://www.tensorflow.org/api_docs/python/tf/summary/merge_all

```
from tensorflow.examples.tutorials.mnist import input_data

# Parameters
learning_rate = 0.01
training_epochs = 1000
batch_size = 100
display_step = 1

with tf.Graph().as_default():
  # mnist data image of shape 28*28=784
  x = tf.placeholder("float", [None, 784])
  # 0-9 digits recognition => 10 classes
  y = tf.placeholder("float", [None, 10])
  output = inference(x)
  cost = loss(output, y)
  global_step = tf.Variable(0, name="global_step", trainable=False)
  train_op = training(cost, global_step)
  eval_op = evaluate(output, y)
  summary_op = tf.summary.merge_all()
  saver = tf.train.Saver()
  sess = tf.Session()
  summary_writer = tf.summary.FileWriter(
    "logistic_logs",
    graph_def=sess.graph_def
  )
  init_op = tf.global_variables_initializer()
  sess.run(init_op)

  # Training cycle
  for epoch in range(training_epochs):
    avg_cost = 0.
    total_batch = int(mnist.train.num_examples/batch_size)
    # Loop over all batches
    for i in range(total_batch):
      minibatch_x, minibatch_y = mnist.train.next_batch(batch_size)
      # Fit training using batch data
      sess.run(train_op, feed_dict={x: minibatch_x, y: minibatch_y})
      # Compute average loss
      avg_cost += sess.run(
        cost, feed_dict={x: minibatch_x, y: minibatch_y}
      ) / total_batch
    # Display logs per epoch step
    if epoch % display_step == 0:
      print("Epoch: {:04d} cost: {:.9f}".format(epoch+1, avg_cost))
      accuracy = sess.run(
        eval_op,
        feed_dict={x: mnist.validation.images, y:
 ↪  mnist.validation.labels}
```

```
        )
        print("Validation Error: {}".format(1 - accuracy))
        summary_str = sess.run(
          summary_op,
          feed_dict={x: minibatch_x, y: minibatch_y}
        )
        summary_writer.add_summary(summary_str, sess.run(global_step))
        saver.save(
          sess,
          os.path.join("logistic_logs", "model-checkpoint"),
          global_step=global_step
        )

    print("Optimization Finished!")
    accuracy = sess.run(
      eval_op, feed_dict={x: mnist.test.images, y: mnist.test.labels}
    )
    print("Test Accuracy: {}".format(accuracy))
```

このスクリプトを実行して100エポック分の訓練を行ったところ、最終的に91.9パーセントという精度を得られました。悪い数字ではありません。この章の終わりで、フィードフォワードニューラルネットワークでの課題に取り組みながらより良い精度をめざします。

3.12 TensorBoardを使って計算グラフと学習を可視化する

要約統計量のログを準備できたら、集めたデータを可視化してみましょう。TensorFlowにはTensorBoard[†24]という可視化ツールが付属しており、要約統計量のナビゲーションのための使いやすいインタフェースを利用できます。TensorBoardを起動するには、下のコマンドを入力するだけです。

```
tensorboard --logdir=<ログのディレクトリへのパス>
```

`logdir`パラメーターには、要約統計量を直列化して出力するために`tf.summary.FileWriter`で設定を行ったディレクトリを指定します。TensorBoardが起動すると、ブラウザでhttp://localhost:6006/にアクセスすることによってデータを取得できるようになります。

†24 https://www.tensorflow.org/get_started/graph_viz

図3-5は1つ目のタブの表示です。収集されたスカラーの要約統計量が表示されています。ミニバッチごとに、コストや検証エラーが下がってゆく様子がわかります。

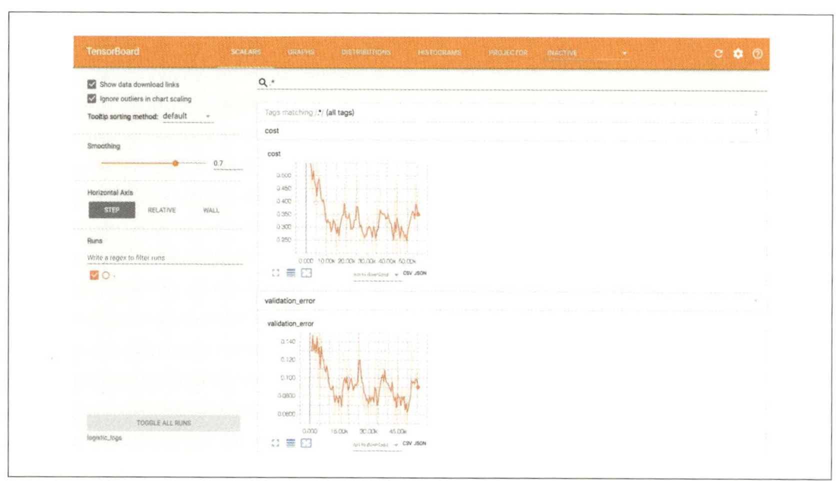

図3-5　TensorBoardのeventsビュー

図3-6のように、作成された計算グラフ全体を可視化してくれるタブもあります。容易には理解しにくいのですが、予期しないふるまいが発生した際のデバッグツールとして役立つでしょう。

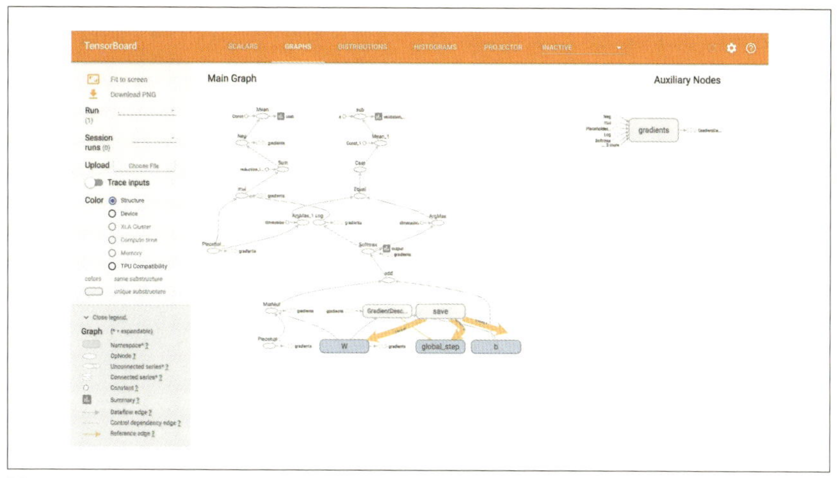

図3-6　TensorBoardのgraphビュー

3.13 多階層のMNISTモデル

ロジスティック回帰のモデルを使った場合、MNISTのデータセットに対する誤答率は8.1パーセントでした。一見すると良さそうな数値ではあるのですが、実際のアプリケーションでは十分なものとは言えません。例えば、4桁の数字（1,000ドルから9,999ドル）が手書きされた小切手を読み取るとしましょう。ここで我々のモデルを使った場合、3割近くもの小切手を正しく読み取れないということになります。より実用的な読み取り機をめざすために、フィードフォワードネットワークを作成することにします。

図3-7のように、256個のReLUニューロンからなる隠れ層を2つ持つフィードフォワードのモデルを組み立てます。

先ほどのロジスティック回帰のモデルを少し修正するだけで、大部分のコードを再利用できます。

multilayer_perceptron.py（抜粋）

```
def layer(input, weight_shape, bias_shape):
  weight_init = tf.random_normal_initializer(
    stddev=(2.0/weight_shape[0])**0.5
  )
  bias_init = tf.constant_initializer(value=0)
  W = tf.get_variable("W", weight_shape, initializer=weight_init)
  b = tf.get_variable("b", bias_shape, initializer=bias_init)
  return tf.nn.relu(tf.matmul(input, W) + b)

def inference(x):
  with tf.variable_scope("hidden_1"):
    hidden_1 = layer(x, [784, 256], [256])

  with tf.variable_scope("hidden_2"):
    hidden_2 = layer(hidden_1, [256, 256], [256])

  with tf.variable_scope("output"):
    output = layer(hidden_2, [256, 10], [10])

  return output
```

新しいコードも、ほとんどは読めば理解できるでしょう。初期化処理についてだけ、少し説明を加えたいと思います。深層ニューラルネットワークの性能は、パラメーターの適切な初期化に大きく依存しています。4章で詳しく解説しますが、深層ニューラルネットワークでは単純な確率的勾配降下法の利用が困難になってしまうよ

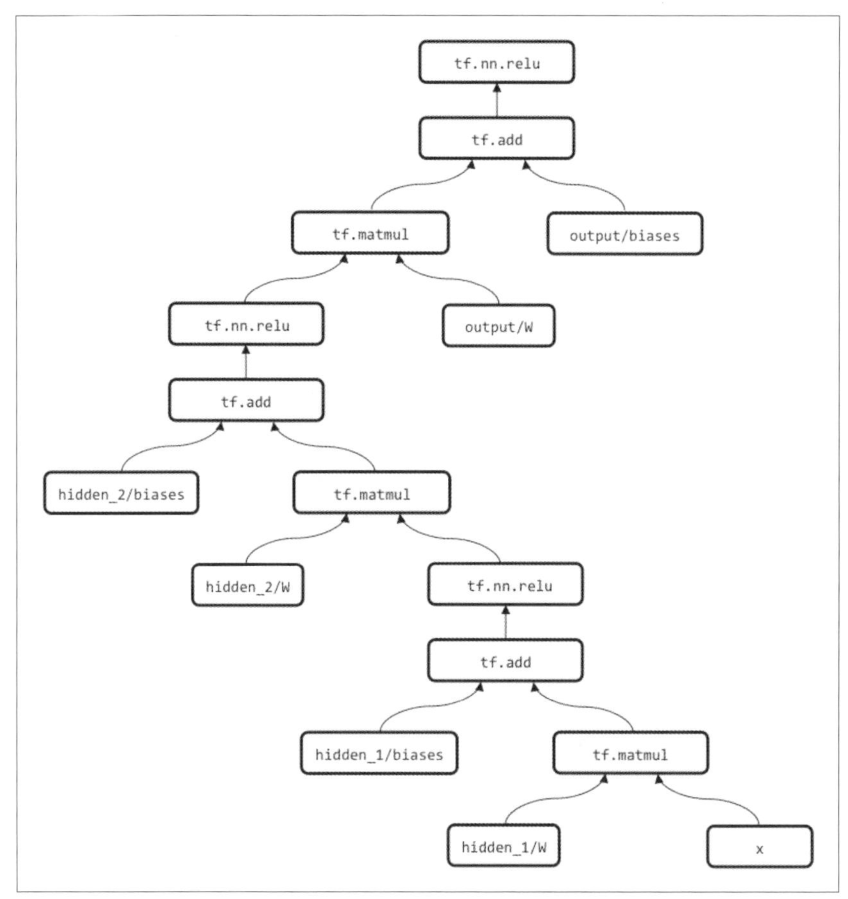

図3-7 ReLU ニューロンによる隠れ層を 2 つ持つフィードフォワードネットワーク

うな種類の誤りが多く潜んでいます。モデルの階層が増えれば増えるほど、誤りも複雑になり、問題は悪化します。事態を改善する手法の 1 つが、これから紹介するスマートな初期化です。

ReLU ニューロンについては、ネットワーク内での重みの分散を $\frac{2}{n_{\text{in}}}$ にするのがよいということを He らが 2015 年に示しています[†25]。ここでの n_{in} は、ニューロンに与えられる入力の数です。興味を持った読者は、初期化の方法を変えるとどうなる

†25 He, Kaiming, et al. "Delving Deep into Rectifiers: Surpassing Human-Level Performance on ImageNet Classification." *Proceedings of the IEEE International Conference on Computer Vision*. 2015.

か試してみるとよいでしょう。例えば、tf.random_normal_initializerの部分をロジスティック回帰の際に利用したtf.random_uniform_initializerに置き換えてみましょう。性能が大幅に悪化するはずです。

また、ソフトマックスの計算をinference内ではなく損失の算出時に合わせて行うことにします。修正後のコードは次のようになります[†26]。

multilayer_perceptron.py（抜粋）

```
def loss(output, y):
  xentropy = tf.nn.softmax_cross_entropy_with_logits(
    logits=output, labels=y
  )
  loss = tf.reduce_mean(xentropy)
  return loss
```

このプログラムを300エポックにわたって実行した結果、ロジスティック回帰よりもはるかに優れた成績を得られました。1桁当たりの誤答率をおよそ78パーセント減少させ、精度は98.2パーセントに上りました。

3.14 まとめ

この章では、TensorFlowを使って機械学習のモデルを表現し訓練する方法を学びました。セッションの管理やVariable、操作、計算グラフ、デバイスなど、TensorFlowが持つ重要な機能を多数紹介しました。ここで得られた知識を活用して、確率的勾配降下法に基づくロジスティック回帰モデルとフィードフォワードネットワークを訓練し可視化しました。ロジスティック回帰のモデルではMNISTのデータセットに対してかなりの誤りが発生していましたが、フィードフォワードネットワークははるかに高い性能を示しました。今回の100個当たり1.8回という誤答率を、「5章　畳み込みニューラルネットワーク」ではさらに改善させます。

次の章では、ネットワークをより深層なものにした際に発生する多くの課題に対処します。その対策の1つはすでに述べたとおり、ネットワーク内のパラメーターを初期化するための賢い方法を探すことです。しかし、モデルがどんどん複雑化すると、初期化方法の改善だけでは良い性能を得られないということも明らかになります。そ

†26 訳注：TensorFlow v1.5以上を使用している場合warningが出力されるかもしれません。これは、v1.5で新たにtf.nn.softmax_cross_entropy_with_logits_v2という関数が追加されてtf.nn.softmax_cross_entropy_with_logitsがdeprecatedになったためです。

こで、近年の最適化の理論を探求し、深層ネットワークを訓練するためのより良いアルゴリズムを設計します。

4章 勾配降下法を超えて

4.1 勾配降下法での課題

ニューラルネットワークの背後にある基本的な考え方は、数十年前からずっとあるものです。しかし、ニューラルネットワークに基づく学習のモデルが主流になったのはごく近年のことです。我々がニューラルネットワークに熱狂しているのは、その表現力の豊かさのためです。多数の層からなるネットワークを作成することによって、このような豊かさが得られました。ここまでの章でも述べてきたように、深層ニューラルネットワークを使うと従来は手に負えなかった問題に取り組めます。しかし、深層ニューラルネットワークの訓練には多くの困難が伴います。解決するには多くの技術革新が必要です。ImageNet や CIFAR を始めとする巨大なラベル付きデータセット、GPU アクセラレーションを備えた高性能なハードウェア、新しいアルゴリズムなどが求められます。

ここ数年の間、研究者たちは層単位で大量に事前訓練を行うことによって、ディープラーニングのモデルに含まれる複雑な誤差曲面と格闘してきました[†1]。ミニバッチ勾配降下法を適用する前に、1 層ごとにモデルのパラメーターのより正確な初期値を求め、最適なパラメーターへの収束をめざすという方針です。ただし、この方針では多くの時間が必要になります。近年では最適化の手法に大きな進歩が見られ、モデルを一括して訓練できるようになりました。

この章では、これらの進歩の一部を紹介して議論します。まずは極小値に注目し、これが深層モデルの訓練への障害になるのかを考察します。続いて、深層モデルがも

†1 Bengio, Yoshua, et al. "Greedy Layer-Wise Training of Deep Networks." *Advances in Neural Information Processing Systems* 19 (2007): 153.

たらす非凸な誤差曲面や、単純なミニバッチ勾配降下法の欠陥、最新の最適化手法による非凸性の克服について取り上げます。

4.2 深層ネットワークの誤差曲面での極小値

ディープラーニングのモデルを最適化する際に主に問題となるのは、局所的な情報から誤差曲面全体の構造を推測しなければならないという点です。一般的に、局所的な構造と全体的な構造との間にはほとんど関連がないため、この問題は深刻です。例として、次のようなたとえを紹介します。

読者はアメリカ本土に住む１匹のアリだとします。このアリは国内のどこかにいます。地表上で最も低い点を探すというのが、このアリに課された問題です。どうすればよいでしょうか。直近の周囲しか見えないとしたら、この問題は解決できないようにも思えます。アメリカの地形がお椀のような形（数学的に言うなら凸）で、かつ学習率が適切なら、勾配降下法を使えばやがてお椀の底にたどり着けるでしょう。しかし、アメリカの地形はとても複雑で非凸な形をしています。どこかに谷底、つまり極小値を見つけたとしても、それが地図全体の中で最も低い場所、つまり最小値なのかどうかはわかりません。「2章　フィードフォワードニューラルネットワークの訓練」では、このように勾配はゼロであるものの最小ではない領域を持つ曲面への対策として、ミニバッチ勾配降下法を紹介しました。ただし、確率的な誤差曲面を使っても、**図4-1**のような深い極小値に対しては役に立たないでしょう。

ここで、重要な疑問が浮上します。極小値には大きな問題があるということはわかりましたが、深層ネットワークの誤差曲面の中ではどのくらいの頻度で極小値が現れるのでしょうか。そして、どのようなシナリオで訓練時に極小値が問題となるのでしょうか。ここからは、極小値についてのよくある誤解を取り上げます。

4.3 モデルの識別可能性

極小値と関連するものとして、**モデルの識別可能性**という名前で知られている概念があげられます。深層ニューラルネットワークでは誤差局面に多数の（特定の条件下においては無限の）局所解が存在することが保証されています。これは２つの事実から示すことができます。

全結合の（すべてのニューロンが結合している）フィードフォワードニューラルネットワークでは、層の中でニューロンを並べ替えても最終的な出力は変わらないと

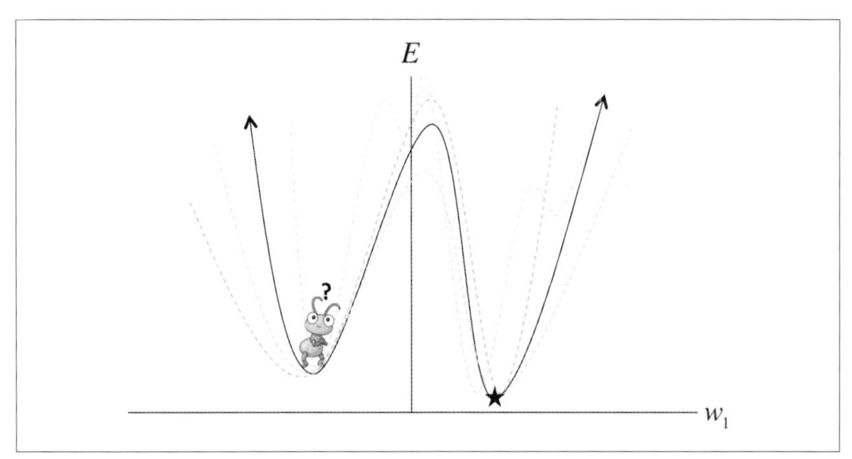

図4-1 ミニバッチ勾配降下法は浅い極小値からの脱出には役立つ可能性があるが、深い極小値に対しては効果がないことが多い

いうのが1つ目の理由です。ニューロンが3つの場合のシンプルな例を**図4-2**に示します。n 個のニューロンを含む層では、パラメーターの並べ方は $n!$ 通り考えられます。そしてこのような層が l 個ある深層ネットワークでは、等価な組み合わせの数は $n!^l$ にも上ります。

ニューロンの対称性に加えて、ある種のニューラルネットワークでは識別の困難さが別の形で現れます。例えば、個々の ReLU ニューロンにとっては等価なネットワークになるような構成が無数に考えられます。ReLU は区分線形関数です。そのため、入力されるすべての重みをゼロ以外の任意の定数 k と乗算してから、出力されるすべての重みを $\frac{1}{k}$ と乗算しても、ネットワークのふるまいは変わりません。この性質の証明については、熱心な読者に任せたいと思います。

しかし結局のところ、深層ニューラルネットワークを識別できないことに伴う極小値は本質的な問題ではありません。なぜなら、識別できない構成はどのような入力が与えられても同じようにふるまうからです。つまり、訓練でも検証でもテストでも同じ誤差になります。これらのモデルはすべて、訓練データから同じことを学習します。そして未知のデータに対する汎化も、同じように行われます。

それよりも、問題なのは**悪い**極小値です。ここで言う悪い極小値とは、最小値での場合よりも誤差が大きくなるようなニューラルネットの重みの構成に対応します。このような悪い極小値が頻繁に見られる場合、勾配に基づく最適化の手法では大きな問題に陥ることになります。局所的な構造だけを参照しているためです。

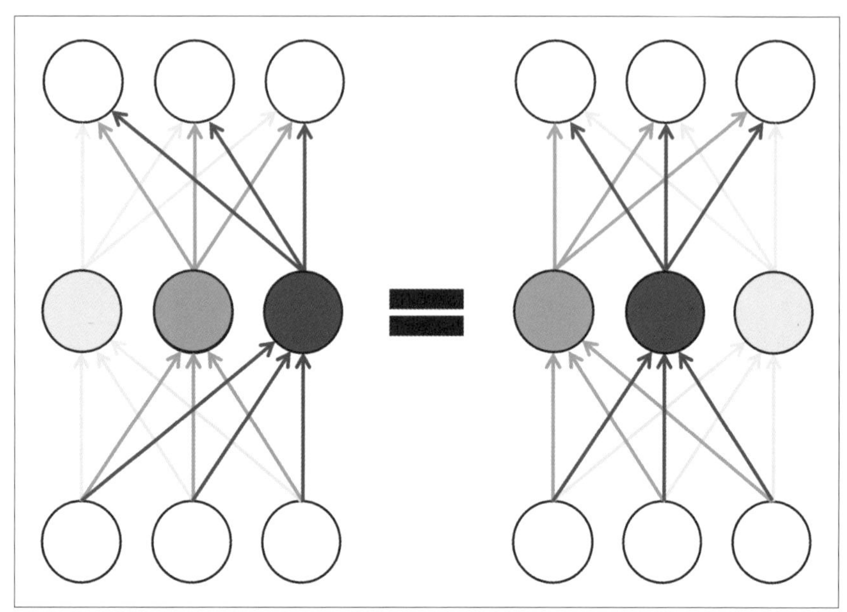

図4-2 ニューラルネットワークの層の中でニューロンを並べ替えても、対称性により構成は変わらない

4.4 深層ネットワークにおける極小値の影響

長年にわたり、深層ネットワークを訓練する際に生じるトラブルの多くは悪い極小値が原因であると考えられてきましたが、確固たる証拠はありませんでした。今日でも、誤差が最小値よりも大きくなるような極小値が、実際に使われる深層ネットワークに頻出するのかというのは未解決の問題です。しかし最近の研究の多くでは、ほとんどの極小値では誤差率も汎化の特性も最小値とほぼ変わらないということが示されつつあります。

この課題に対して安直に取り組むなら、深層ニューラルネットワークを訓練しながら損失関数のグラフを描くという方法が考えられます。ただしこの方法では、誤差曲面が波打っているのかそれとも単に進むべき方向を見つけにくいだけなのか区別が困難です。そのため、誤差曲面について十分な情報を得られません。

より効果的な分析方法について、Goodfellow ら（Google と Stanford 大学の共同研究チーム）が2014年に論文を発表しています[†2]。ここでは、上記2つの紛らわしい要因を分離することが試みられています。時間に伴う損失関数の変化を追うのではなく、ランダムに初期化されたパラメーターベクトルと最終的にうまく学習できた後の解との間で線形補間を行い、両者の間で起こっていることを巧妙に観察しています。ランダムに初期化されたパラメーターベクトルをθ_i、確率的勾配降下法による解をθ_fとすると、補間された点つまり$\theta_\alpha = \alpha \cdot \theta_f + (1 - \alpha) \cdot \theta_i$での損失関数の値を求めることが試みられました。

言い換えるなら、進むべき方向がわかっている場合でも、勾配に基づく探索手法にとって極小値は障害になるかという調査が行われました。そして、さまざまな種類のニューロンを含む多くの実用上のネットワークについて、ランダムに初期化された位置から確率的勾配降下法による解へと至る経路が極小値に妨げられるようなケースは表れなかったという結果が得られました。

「3章　TensorFlowを使ったニューラルネットワークの実装」で作成したReLUのフィードフォワードニューラルネットワークでも、このことを示せます。元のネットワークを訓練する際に保存していたチェックポイントファイルを使って、`inference`と`loss`の両コンポーネントを再びインスタンス化します。後で再利用できるように、元のグラフで使われている変数への参照をリストとして`var_list_opt`に保持しておきます。ここでの`opt`は「最適」を意味するoptimalの略で、最適なパラメーター設定の保持を意図しています。

linear_interpolation.py（抜粋）

```
# mnist data image of shape 28*28=784
x = tf.placeholder("float", [None, 784])
# 0-9 digits recognition => 10 classes
y = tf.placeholder("float", [None, 10])

sess = tf.Session()

with tf.variable_scope("mlp_model") as scope:
  output_opt = inference(x)
  cost_opt = loss(output_opt, y)
  saver = tf.train.Saver()
  scope.reuse_variables()
  var_list_opt = [
    "hidden_1/W", "hidden_1/b",
    "hidden_2/W", "hidden_2/b",
```

†2　Goodfellow, Ian J., Oriol Vinyals, and Andrew M. Saxe. "Qualitatively characterizing neural network optimization problems." *arXiv preprint arXiv*:1412.6544 (2014).

```
    "output/W", "output/b"
  ]
  var_list_opt = [tf.get_variable(v) for v in var_list_opt]
  saver.restore(sess, "frozen_mlp_checkpoint/model-checkpoint-550000")
```

同様にコンポーネントのコンストラクタを再利用して、ランダムに初期化されたネットワークを生成します。変数は var_list_rand に格納し、後で利用します。

linear_interpolation.py（抜粋）

```
with tf.variable_scope("mlp_init") as scope:
  output_rand = inference(x)
  cost_rand = loss(output_rand, y)
  scope.reuse_variables()
  var_list_rand = [
    "hidden_1/W", "hidden_1/b",
    "hidden_2/W", "hidden_2/b",
    "output/W", "output/b"
  ]
  var_list_rand = [tf.get_variable(v) for v in var_list_rand]
  init_op = tf.variables_initializer(var_list_rand)
  sess.run(init_op)
```

これら 2 つのネットワークを正しく初期化できたので、パラメーター alpha と beta を使って線形補間を行ってみましょう。

linear_interpolation.py（抜粋）

```
with tf.variable_scope("mlp_inter") as scope:
  alpha = tf.placeholder("float", [1, 1])
  beta = 1 - alpha

  h1_W_inter = var_list_opt[0] * beta + var_list_rand[0] * alpha
  h1_b_inter = var_list_opt[1] * beta + var_list_rand[1] * alpha
  h2_W_inter = var_list_opt[2] * beta + var_list_rand[2] * alpha
  h2_b_inter = var_list_opt[3] * beta + var_list_rand[3] * alpha
  o_W_inter = var_list_opt[4] * beta + var_list_rand[4] * alpha
  o_b_inter = var_list_opt[5] * beta + var_list_rand[5] * alpha

  h1_inter = tf.nn.relu(tf.matmul(x, h1_W_inter) + h1_b_inter)
  h2_inter = tf.nn.relu(tf.matmul(h1_inter, h2_W_inter) + h2_b_inter)
  o_inter = tf.nn.relu(tf.matmul(h2_inter, o_W_inter) + o_b_inter)

  cost_inter = loss(o_inter, y)
  tf.summary.scalar("cost", cost_inter)
```

最後に、ランダムな初期値から最終的な確率的勾配降下法による解へと alpha の値を変えながら、誤差曲面がどのように変化するか調べます。

linear_interpolation.py（抜粋）

```
import matplotlib.pyplot as plt

summary_writer = tf.summary.FileWriter(
  "linear_interp_logs", graph_def=sess.graph_def
)
summary_op = tf.summary.merge_all()
results = []
for a in np.arange(-2, 2, 0.01):
  feed_dict = {
    x: mnist.test.images,
    y: mnist.test.labels,
    alpha: [[a]],
  }
  cost, summary_str = sess.run(
    [cost_inter, summary_op], feed_dict=feed_dict
  )
  summary_writer.add_summary(summary_str, (a + 2)/0.01)
  results.append(cost)

plt.plot(np.arange(-2, 2, 0.01), results, "ro")
plt.grid()
plt.ylabel("Incurred Error")
plt.xlabel("Alpha")
plt.show()
```

実行結果は**図4-3**のように明らかです。我々はこの実験を何度も行いましたが、障害になるような極小値に遭遇することはありませんでした。つまり、勾配降下法での真の困難は極小値ではなく、進むべき方向を見つけるのが難しいという点にあります。もう少し後で、この主張について再び触れることにします。

4.5 誤差曲面上の平坦な領域

我々の分析では最適化の大きな障害となりそうな極小値は見られませんでしたが、alpha=1 の前後に平坦な領域があります。ここは極小値ではないため、抜け出せないということはありません。しかし、不幸にもこのような勾配がゼロの地点に到達してしまうと学習のスピードが落ちるでしょう。

一般的に、ある関数の中で勾配がゼロのベクトルになる点は**臨界点**と呼ばれます。臨界点には複数の種類があります。1つは、何度も触れてきた極小値です。反対の概

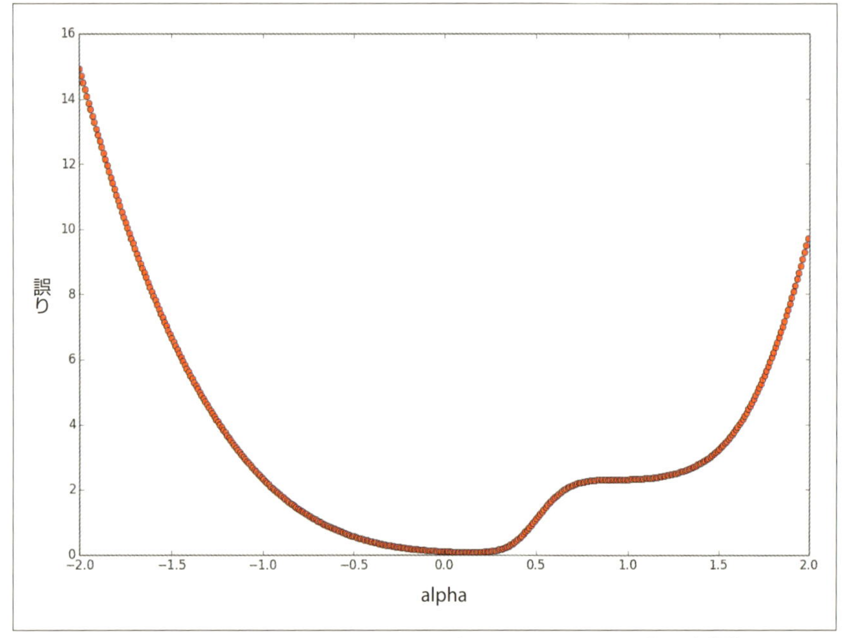

図4-3 3層からなるフィードフォワードニューラルネットワークで、ランダムに初期化されたパラメーターベクトルと確率的勾配降下法による解の間を線形補間した場合の損失関数

念として、**極大値**も容易に想像できるでしょう。確率的勾配降下法では極大値が問題になることはありません。一方、極小値でも極大値でもない臨界点もあります。先ほどのグラフで見られたような、平坦な領域です。これは**鞍点**と呼ばれ、面倒なことになる可能性もありますが致命的ではありません。関数の次数が増え、モデル内のパラメーターが多くなると、極小値よりも鞍点のほうが多くなり、指数的に増加します。この理由について、直感的な解説を試みることにします。

1次元の損失関数では、臨界点は**図4-4**に示す3種類のいずれかです。大まかに、これらの構成はすべて同じ割合で現れるとします。つまり、何らかの1次元の関数のどこかに臨界点があったとしたら、3分の1の確率でそれは極小値だということになります。同様に、k 個の臨界点がある関数では、合計 $\frac{k}{3}$ 個の極小値が見込まれます。

より高次元の関数でも、同じ考え方が当てはまります。ある損失関数が d 次元で、そこに臨界点があったとします。この臨界点が極小値か極大値かそれとも鞍点なのかを判別するのは、1次元の場合よりも少し面倒です。**図4-5**のような誤差曲面について考えてみましょう。この曲面の切り取り方（AからB、またはCからD）によっ

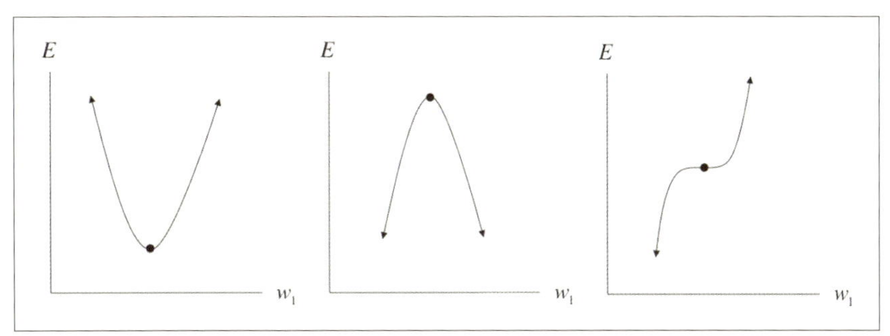

図4-4　1次元の関数での臨界点

て、図中に示した点は極小値にも極大値にも見えます。しかし実際には、この点はどちらでもありません。より複雑な、鞍点なのです。

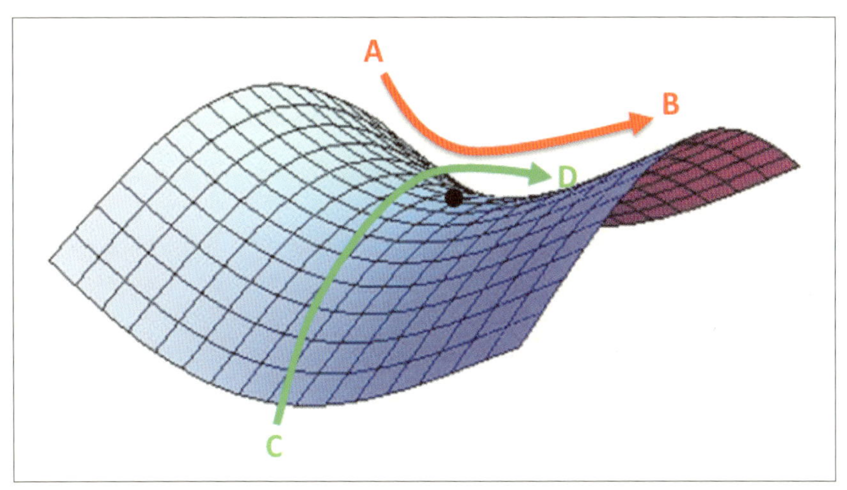

図4-5　2次元の誤差曲面での鞍点

一般的に d 次元のパラメーター空間では、それぞれの軸に1つずつ合計 d 種類の切り取り方が考えられます。切り取られた1次元のグラフのすべてで（見かけ上）極小値である場合にのみ、その臨界点は本当に極小値だと言えます。そして1次元のグラフでの臨界点には3つの種類があるため、ある臨界点が極小値である確率は $\frac{1}{3^d}$ です。つまり、ある損失関数に k 個の臨界点があるとすると、そのうち極小値は $\frac{k}{3^d}$ 個と見積もられます。パラメーター空間の次元数が増えるのに従って、極小値は指数的なペースでまれな存在になってゆきます。より厳密な議論については本書では割愛し、2014年のDauphinらによる研究[†3]を紹介するにとどめておきます。

さて、ディープラーニングのモデルを最適化するというのは、そもそもどういうことでしょうか。確率的勾配降下法に関しては、いまだに答えは不明確です。誤差曲面上の平坦な領域はやっかいではあるのですが、良い答えへの到達を妨げるほどのものではありません。一方、勾配がゼロの場所を直接求めようとする手法にとっては平坦な領域が大きな問題になります。ディープラーニングのモデルに対するある種の2次の情報を用いた最適化手法にとっては、平坦な領域が大きな障害になり得ます。

4.6　勾配が誤った方向を向く場合

深層ネットワークで誤差曲面を分析する場合、進むべき方向を決めるというのが最適化での最大の課題です。極小値付近で誤差曲面に起こることを調べる際に、この課題がクローズアップされるのはある意味で当然です。例として、2次元のパラメーター空間にある**図4-6**のような誤差曲面について考えます。

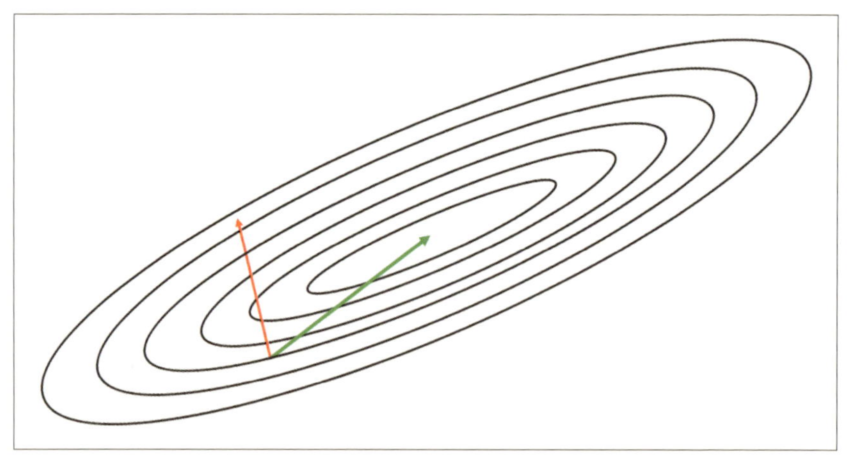

図4-6　勾配という形でエンコードされた局所的な情報には、誤差曲面の全体的な構造との関連は見られない

「2章　フィードフォワードニューラルネットワークの訓練」で紹介した等高線の

†3　Dauphin, Yann N., et al. "Identifying and attacking the saddle point problem in high-dimensional non-convex optimization." *Advances in Neural Information Processing Systems*. 2014.

図を見返すと、勾配が適切な方向を示していないことが多いという点に気づかされます。具体的には、勾配が常に極小値のほうを向くのは等高線が完全な円形の場合だけです。深層ネットワークの誤差曲面でよく見られるような極端に楕円形の等高線では、勾配が正しい方向から90度も離れていることがあります。

この分析を定式的に表現し、任意の次元数へと拡張してみましょう。誤差 E とパラメーター空間内のすべての重み w_i について、勾配 $\frac{\partial E}{\partial w_i}$ の値が算出されます。この値は、w_i が変化すると誤差がどの程度変化するかを表しています。パラメーター空間内の重みをすべてまとめると、最も急な傾きの方向がわかります。しかし、この方向に向かってあまり大きく進むと問題が発生します。移動している間に、勾配つまり進むべき方向が変わってしまうことがあります。これを2次元の例として図で表したのが**図4-7**です。もし等高線が完全な円形なら、傾きが最も急な方向に大きく進んでも勾配の向きが変わることはありません。しかし、楕円形の等高線では方向が変わります。

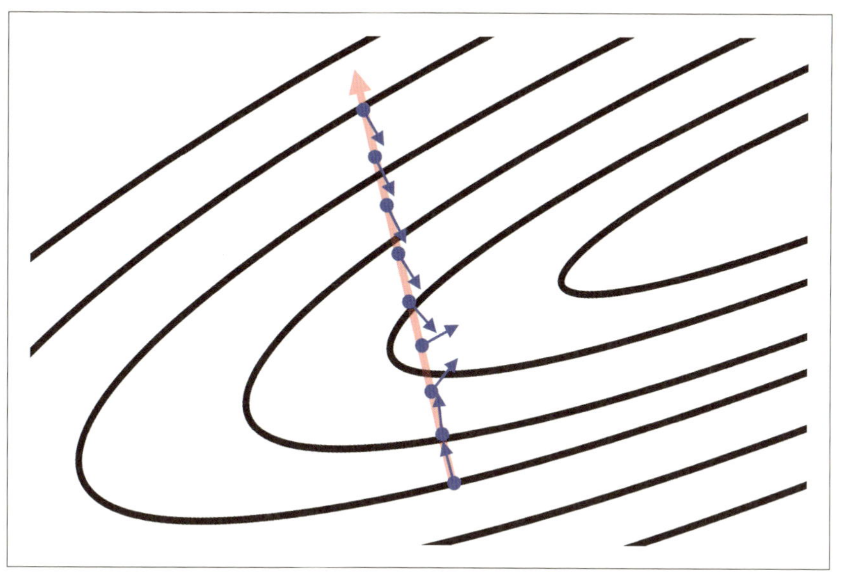

図4-7 始点から最も急な傾きの方向へ移動すると、勾配の向きが変化する（向きの変化を強調するため、正規化されたベクトルを示す）

一般化すると、移動中の勾配の変化は2次導関数を計算することによって求められます。我々が知りたいのは $\frac{\partial(\partial E/\partial w_j)}{\partial w_i}$ の値であり、これは w_i の値を変えた時の w_j

の勾配の変化を表します。この情報は、**ヘッセ行列**（$\mathbf{H}$）という特別な行列で表現できます。勾配方向への移動中に勾配が大きく変化してしまうような誤差局面を描くヘッセ行列は**悪条件**（ill-conditioned）であると言われています。

数学に興味のある読者のために、勾配降下法だけを使った最適化よりもヘッセ行列の情報を加えたほうが有効であることを示そうと思います。テイラー級数を利用した2次近似によって、パラメーターベクトルが $\mathbf{x}^{(i)}$ から $\mathbf{x}$ へと勾配ベクトル $\mathbf{g}$ に沿って変化する際の損失関数の変化を、$\mathbf{x}^{(i)}$ を使って表現できます。

$$E(\mathbf{x}) \approx E(\mathbf{x}^{(i)}) + (\mathbf{x} - \mathbf{x}^{(i)})^\top \mathbf{g} + \frac{1}{2}(\mathbf{x} - \mathbf{x}^{(i)})^\top \mathbf{H}(\mathbf{x} - \mathbf{x}^{(i)})$$

勾配の方向に ε 単位だけ進むとするなら、上の式はさらに簡略化できます。

$$E(\mathbf{x}^{(i)} - \varepsilon\mathbf{g}) \approx E(\mathbf{x}^{(i)}) - \varepsilon\mathbf{g}^\top \mathbf{g} + \frac{1}{2}\varepsilon^2 \mathbf{g}^\top \mathbf{H}\mathbf{g}$$

この式には3つの要素が含まれます。元のパラメーターベクトルでの損失関数の値、勾配の強度から得られた誤差の改善、そしてヘッセ行列が表す曲率による補正です。

一般的に、このような情報はより良い最適化のアルゴリズムを設計するために使われます。例えば、単純に損失関数の2次近似を利用するだけでも、各ステップでの誤差の減少を最大化するような学習率の値を特定できます。ただし、ヘッセ行列を厳密に求めるのは難しいということがわかっています。ここからは、ヘッセ行列を直接求めることなく悪条件に取り組むための最適化の進歩を紹介します。

4.7 モーメンタムに基づく最適化

悪条件のヘッセ行列による問題は基本的に、大きく変動する勾配という形で現れます。そこで、悪条件に取り組むしくみの1つではヘッセ行列を算出せず、訓練全体を通じて勾配の変動を打ち消すという点に注力しています。

この問題へのアプローチは、起伏の多い地形をボールが転がってゆく様子にたとえられます。重力に導かれて、ボールは最も低い地点にたどり着きます。ある理由のせいで、勾配の変動や発散の影響を受けることはありません。これはなぜなのか考えてみましょう。勾配だけを用いる確率的勾配降下法とは異なり、ボールの転がり方を決める要素は2つあります。1つ目は一般的には加速度と呼ばれ、確率的勾配降下法では勾配としてモデル化されたものです。加速度だけでは、ボールの動きを決定できません。動きをより直接的に決めるのは、方向を持った速度です。加速度はボールの速度に作用し、ボールの位置を間接的に変えます。

速度が主導する動きは、ボールの軌跡をスムーズにし、激しい起伏を打ち消してくれるという望ましい性質を持っています。速度はメモリのような役割を果たします。低い方向への動きを効果的に蓄積すると同時に、直交する方向への加速度の変動を減らしてくれます。このような速度に相当する概念を、我々の最適化のアルゴリズムに追加してみましょう。**重みの指数的減衰**に従って、過去の勾配の値を記憶しておきます。ここでの考え方はシンプルで、更新される量は前回の更新量と現在の勾配を組み合わせることによって決まるというものです。具体的には、以下のようにしてパラメーターベクトルへの変更を算出します。

$$\mathbf{v}_i = m\mathbf{v}_{i-1} - \varepsilon \mathbf{g}_i$$

$$\theta_i = \theta_{i-1} + \mathbf{v}_i$$

言い換えると、運動量を表すハイパーパラメーター m を使い、前回の速度のうちどの程度を今回の更新でも保持するかを決定します。勾配に関するこの「過去の記憶」が、現在の勾配にも反映されることになります。このようなアプローチは**モーメンタム**と呼ばれます[†4]。モーメンタムを表す項が加えられることによって、1 回の移動量は増加します。そのため、モーメンタムでは単純な確率的勾配降下法を使う場合よりも学習率を下げる必要があるかもしれません。

モーメンタムのしくみをもっと視覚的に表すために、ちょっとした例を紹介します。具体的には、**ランダムウォーク**の際にモーメンタムから受ける影響について考えてみます。ランダムウォークとは、ランダムに選ばれた動きを繰り返すことを意味します。今回の例では、ある直線上の点が −10 から 10 までのランダムな距離の移動を定期的に繰り返します。一連の動きは、次のようなシンプルなコードで表現できます。

momentum_random_walk.py（抜粋）

```
step_range = 10
step_choices = range(-1 * step_range, step_range + 1)
rand_walk = [np.random.choice(step_choices) for x in range(100)]
```

この動きに対して、少し修正を加えたモーメンタム（標準的な指数加重移動平均の

†4 Polyak, Boris T. "Some methods of speeding up the convergence of iteration methods." *USSR Computational Mathematics and Mathematical Physics* 4.5 (1964): 1-17.

アルゴリズム）を適用します。ランダムな移動がスムーズになることが見込まれます。ここでもコードはシンプルです。

momentum_random_walk.py（抜粋）

```
# Momentum random walk
momentum = 0.5
momentum_rand_walk = [np.random.choice(step_choices)]
for i in range(len(rand_walk) - 1):
  prev = momentum_rand_walk[-1]
  rand_choice = np.random.choice(step_choices)
  new_step = momentum * prev + (1 - momentum) * rand_choice
  momentum_rand_walk.append(new_step)
```

momentum の値をゼロから 1 の間で変えながら上のコードを実行すると、大きく異なる結果を得られます。モーメンタムによって、移動の変動率が大幅に低下しました。モーメンタムの値が大きいと、新たな移動に対してより鈍感になります。つまり、動きに対する最初の見積もりでの大きな不正確さが、より長く伝播し続けるようになります。実験結果を**図4-8**に示します。

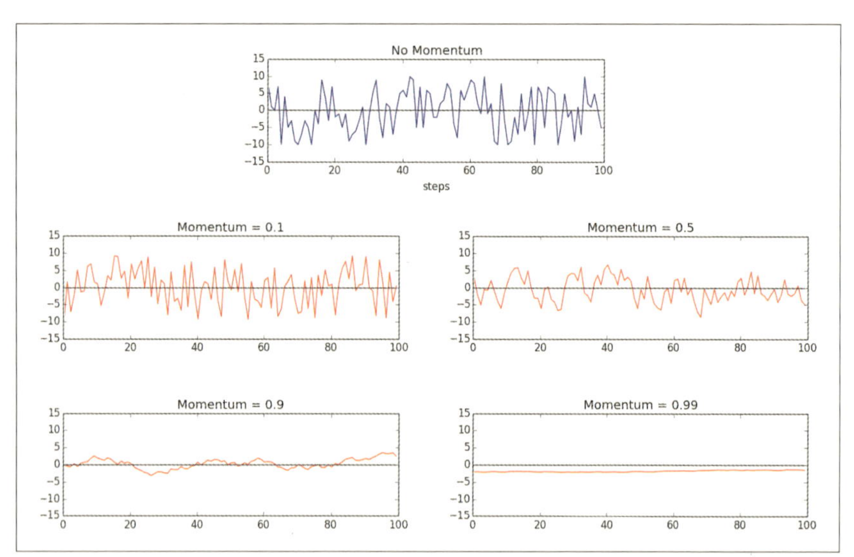

図4-8 モーメンタムによって、ランダムウォークでの変動がスムーズになった（指数加重移動平均のアルゴリズムを利用）

続いて、モーメンタムがフィードフォワードニューラルネットワークの訓練に与える影響を調べてみましょう。TensorFlow のモーメンタムオプティマイザーを使い、我々が作成してきた MNIST のフィードフォワードを再訓練することにします。学習率は以前と同じく 0.01 で、モーメンタムの値は一般的に使われている 0.9 とします。

```
learning_rate = 0.01
momentum = 0.9
optimizer = tf.train.MomentumOptimizer(learning_rate, momentum)
train_op = optimizer.minimize(cost, global_step=global_step)
```

この結果、驚くほどの高速化が得られます。**図4-9** は、TensorBoard を使って損失関数の経時変化を可視化した図です。左側ではモーメンタムが使われておらず、誤差が 0.1 になるまでに約 1 万 8 千回のミニバッチが必要でした。一方、右側はモーメンタムを使った場合の様子です。わずか 2 千回あまりで、同等の誤差に到達しています。

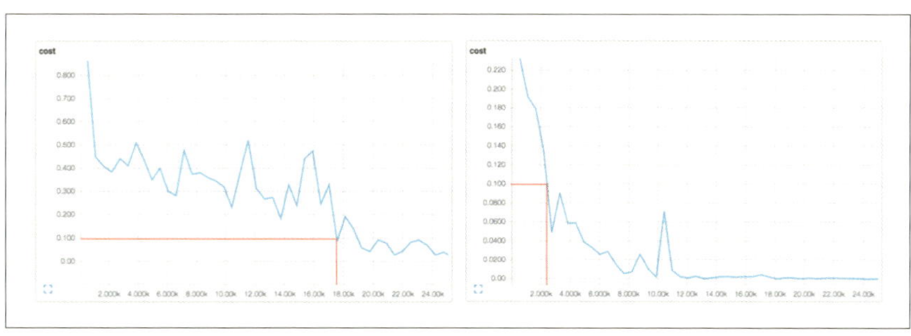

図4-9　モーメンタムの有無による、フィードフォワードネットワークの訓練の違い。モーメンタムの利用（右側）によって訓練時間が大幅に短縮される

近年では、古典的なモーメンタムの手法を改良しようという研究が多く見られます。2013 年に Sutskever らは、Nesterov モーメンタムという派生を提案しました[†5]。速度を更新する際の誤差曲面での勾配が、θ ではなく $\theta + \mathbf{v}_{i-1}$ と定められています。小さな違いですが、より敏感に速度を更新できるようになります。バッチ勾配降下法での Nesterov モーメンタムには、明確な利点が 2 つあります。収束の保証と、モーメンタムの値を古典的なモーメンタムの場合よりも大きくできるという点で

†5　Sutskever, Ilya, et al. "On the importance of initialization and momentum in deep learning." *ICML* (3) 28 (2013): 1139-1147.

す。しかし、ディープラーニングでのほとんどの最適化手法ではミニバッチによる確率的勾配降下法が使われており、ここでも同じ主張が成り立つか完全には解明されていません。

4.8　2次の最適化手法の概要

前に述べたように、ヘッセ行列を求めるには多くの計算量が必要ですが、モーメンタムを使えばヘッセ行列について気にすることなく大幅な高速化が可能です。一方近年では、ヘッセ行列を直接近似しようと試みる2次の最適化手法の研究がいくつか見られます。完全を期して、これらの手法を概観することにします。詳細については、本書では省略します。

1つ目は、**共役勾配法**（Conjugate Gradient Descent）と呼ばれます。最も急な方向に降下するという、単純な考え方への改善として生まれました。従来の方法ではまず勾配の方向を計算し、その方向に向かって直線探索を行い最小値を探します。最小値に移動すると、勾配を再計算して次回の直線探索の方向を選びます。最も急な方向に進んだ分だけ別の方向には少し後退することになるので、次の反復ではそれを引き戻す力が働き、最終的に勾配法は**図4-10**のようにジグザグな動きをすることが知られています。この問題を軽減するために、単に最も急な方向ではなく、前回の移動に対する**共役方向**に進むことにします。ヘッセ行列を間接的に近似し、勾配と前回の方向の線形和から共役方向（あるいはその近似）を求めます。少し修正すれば、この手法は深層ネットワークで見られる非凸な誤差曲面にも一般的に適用できます[†6]。

Broyden-Fletcher-Goldfarb-Shanno（BFGS）アルゴリズムという別の最適化手法では、ヘッセ行列の逆行列を反復によって近似的に求め、この逆行列を使って効率的にパラメーターベクトルを最適化しようと試みます[†7]。当初は大量のメモリ領域が必要とされていましたが、近年では**L-BFGS**というメモリ消費量の少ない手法が提案されています[†8]。

これら2次の手法は有望なのですが、ディープラーニングにはまだあまり適用されておらず、研究段階にとどまっていることが多いです。しかし、共役勾配法や

---

†6　Møller, Martin Fodslette. "A Scaled Conjugate Gradient Algorithm for Fast Supervised Learning." *Neural Networks* 6.4 (1993): 525-533.

†7　Broyden, C. G. "A new method of solving nonlinear simultaneous equations." *The Computer Journal* 12.1 (1969): 94-99.

†8　Bonnans, Joseph-Frédéric, et al. *Numerical Optimization: Theoretical and Practical Aspects.* Springer Science & Business Media, 2006.

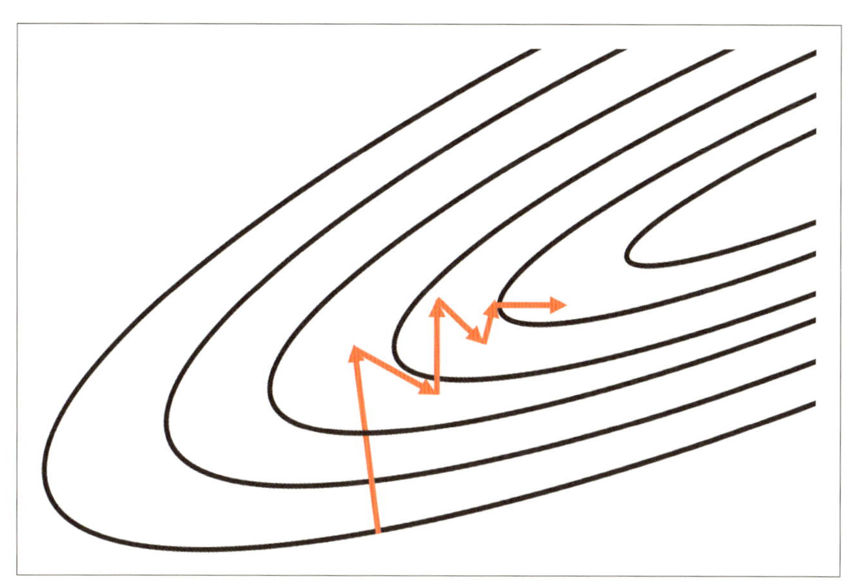

図4-10　最も傾きが急な方向に進むと、しばしばジグザグな経路をたどることになる。共役勾配法はこの問題の改善を試みている

L-BFGS などの手法についても TensorFlow で利用できるよう活発に開発が進められています。

4.9　適応的な学習率

以前にも触れたように、深層ネットワークを訓練する際には学習率の適切な選択も重要です。学習率はネットワークの性能に大きな影響を及ぼすため、正しい学習率を決めるというのは長年にわたって大きな課題の１つでした。学習率が小さすぎると、十分に速いスピードで学習を行えません。大きすぎると、収束が難しくなります。

学習率を適応的にする最適化手法は、近年の深層ネットワークに大きな革新をもたらしました。これは、学習率を適切に修正しながら学習を進めてゆくことによって、収束に関する性能を向上させようという試みです。ここからは、適応的学習率のアルゴリズムとして広く知られている AdaGrad と RMSProp、そして Adam を紹介します。

4.9.1 AdaGrad —— 過去の勾配の蓄積

まず紹介するのは AdaGrad です。2011 年に、Duchi らによって提案されました[†9]。過去の勾配の値を累積し、それに基づいて全体的に学習率を適応させようという試みです。この手法では、すべてのパラメーターについて、学習率が管理されます。過去の勾配の値をすべて二乗して合計し、その平方根を求めます（二乗平均平方根）。この値に反比例するように、学習率が調整されます。

数式として表現してみましょう。勾配を蓄積するベクトルを用意し、$\mathbf{r}_0 = \mathbf{0}$ のように初期化します。移動のたびに、次のようにしてすべての勾配のパラメーターを二乗し蓄積します。$\odot$ はテンソルの要素ごとの掛け算を表します。

$$\mathbf{r}_i = \mathbf{r}_{i-1} + \mathbf{g}_i \odot \mathbf{g}_i$$

以降の計算はこれまでとほぼ同様です。ただし、学習率 ε の値が、勾配を蓄積したベクトルの平方根によって割られています。

$$\theta_i = \theta_{i-1} - \frac{\varepsilon}{\delta \oplus \sqrt{\mathbf{r}_i}} \odot \mathbf{g}$$

ゼロでの割り算を防ぐために、微小な値 δ（$\sim 10^{-7}$）を分母に加えています。また、ここでの割り算と足し算は勾配を蓄積したベクトルのサイズにブロードキャストされ、要素ごとに適用されます。TensorFlow では組み込みのオプティマイザーが用意されており、以下のようにすれば AdaGrad アルゴリズムを使った学習を簡単に行えます。

```
tf.train.AdagradOptimizer(
  learning_rate,
  initial_accumulator_value=0.1,
  use_locking=False,
  name='Adagrad'
)
```

TensorFlow を使う場合の注意点が 1 つあります。δ と勾配を蓄積するベクトルの初期値はまとめられ、`initial_accumulator_value` 引数として指定されます。

†9 Duchi, John, Elad Hazan, and Yoram Singer. "Adaptive Subgradient Methods for Online Learning and Stochastic Optimization." *Journal of Machine Learning Research* 12.Jul (2011): 2121-2159.

機能面から見ると、AdaGradでは勾配が大きかったパラメーターの学習率は急速に減少し、勾配が小さければ少しずつ減少すると言えます。つまり、より緩やかな方向へと誤差曲面上を進むようになり、悪条件の曲面を乗り越えやすくなります。これにより理論上は良い性質が得られるのですが、実際にはAdaGradを使ってディープラーニングのモデルを訓練するとある問題が発生します。経験的に、AdaGradには早まって学習率を減少させてしまう傾向があるのです。そのため、深層モデルの種類によってはAdaGradはうまく機能しません。この欠点の解消をめざしたRMSPropについて、これから解説します。

4.9.2 RMSProp —— 勾配の指数加重移動平均

AdaGradはシンプルな凸関数ではうまく機能しますが、深層ネットワークの複雑な誤差曲面を乗り越えられるようには設計されていません。平坦な領域では、最小値に到達する前に学習率が小さくなりすぎてしまうことがあります。勾配を単純に蓄積してゆくだけでは不十分だということがわかります。

そこで、勾配の変動を軽減するためにモーメンタムを導入したのと同じ考え方を、ここでも適用してみます。単純な蓄積の代わりに、指数加重移動平均を利用します。その結果、古い値を少しずつ捨て去ることが可能になります。具体的には、勾配を蓄積するベクトルの更新方法を次のように修正します。

$$\mathbf{r}_i = \rho \mathbf{r}_{i-1} + (1-\rho)\mathbf{g}_i \odot \mathbf{g}_i$$

ρは減衰係数と呼ばれ、古い勾配の値をどの程度保持するかを表します。この値が小さければ小さいほど、古い値が保持されにくくなります。AdaGradにこの修正を加えたのがRMSPropという学習アルゴリズムです[†10]。Geoffrey Hintonによって提案されました。

TensorFlowでは、以下のようなコードを使ってRMSPropのオプティマイザーをインスタンス化します。AdaGradと異なり、ここではδの値を独立した`epsilon`パラメーターとしてコンストラクタに渡します。

```
tf.train.RMSPropOptimizer(
  learning_rate, decay=0.9,
```

†10 Tieleman, Tijmen, and Geoffrey Hinton. "Lecture 6.5-rmsprop: Divide the gradient by a running average of its recent magnitude." *COURSERA: Neural Networks for Machine Learning* 4.2 (2012).

```
    momentum=0.0, epsilon=1e-10,
    use_locking=False, name="RMSProp"
  )
```

このコードからもわかるように、RMSPropはモーメンタムと併用できます。一般的に、深層ニューラルネットワークでのオプティマイザーとしてRMSPropは非常に効率的だということがわかっています。多くのベテランの間でも、RMSPropは一番の選択肢として使われています。

4.9.3 Adam —— モーメンタムとRMSPropの組み合わせ

近年の最適化手法に関する議論を締めくくる前に、もう1つだけアルゴリズムを紹介することにします。Adamと呼ばれる最適化手法です[†11]。概念的には、AdamはRMSPropとモーメンタムを組み合わせたものだと言えます。

基本的なアイデアは以下のとおりです。勾配の指数加重移動平均（古典的モーメンタムでの速度に対応します）を、次のようにして保持します。

$$\mathbf{m}_i = \beta_1 \mathbf{m}_{i-1} + (1 - \beta_1)\mathbf{g}_i$$

これは勾配の**1次モーメント**と呼ばれる値の近似にあたります。ここで、1次モーメントの真の値は $\mathbb{E}[\mathbf{g}_i]$ と表現することにします。そして、過去の勾配について、RMSPropと同様の形で指数加重移動平均を保持します。これは勾配の**2次モーメント**と呼ばれる値 $\mathbb{E}[\mathbf{g}_i \odot \mathbf{g}_i]$ の推定値にあたるもので、次のようになります。

$$\mathbf{v}_i = \beta_2 \mathbf{v}_{i-1} + (1 - \beta_2)\mathbf{g}_i \odot \mathbf{g}_i$$

しかし、これらの近似値は実際のモーメントと比べて偏りがあります。それぞれのベクトルがゼロで初期化されているためです。この偏りを減らすために、それぞれの近似値に対する補正係数を算出します。本書では2次モーメントの近似値への補正について紹介します。1次モーメントについても同様の方法で補正が可能ですが、具体的な方法については数学好きな読者への宿題とします。

まず、過去の勾配を使って2次モーメントの近似値を表現します。単に漸化式を展開するだけです。

†11 Kingma, Diederik, and Jimmy Ba. "Adam: A Method for Stochastic Optimization." *arXiv preprint arXiv*:1412.6980 (2014).

$$\mathbf{v}_i = \beta_2 \mathbf{v}_{i-1} + (1-\beta_2)\mathbf{g}_i \odot \mathbf{g}_i$$
$$\mathbf{v}_i = \beta_2^{i-1}(1-\beta_2)\mathbf{g}_1 \odot \mathbf{g}_1 + \beta_2^{i-2}(1-\beta_2)\mathbf{g}_2 \odot \mathbf{g}_2 + \ldots + (1-\beta_2)\mathbf{g}_i \odot \mathbf{g}_i$$
$$\mathbf{v}_i = (1-\beta_2)\sum_{k=1}^{i} \beta_2^{i-k} \mathbf{g}_k \odot \mathbf{g}_k$$

そして両辺の期待値を使い、近似値 $\mathbb{E}[\mathbf{v}_i]$ と実際の値 $\mathbb{E}[\mathbf{g}_i \odot \mathbf{g}_i]$ を比較します。

$$\mathbb{E}[\mathbf{v}_i] = \mathbb{E}\left[(1-\beta_2)\sum_{k=1}^{i} \beta_2^{i-k} \mathbf{g}_k \odot \mathbf{g}_k\right]$$

また、$\mathbb{E}[\mathbf{g}_k \odot \mathbf{g}_k] \approx \mathbb{E}[\mathbf{g}_i \odot \mathbf{g}_i] \forall k, i$ であると仮定します。仮にこの仮定が成り立たず、反復とともに勾配の 2 次モーメントが変化してしまう（定常ではない）としても、β_2 が適切に選ばれていれば古い 2 次モーメントの影響は減衰してゆくので気にしなくてもよいという考えです。その結果、次のような簡略化が可能になります。

$$\mathbb{E}[\mathbf{v}_i] \approx \mathbb{E}[\mathbf{g}_i \odot \mathbf{g}_i](1-\beta_2)\sum_{k=1}^{i} \beta_2^{i-k}$$
$$\mathbb{E}[\mathbf{v}_i] \approx \mathbb{E}[\mathbf{g}_i \odot \mathbf{g}_i](1-\beta_2^i)$$

2 行目への変形では、$1 - x^n = (1-x)(1 + x + \ldots + x^{n-1})$ という初歩的な恒等式が使われています。以上の変形と 1 次モーメントへの同等の変形を組み合わせると、初期の偏りに対する補正は次のようにして求められます。

$$\widetilde{\mathbf{m}}_i = \frac{m_i}{1-\beta_1^i}$$
$$\widetilde{\mathbf{v}}_i = \frac{\widetilde{\mathbf{v}}_i}{1-\beta_2^i}$$

補正された 2 つのモーメントを使い、パラメーターベクトルを更新します。これが最終的な Adam での更新方法になります。

$$\theta_i = \theta_{i-1} - \frac{\varepsilon}{\delta \oplus \sqrt{\widetilde{\mathbf{v}}_i}}\widetilde{\mathbf{m}}_i$$

Adam は RMSProp での弱点であったゼロによる初期化の偏りを補正でき、しかも RMSProp の中核となる概念とモーメンタムとをうまく結びつけています。そのため、近年ではAdamが人気を集めています。TensorFlowでは、次のようなコンストラクタを通じてAdamのオプティマイザーを利用できます。

```
tf.train.AdamOptimizer(
  learning_rate=0.001, beta1=0.9,
  beta2=0.999, epsilon=1e-08,
  use_locking=False, name="Adam"
)
```

ハイパーパラメーターとしてデフォルト値を利用しても、別の値を指定しても、TensorFlowのAdamは十分にうまく機能します。ただし、一部のケースでは学習率にデフォルトの0.001以外の値を指定する必要があるかもしれません。

4.10 最適化手法の選択基準

この章では、深層ネットワークでの複雑な誤差曲面を乗り越えやすくするための戦略を紹介してきました。これらの戦略からいくつかの最適化アルゴリズムが生まれましたが、いずれにも長所と短所があります。

どのような場合にどのアルゴリズムを使うべきかわかるなら、とても好都合です。しかし、この点についてはエキスパートたちの間でもほとんど合意に至っていません。現在広く使われているのは、ミニバッチ勾配降下法、モーメンタム付きのミニバッチ勾配降下法、RMSProp、モーメンタム付きのRMSProp、Adam、そしてAdaDelta（解説は省略します）です。本書のGitHubリポジトリには、ここまでに作成してきたフィードフォワードネットワークに対してさまざまな最適化アルゴリズムを適用できるTensorFlowスクリプトを置いてあります。以下のようにして実行できます。

```
$ python optimizer_mlp.py <sgd, momentum, adagrad, rmsprop, adam>
```

最後に注意するべき点が1つあります。高度な最適化手法を作ることは、実務家がディープラーニングをうまく使って最先端の開発を行うための近道ではありません。ここ数十年のディープラーニングに関する飛躍は、やっかいな誤差曲面を切り抜ける手法以上に、訓練が容易なアーキテクチャーの発見によるところが大きいのです。本書ではこれから、ニューラルネットワークをより効果的に訓練するアーキテクチャーへと焦点を移してゆきます。

4.11 まとめ

この章では、複雑な誤差曲面を持つ深層ネットワークを訓練する際の課題について議論しました。悪い極小値がもたらす問題は単なる誇張であることが多いのですが、鞍点や悪条件は単純なミニバッチ勾配降下法の成功にとって大きな脅威になることを明らかにしました。モーメンタムが悪条件の克服に役立つことを明らかにし、ヘッセ行列を近似的に求める2次の最適化手法についての近年の研究を紹介しました。さらに適応的な学習率を使った最適化手法では、より良い収束のために訓練のプロセスの中で学習率を調整することも紹介しました。

次の章では、ネットワークのアーキテクチャーや設計に関するより大きな課題に取り組みます。まずはコンピュータービジョンを例に取って、複雑な画像に対して効果的に学習する深層ネットワークを設計します。

5章
畳み込みニューラルネットワーク

5.1 人間の視覚におけるニューロン

人間の視覚は信じられないほど高度です。視界の中にある複数の物を、考えたりためらったりすることなく一瞬で識別できます。対象物を特定できるだけでなく、奥行きを知覚し、輪郭を認識して、対象物と背景を区別できます。我々の眼は色のデータを含む無加工のボクセル（体積を持つピクセル）データを取り込み、脳はこのデータを加工して意味のある基本的要素（直線、曲線、形状など）を生み出します。その結果、例えば見ている対象が飼い猫だといったことがわかります[†1]。

人間の視覚の基本となるのがニューロンです。まず専門のニューロンが光の情報を眼から取り込みます[†2]。この光の情報は前処理を経て、視覚を司る脳の皮質に送られて最後に分析されます。これらの処理すべてをニューロンが一手に引き受けています。したがって、我々のニューラルネットワークを拡張すればより良いコンピュータービジョンのシステムを作れるのではと考えるのは自然なことです。この章では人間の視覚に関する知識を元に、画像処理向けの効率的なディープラーニングのモデルを作成します。まずは画像分析に関する従来のアプローチを検討し、これらの欠点を明らかにします。

†1 Hubel, David H., and Torsten N. Wiesel. "Receptive fields and functional architecture of monkey striate cortex." *The Journal of Physiology* 195.1 (1968): 215-243.

†2 Cohen, Adolph I. "Rods and Cones." *Physiology of Photoreceptor Organs.* Springer Berlin Heidelberg, 1972. 63-110.

5.2 特徴選択の欠陥

初めに、コンピュータービジョンのあるシンプルな問題について考えてみましょう。**図5-1**のような画像が、ランダムに1枚与えられるとします。この画像の中に人の顔が含まれるかどうか判定するというのが、ここでの課題です。2001年にPaul ViolaとMichael Jonesが、先駆的な論文の中でまさにこの課題に取り組みました[†3]。

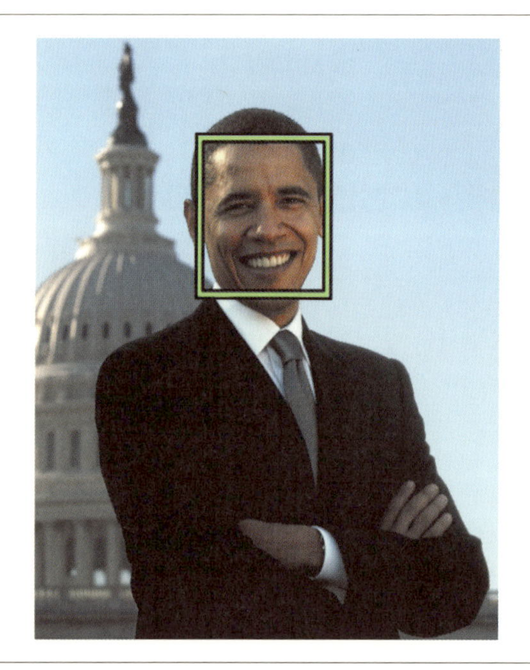

図5-1 仮想上の画像認識アルゴリズム。この画像の中から、オバマ前大統領の顔を検出することが目的

筆者や読者は人間なので、この問題を解くのはきわめて容易です。しかしコンピューターにとっては、これはとても難しい問題です。いったいどうしたらコンピューターに「この画像には顔が写っている」ということを教えられるのでしょうか？「1章　ニューラルネットワーク」で紹介したような古典的な機械学習のアルゴ

†3 Viola, Paul, and Michael Jones. "Rapid Object Detection using a Boosted Cascade of Simple Features." Computer Vision and Pattern Recognition, 2001. CVPR 2001. *Proceedings of the 2001 IEEE Computer Society Conference* on. Vol. 1. IEEE, 2001.

リズムを用意し、画像のピクセルごとの値を渡せば、もしかしたら適切な分類器を得られるかもしれません。しかし、これはうまくゆきません。意味のある信号と単なるノイズの比（SN 比）の値が低すぎて、まともに学習が進まないためです。何か代わりの方法が必要です。

結局見いだされたのは、すべてのロジックを人間が定義する従来のコンピュータープログラムと、すべてをコンピューターがこなす純粋に機械学習的なアプローチとのトレードオフをとって妥協することです。つまり、判断にとって重要だと思われる特徴（数百から数千）を人間が選ぶことでした。このアプローチでは、学習の問題を低次元に表現したもの（**特徴ベクトル**）を人間が作成します。この工程は**特徴抽出**と呼ばれます。機械学習のアルゴリズムは特徴ベクトルを利用して、分類を行います。特徴抽出が適切であれば、それにより SN 比が向上します。

顔には明暗のパターンがあり、学習に利用できるのではないかと Viola らは考えました。例えば、眼の部分と頬の上部との間には光の強さに違いが見られます。鼻梁とその両側にある眼との間にも、同様の違いがあります。これらが**図5-2** のように、検出器として利用されました。

これらの特徴はいずれも、単体ではあまり顔の識別に役立ちません。しかし、ブースティングという古典的な機械学習のアルゴリズム（詳細については http://www.merl.com/publications/docs/TR2004-043.pdf 参照）を使ってこれらを組み合わせると、精度が劇的に向上しました。130 個の画像と 507 個の顔からなるデータセットに対して、このアルゴリズムでの検出率は 91.4 パーセントで、偽陽性は 50 件でした。当時としては破格の性能でしたが、このアルゴリズムには根本的な制約がありました。一部であっても顔が影に覆われていると、光の強さを比較できません。しわだらけの紙に印刷されている顔や漫画の登場人物の顔も、ほとんど認識できませんでした。

問題は、アルゴリズムが本当の意味で「顔を見る」ということを学習しているのではない点です。光の強弱以外にも、我々の脳は大量の視覚的手がかりを元にして、視野内に人の顔があるかどうかを判断します。例えば輪郭や顔の部品の位置関係、色などが手がかりになります。これらの手がかりの中に基準と合致しないもの（顔の一部が見えない、影のせいで光の強さが変わった、など）があったとしても、視覚を司る脳の皮質は高い信頼度で顔を識別できます。

従来の機械学習のテクニックを使って「物の見方」をコンピューターに教えたいなら、正確な判断のためにもっと多くの特徴を示す必要があります。ディープラーニングの出現以前には、巨大なコンピュータービジョンの研究者チームでそれぞれの特徴

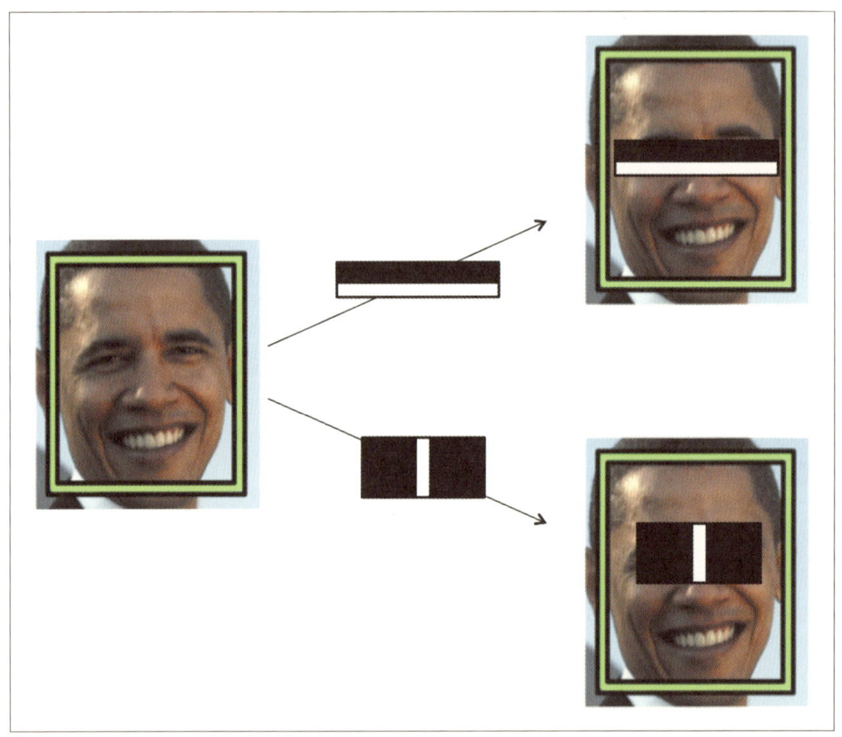

図5-2　Viola と Jones による光の強弱検出器の概要

の有用性が何年もかけて議論されていました。認識に関する問題が複雑化するにつれて、対処が困難になってきました。

ディープラーニングの力を示す例として、コンピュータービジョンの分野でとても権威のあるベンチマークコンテスト ImageNet[†4]（ILSVRC）を取り上げます（コンピュータービジョンでのオリンピックにたとえられることもあるほどです）。毎年、研究者たちはおよそ 45 万枚の画像からなる訓練データを使い、200 個のクラスのいずれかに画像を分類しようと試みます。アルゴリズムは、1 つの画像に対して 5 つまで候補を提示することができます。このコンテストでは、コンピュータービジョンの研究を推進し、人間の眼に迫るほどの精度（およそ 95 から 96 パーセント）を達成することが目標とされています。2011 年のコンテストでは、勝者の誤答率は

†4　Deng, Jia, et al. "ImageNet: A Large-Scale Hierarchical Image Database." *Computer Vision and Pattern Recognition*, 2009. CVPR 2009. IEEE Conference. IEEE, 2009.

25.7 パーセントでした[†5]。4 枚に 1 枚は判定を誤っていたことになります。でたらめな推測よりは明らかに優れていますが、商用アプリケーションでは使い物にならないでしょう。2012 年、トロント大学の Geoffrey Hinton の研究所に在籍する Alex Krizhevsky が驚くべきことを成し遂げました。**畳み込みニューラルネットワーク**と呼ばれるディープラーニングのアーキテクチャーが、ImageNet ほどの規模と複雑さを持つ課題に初めて適用され、ライバルたちは打ちのめされました。このコンテストで 2 位を獲得したアルゴリズムは、26.1 パーセントというかなり良い誤答率でした。しかし Krizhevsky による AlexNet での誤答率はおよそ 16 パーセントであり、50 年にわたるコンピュータービジョンの研究は大きな衝撃を受けました[†6]。AlexNet がコンピュータービジョンの分野にディープラーニングの存在を知らしめ、学界に革命を起こしました。

5.3 単純な深層ニューラルネットワークにはスケーラビリティがない

コンピュータービジョンにディープラーニングを適用するということのそもそもの目的は、面倒かつ限定的な特徴選択のプロセスを不要にすることです。「1 章　ニューラルネットワーク」で述べたように、深層ニューラルネットワークはこのような目的にぴったりです。ニューラルネットワークの各層は、受け取った入力データを表す特徴を学習し組み立てることができるからです。単純なアイデアとしては、「3 章 TensorFlow を使ったニューラルネットワークの実装」で MNIST データセット向けに設計した層を単に重ねて深層ニューラルネットワークを作り、画像の分類に適用するというものが考えられます。

しかし、このようなアプローチではほどなく面倒な問題に遭遇することになります。これを図示したのが**図5-3** です。MNIST の画像は縦横 28 ピクセルと小さく、しかも白黒画像でした。つまり、隠れ層の全結合のニューロンには 1 つ当たり 784 個の入力の重みが設定されることになります。これは十分に扱いやすい規模であり、単純なニューラルネットワークでも良い成績を収めることができました。しかしこの

†5 Perronnin, Florent, Jorge Sénchez, and Yan Liu Xerox. "Large-scale image categorization with explicit data embedding." *Computer Vision and Pattern Recognition* (CVPR), 2010 IEEE Conference. IEEE, 2010.

†6 Krizhevsky, Alex, Ilya Sutskever, and Geoffrey E. Hinton. "ImageNet Classification with Deep Convolutional Neural Networks." *Advances in Neural Information Processing Systems*. 2012.

アプローチは、画像が大きくなるとうまく機能しなくなります。例えば縦横200ピクセルのフルカラー画像では、入力層には200 × 200 × 3つまり12万もの重みが必要になります。このように大量のニューロンを複数の層に配置すると、重みのパラメーターはさらに増えてしまいます。明らかに、すべてのニューロンを完全に接続するのは無駄であり、しかも訓練データに対する過学習の可能性がきわめて高くなります。

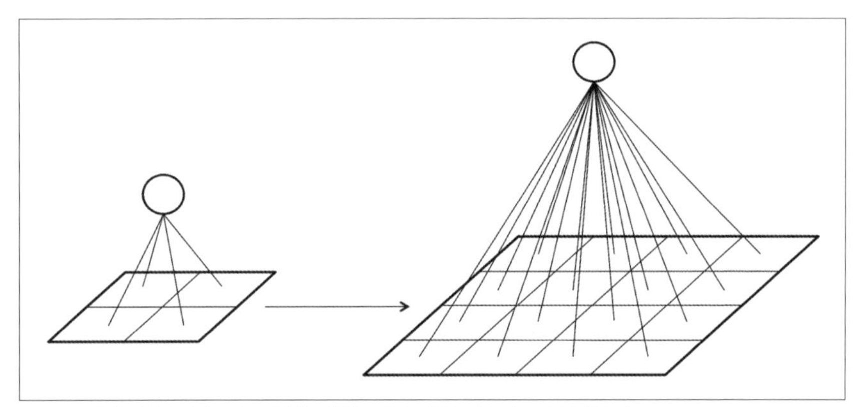

図5-3 画像が大きくなると、層間の接続の密度が扱いきれないほど増大する

畳み込みネットワークでは、分析対象が画像であるという条件が活用されています。深層ネットワークのアーキテクチャーに対して巧妙に制約を加え、モデル内のパラメーターを大幅に減らします。人間の視覚のしくみからヒントを得て、畳み込みネットワークの各層では3次元の方向にニューロンが配置されます[†7]。**図5-4**のように、層には幅と高さそして奥行きがあります。詳しくはこれから解説しますが、畳み込み層の各ニューロンは前の層のニューロンのうちごく一部としか接続しません。そのため、ニューロンを全結合するという無駄を省けます。畳み込み層の役割は、簡単に表現できます。3次元の立体的な情報を受け取り、新しい3次元の立体的な情報を生成するというものです。詳しいしくみについて、以降で見ていきます。

†7 LeCun, Yann, et al. "Handwritten Digit Recognition with a Back-Propagation Network." *Advances in Neural Information Processing Systems*. 1990.

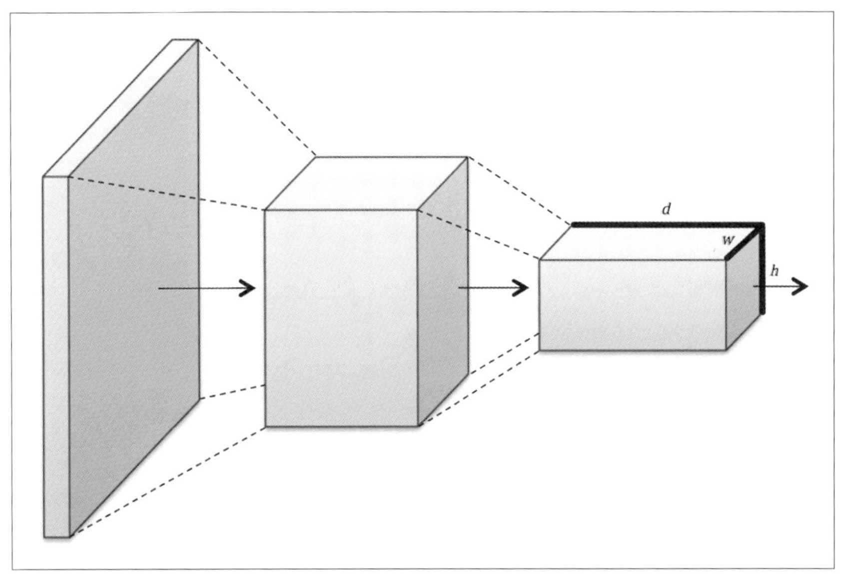

図5-4　畳み込み層はニューロンを 3 次元に配置するので、層は幅と高さそして奥行きを持つ

5.4　フィルターと特徴マップ

畳み込み層を利用する動機として、人間の脳が視覚情報を元に外界への理解を生み出すしくみを直感的に解説します。この分野で大きな影響力を持っているのは、David Hubel と Torsten Wiesel による研究です。彼らは、視覚野の中に輪郭を検出する部分があることを発見しました。1959 年に、彼らは猫の脳に電極を挿入した上でスクリーンに白黒のパターンを映写しました。すると、一部のニューロンは縦線にだけ反応し、別のニューロンは横線にだけ反応しました。特定の角度の線に反応するニューロンもありました[†8]。

以降の研究で、視覚野が複数の層から構成されることがわかりました。それぞれの層での処理は、以前の層で検出された特徴に基づいています。まず直線が検出され、それに基づいて輪郭、形状、そしてオブジェクト全体といったように認識が進んでゆきます。視覚野に含まれる 1 つの層の中でも、同じ特徴の検出器が多数配置され、画像全体から特徴を検出できるようになっています。畳み込みニューラルネットワーク

†8　Hubel, David H., and Torsten N. Wiesel. "Receptive fields of single neurones in the cat's striate cortex." *The Journal of Physiology* 148.3 (1959): 574-591.

の設計に対し、視覚野のこのような構成は大きな影響を与えています。

初めに生まれたのは**フィルター**という概念です。Viola と Jones もこれにかなり近い考え方を持っていました。フィルターとは、本質的には特徴検出器です。**図5-5**のような簡単な例を使い、しくみについて考えてみましょう。

図5-5　分析対象のシンプルな白黒画像

この画像から、縦と横の線を検出することがここでの目的です。1つのアプローチとして、**図5-6**のような特徴検出器を使うというものがあります。縦線を検出するには、上側の検出器を使います。これをスライドさせながら画像全体と重ね合わせ、動かすたびに検出器と画像の一部がマッチしているかどうか判定します。この判定結果は右上のマトリックスで表現できます。マッチした部分に対応する箇所は黒で、しなかった部分は白でそれぞれ表されています。このようなマトリックスは**特徴マップ**と呼ばれ、検出しようとしている特徴が画像の中のどこに現れたかを示します。同様に横線の検出器（下側）を使うと、右下のような特徴マップを得られます。

以上のような操作が、畳み込みと呼ばれます。入力される画像の全域に対して、フィルターの乗算が行われます。この操作を、ネットワーク上のニューロンとして表現してみましょう。ここでは、フィードフォワードニューラルネットワークの層は入

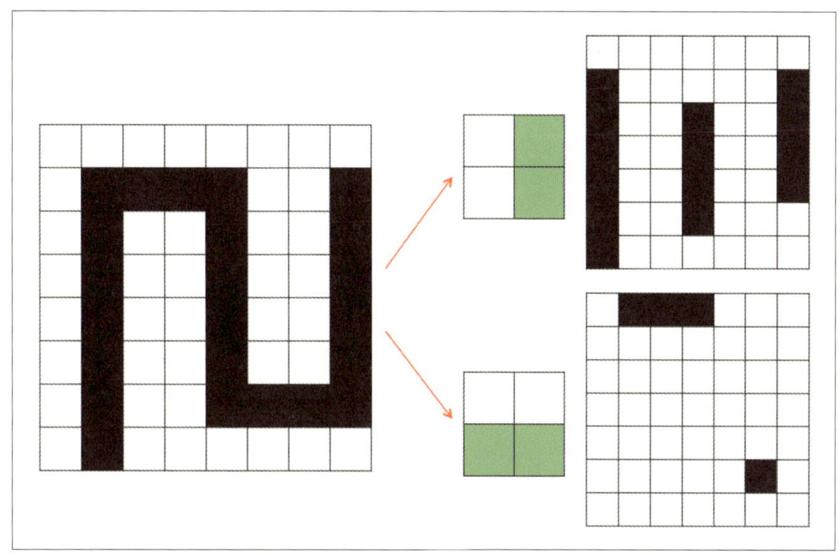

図5-6 縦線と横線を検出するフィルターの適用結果

力画像か特徴マップのいずれかを表します。フィルターは特定の接続の組み合わせを表現します（例えば**図5-7**では隣り合った3つのニューロンが次の層のニューロンへ接続するという形になっています）。このフィルターが複製されて、入力全体に適用されます。この図では、同じ色の接続は常に同じ重みだという制約があります。この制約を満たすために、グループ内の接続をすべて同じ重みで初期化し、（逆伝播の反復の最後で重みを適用する前に）重みの更新を平均化しています。出力層は、このフィルターによって生成される特徴マップです。特徴マップの中のニューロンは、1つ前の層の同じ部分で対象のフィルターが特徴を検出した場合に活性化されます。

mという層でのk番目の特徴マップを、m^kと表すことにします。そして、フィルターはその重みの値Wを使って表します。特徴マップ上のニューロンのバイアスをb^kとする（特徴マップ中のすべてのニューロンで、バイアスは同一に保たれます）と、特徴マップは次のような数式として表現できます。

$$m_{ij}^k = f\left((W * x)_{ij} + b^k\right)$$

この数式はシンプルでわかりやすいですが、畳み込みニューラルネットワークのフィルターを完全に説明できているわけではありません。特に、フィルターは特徴マップ1つだけに作用するわけではなく、ある層で生成された特徴マップの奥行き

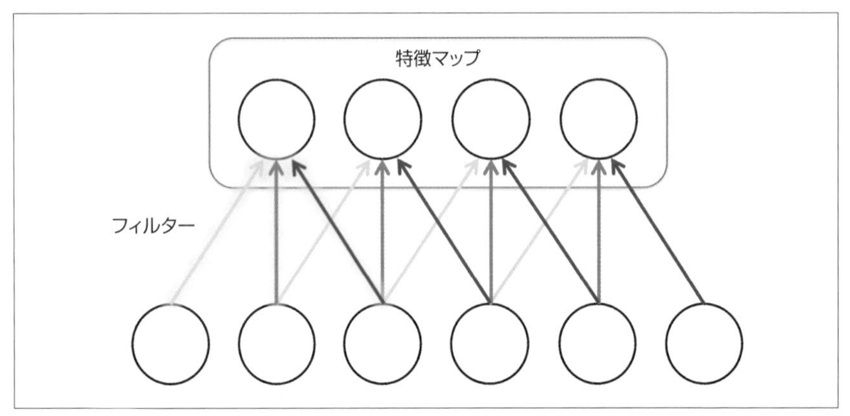

図5-7 フィルターと特徴マップを、畳み込み層のニューロンとして表現する

も含めた立体全体に対して作用します。例えば、畳み込みネットワーク中のある層で顔を検出したいとします。それぞれ眼と鼻と口を検出するために、特徴マップを3つ用意したとしましょう。直前の特徴マップの中のある位置にしかるべき特徴（眼が2つ、鼻、口）が含まれる場合に、その位置に顔が含まれているとわかります。つまり、顔の存在を判定するには、複数の特徴マップの結果を組み合わせる必要があります。このことは、フルカラーの入力画像にとっても重要です。画像の各ピクセルはRGB値として表現されるため、入力は「3枚分」の奥行き（それぞれの色ごとに1枚）がある立体になります。そして、特徴マップは単なる画像中の領域ではなく立体全体に対して適用する必要があります。このことを示したのが**図5-8**です。入力される立体の格子は、1つのニューロンを表します。部分ごとにフィルター（畳み込み層での重みに対応します）と乗算され、次の立体的な層の特徴マップに含まれるニューロンを生成します。

前に述べたように、畳み込み層（複数のフィルターから構成されます）は値の立体を受け取り、別の値の立体へと変換します。フィルターの奥行きは、入力される立体の奥行きと一致します。これまでに学習したすべての特徴からの情報を組み合わせるためです。また、畳み込み層から出力される立体の奥行きは、その層でのフィルターの数と一致します。それぞれのフィルターが平面1枚分のデータを出力するからです。図として表現すると**図5-9**のようになります。

これらの考え方を元に、畳み込み層を完全に表現するために必要なものを補ってゆきます。

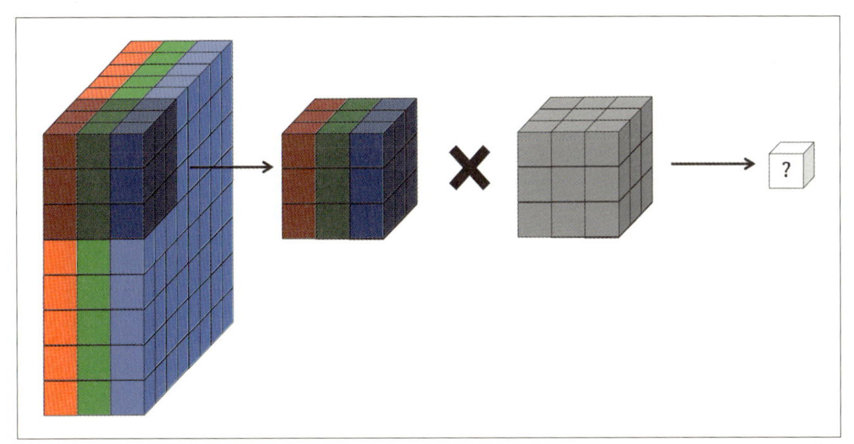

図5-8　フルカラーの RGB 画像を立体として表現し、同じく立体的な畳み込み層のフィルターを適用する

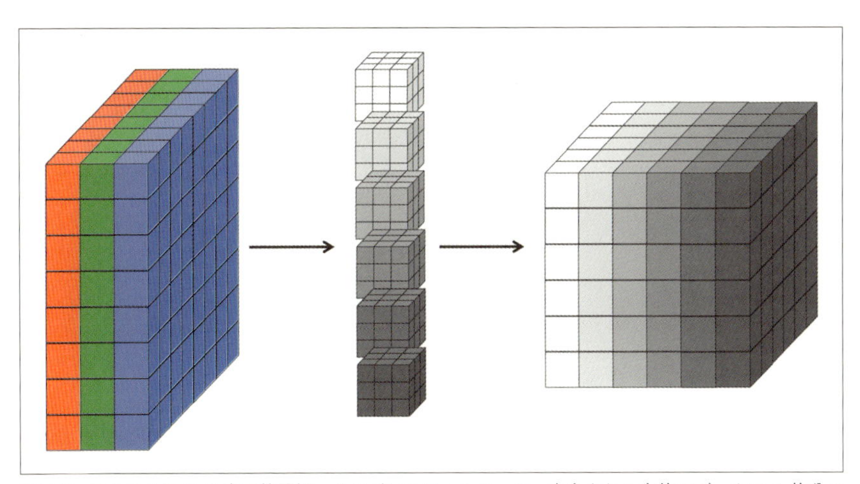

図5-9　畳み込み層の 3 次元的図解。それぞれのフィルターは、出力される立体のデータの 1 枚分に相当する

5.5　畳み込み層の完全な表現

ここまでに定義してきた概念を利用し、畳み込み層全体を表現してみましょう。まず、畳み込み層は入力として立体を受け付けます。この立体には次のような属性があります。

- 幅 w_{in}
- 高さ h_{in}
- 奥行き d_{in}
- ゼロパディング p

この立体は k 個のフィルターによって処理されます。それぞれのフィルターは、畳み込みネットワークの重みと接続を表します。フィルターには以下のハイパーパラメーターが含まれます。

- **空間の広がり** e。フィルターの幅と高さを表します。
- **ストライド** s。入力の立体に対してフィルターを繰り返し適用する際の、1回ごとの移動距離。ここで1を指定すると、前に紹介した完全な畳み込み層になります（図5-10）。
- **バイアス** b。フィルターの値と同様に学習され、畳み込み層の各要素に加算されます。

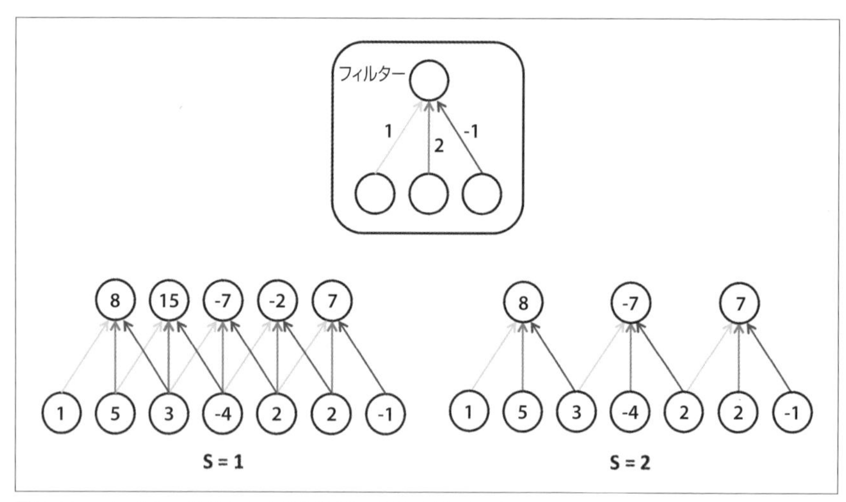

図5-10 フィルターのストライドを表すハイパーパラメーター

出力される立体に含まれるのは、以下のような属性です。

- **関数** f。それぞれのニューロンに入力されるロジットに適用され、最終的な値が算出されます。
- **幅** $w_{out} = \left\lceil \frac{w_{in} - e + 2p}{s} \right\rceil + 1$
- **高さ** $h_{out} = \left\lceil \frac{h_{in} - e + 2p}{s} \right\rceil + 1$
- **奥行き** $d_{out} = k$

出力される立体に含まれる m 枚目の平面（$1 \leqq m \leqq k$）は、入力の立体全体に m 番目のフィルターを適用した結果とバイアス b^m との和を関数 f に与えたものです。また、1つのフィルターには $d_{in}e^2$ 個のパラメーターが含まれるため、1つの層には合計 $kd_{in}e^2$ 個のパラメーターと k 個のバイアスがあることになります。実際の処理の例を表したのが**図5-11**と**図5-12**です。$5 \times 5 \times 3$ の入力に $p = 1$ のゼロパディングを加えたデータに対して、畳み込み層の処理が行われています。3×3（空間の広がり）$\times 3$ のフィルターを2つ用意し、ストライドについては $s = 2$ とします。線形関数を使って、$3 \times 3 \times 2$ の立体を出力します。

一般的には、フィルターは 3×3 か 5×5 といった小さなものにするのが賢明です。より大きな 7×7 のフィルターが使われることもまれにありますが、それも最初の畳み込み層に限られます。小さなフィルターを多く用意することで、容易に表現力を強化でき、しかもパラメーターの数を減らせます。特徴マップから漏らさず情報を取り出すために、ストライドの値は1にするのがよいでしょう。その上で、出力の幅と高さが入力と一致するようにゼロパディングを設定しましょう。

TensorFlowでは、入力される立体のミニバッチに対して畳み込みを行うための便利な操作が用意されています[†9]。関数 f はこの操作の中では実行されないので、自分で適用する必要があります。

```
conv2d(
  input,
  filter,
  strides,
  padding,
  use_cudnn_on_gpu=True,
  data_format="NHWC",
  name=None
)
```

†9 https://www.tensorflow.org/api_docs/python/tf/nn/conv2d

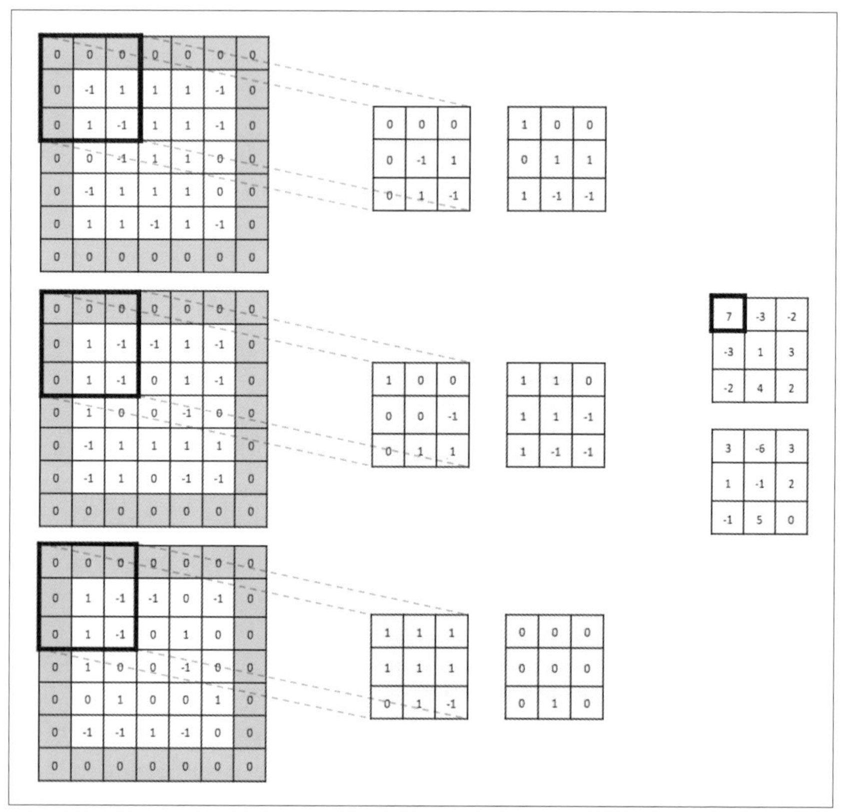

図5-11 畳み込み層の例。幅と高さが 5、奥行きが 3、ゼロパディングは 1。空間の広がりが 3 のフィルターが 2 つあり、ストライドは 2 で適用される。まず 1 つ目の畳み込みフィルターを、入力された立体の左上隅 3 × 3 の領域に適用して積和演算を行い、出力される立体の 1 枚目左上隅の値を算出する

このコードで、input はサイズが $N \times h_{in} \times w_{in} \times d_{in}$ の 4 次元テンソルです。N はミニバッチに含まれるデータサンプルの数です。引数 filter も 4 次元のテンソルで、畳み込みの際に使われるすべてのフィルターを表します。このサイズは $e \times e \times d_{in} \times k$ です。この操作によって出力されるのは、input と同じ構造のテンソルです。padding に"SAME"という値を指定すると、幅と高さも保たれます。

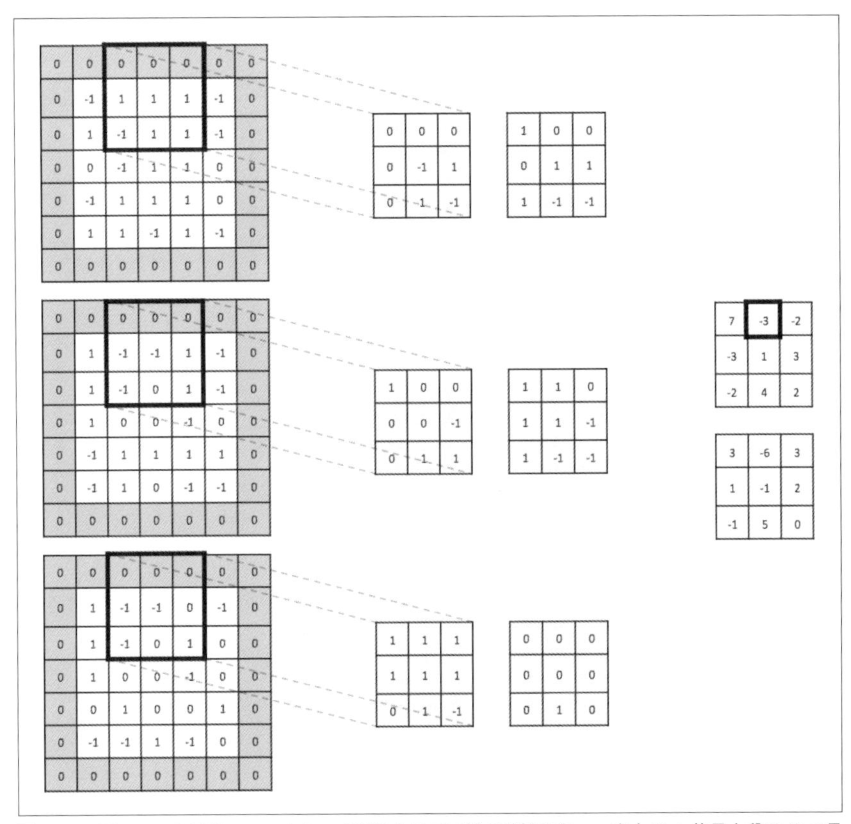

図5-12　図 5-11 の続き。フィルターを移動させて同様の計算を行い、出力の 1 枚目上段の 2 つ目の値を求める

5.6 最大プーリング

特徴マップの大きさを積極的に削減して局所的な特徴を目立たせるために、**最大プーリング**という層を畳み込み層の後に追加することがあります[†10]。ここでの基本的な考え方は、それぞれの特徴マップを同じ大きさのタイルへと分割した上で、それぞれのタイルを１つの値へと圧縮し、出力となる特徴マップを生成するというものです。具体的には、それぞれのタイルで最大値を求め、その値を圧縮された特徴マップでの該当する位置にセットします。例を**図5-13**に示します。

†10 https://www.tensorflow.org/api_docs/python/tf/nn/max_pool

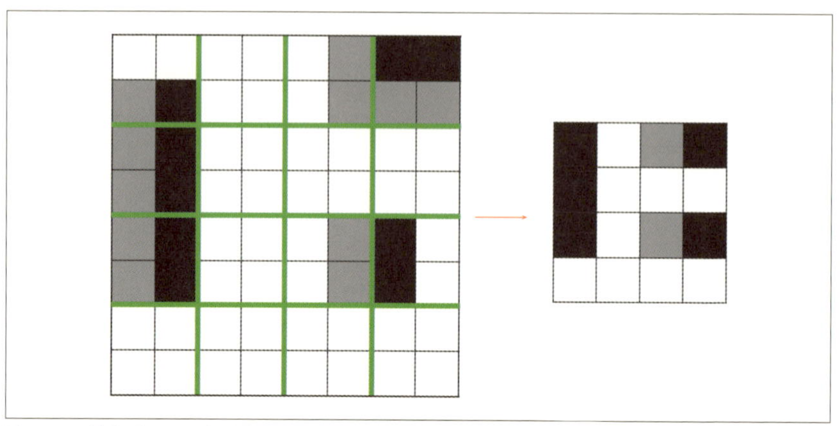

図5-13 最大プーリングの例。ネットワーク内を進むにつれて、パラメーターは大幅に減少する

より厳密には、プーリング層は2つのパラメーターを持つと表現できます。

- **空間の広がり** e
- **ストライド** s

プーリング層のバリエーションとして実際に使われているのは2種類だけです。1つは重なりのない $e = 2,\ s = 2$、もう1つは重なり合う $e = 3,\ s = 2$ です。出力される特徴マップの大きさは以下のとおりです。

- **幅** $w_{out} = \left\lceil \frac{w_{in} - e}{s} \right\rceil + 1$
- **高さ** $h_{out} = \left\lceil \frac{h_{in} - e}{s} \right\rceil + 1$

最大プーリングには、**局所不変**（locally invariant）であるという興味深い性質があります。これは、入力が少し移動しても最大プーリング層からの出力は変わらないということを意味します。画像処理のアルゴリズムにとって、この性質は有用です。ある特徴について、厳密な位置よりも存在するか否かのほうが重要だという場合、局所不変性が大きな役割を果たします。ただし、あまり大きな範囲にわたって局所不変性を強制すると、重要な情報を表現できなくなってしまいます。そのため、プーリング層での空間の広がりはとても小さくするのが一般的です。

このトピックに関する最近の研究として、ウォーリック大学のGrahamによるもの[†11]があげられます。ここではfractional max poolingという概念が提案されています。まず疑似乱数生成器を使って、大きさが整数ではないタイルが作られます。そして、このタイルがプーリングに使われます。fractional max poolingには強い正則化の効果があり、畳み込みネットワークでの過学習の防止に貢献しています。

5.7 畳み込みネットワーク全体の構成

畳み込みネットワークを構成するそれぞれの要素を表現できたので、これらをまとめてみましょう。実用的な構成をいくつか示したのが**図5-14**です。

深層ネットワークを構成する際の傾向として、プーリング層を減らして畳み込み層を直列につなげるというものが見られます。プーリングの処理は破壊的な性質を持つため、この傾向は理にかなっています。プーリング層の前に複数の畳み込み層を重ねることによって、より高い表現力を得られます。

実用面から言うと、深層畳み込みネットワークは大量のメモリ領域を必要とします。専門ではない利用者のほとんどにとっては、GPUのメモリ容量不足がボトルネックの要因になると思われます。例えばVGGNetの構成では、順方向の処理で画像ごとに約90メガバイトのメモリを消費し、パラメーターを更新する逆方向の処理では180メガバイト以上も必要になります[†12]。深層ネットワークの多くでは、妥協が行われています。最初の畳み込み層でストライドと空間の広がりを調整し、以降のネットワークに流れる情報の量を減らしています。

5.8 畳み込みネットワークを使ったMNISTの最終解

効率的に画像を分析するネットワークの構成がわかってきたところで、これまでにも何度か取り組んだMNISTの課題にもう一度挑戦してみましょう。今回は畳み込みネットワークを使い、手書きの数字を認識する方法を学習します。フィードフォワードネットワークを使った場合、精度は98.2パーセントでした。この数字をさらに向上させるのが目標です。

この課題に取り組むための畳み込みネットワークは、かなり標準的な構成（**図5-14**の2つ目の例）に基づいています。2つのプーリング層と2つの畳み込み層が交互に

†11 Graham, Benjamin. "Fractional Max-Pooling." *arXiv Preprint arXiv*:1412.6071 (2014).
†12 Simonyan, Karen, and Andrew Zisserman. "Very Deep Convolutional Networks for Large-Scale Image Recognition." *arXiv Preprint arXiv*:1409.1556 (2014).

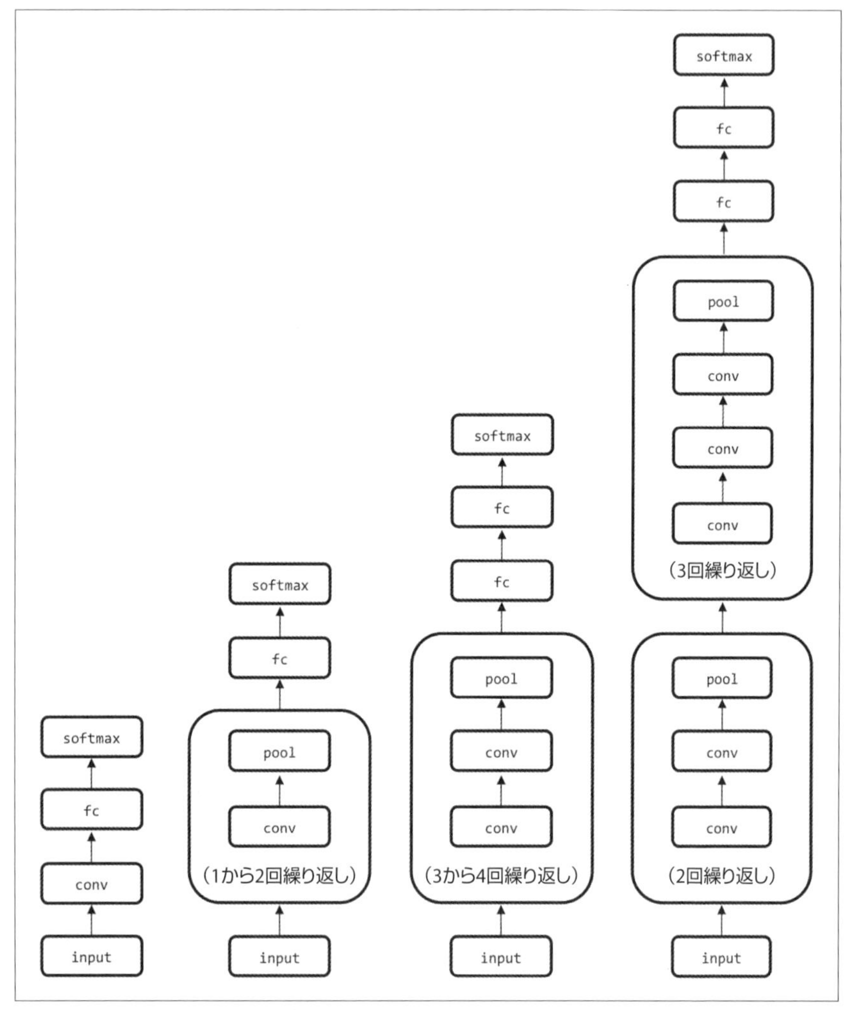

図5-14　複雑さの異なる、さまざまな畳み込みネットワークの例。右端は ImageNet のために作られた深層畳み込みネットワークである VGGNet。fc は全結合層を表す

配置され、その後に全結合層（$p = 0.5$ のドロップアウトを含む）に続いて最終的なソフトマックスの層が追加されます。ネットワークを簡単に構成できるようにするため、フィードフォワードネットワークの例で定義したジェネレータの関数 `layer` に加えていくつかヘルパーメソッドを用意します。

convnet_mnist.py（抜粋）

```
def conv2d(input, weight_shape, bias_shape):
  in = weight_shape[0] * weight_shape[1] * weight_shape[2]
  weight_init = tf.random_normal_initializer(
    stddev=(2.0/in)**0.5
  )
  W = tf.get_variable(
    "W",
    weight_shape,
    initializer=weight_init
  )
  bias_init = tf.constant_initializer(value=0)
  b = tf.get_variable(
    "b",
    bias_shape,
    initializer=bias_init
  )
  conv_out = tf.nn.conv2d(
    input,
    W,
    strides=[1, 1, 1, 1],
    padding="SAME"
  )
  return tf.nn.relu(tf.nn.bias_add(conv_out, b))

def max_pool(input, k=2):
  return tf.nn.max_pool(
    input,
    ksize=[1, k, k, 1],
    strides=[1, k, k, 1],
    padding="SAME"
  )
```

conv2dは、指定された形状の畳み込み層を生成します。ストライドには1を指定し、出力されるテンソルの幅と高さが変わらないようにパディングを指定しています。重みの初期化には、フィードフォワードネットワークでの場合と同じヒューリスティックを利用します。ただし今回のニューロンに入力される重みの数は、フィルターの幅と高さ、および入力のテンソルの奥行きに依存します。

max_poolは、大きさkの重なり合わないウィンドウを使った最大プーリング層を生成します。推奨される設定に従い、kのデフォルト値は2です。これから作成する畳み込みネットワークでも、このデフォルト値を利用します。

以上のヘルパーメソッドを使い、新しいinferenceメソッドを次のように定義します。

convnet_mnist.py（抜粋）

```
def inference(x, keep_prob):
  x = tf.reshape(x, shape=[-1, 28, 28, 1])
  with tf.variable_scope("conv_1"):
    conv_1 = conv2d(x, [5, 5, 1, 32], [32])
    pool_1 = max_pool(conv_1)

  with tf.variable_scope("conv_2"):
    conv_2 = conv2d(pool_1, [5, 5, 32, 64], [64])
    pool_2 = max_pool(conv_2)

  with tf.variable_scope("fc"):
    pool_2_flat = tf.reshape(pool_2, [-1, 7 * 7 * 64])
    fc_1 = layer(pool_2_flat, [7*7*64, 1024], [1024])

    # apply dropout
    fc_1_drop = tf.nn.dropout(fc_1, keep_prob)

  with tf.variable_scope("output"):
    output = layer(fc_1_drop, [1024, 10], [10])

  return output
```

このコードの内容は、とても簡単に理解できるでしょう。平坦化された入力を受け取り、サイズが $N \times 28 \times 28 \times 1$ のテンソルへと変形します。N はミニバッチに含まれるサンプルデータの数を表します。28は画像の幅と高さです。画像は白黒のため、奥行きは1です（RGBのカラー画像を使う場合は、それぞれの色を表すために3が指定されます）。続いて、空間の広がりが5のフィルターを32個持つ畳み込み層が生成されます。これは奥行きが1の立体を受け取り、奥行きが32のテンソルを出力します。そして、この結果が最大プーリング層に渡され、情報が圧縮されます。2つ目の畳み込み層には、空間の広がりが5のフィルターが64個含まれます。奥行きが32のテンソルを受け取り、奥行きが64のテンソルを出力します。この結果が2つ目のプーリング層に渡り、再び圧縮を受けます。

2回目の圧縮が行われたデータは、全結合層に入力されます。その準備として、テンソルを平坦化します。それにはミニバッチのいわゆる部分テンソルのサイズを計算する必要があります。フィルターが64個あるため、奥行きは64です。2つの最大プーリング層を経たデータの幅と高さについては、前に紹介した数式を使うと求められます。実際に計算すると、それぞれの特徴マップの幅と高さは7であることがわかります。読者も各自で確認してみましょう。

平坦化されたデータを全結合層に渡すと、サイズが1024の隠れ層に出力されます。

一般的なやり方に従い、訓練時には0.5、モデルの評価時には1という確率のドロップアウトを適用します。最後に、この隠れ層をソフトマックスの出力層に接続します。選択肢は10個です。以前の例と同様に、ソフトマックスの計算は`loss`関数で行うほうが効率的です。

このネットワークの訓練にはAdamオプティマイザーを使います。データセットに対して数エポックの訓練を行ったところ、99.4パーセントの精度を達成しました。99.7から99.8パーセントという最先端の研究には及びませんが、かなりの成果です。

5.9　画像の前処理による、さらに頑健なモデル

ここまでに扱ってきたのは、比較的「飼い慣らされた」データセットでした。例えばMNISTでは、すべての画像が似通ったものになるようにあらかじめデータが加工されています。手書きの数字はみな、同じように切り取られています。画像は白黒のため、色の違いもありません。他にもさまざまな加工が施されています。一方、一般的な画像では事情が完全に異なります。

通常の画像は込み入っています。そこで訓練を若干容易にするために、前処理の操作がいくつか考えられています。TensorFlowに標準で用意されているものもあります。そのうちの1つが、近似的な画像ごとの標準化と呼ばれる操作です。標準化の基本的な考え方は、すべてのピクセルの値からその平均値を減算して中心をゼロにし、分散が1になるように調整するというものです。この操作によって、画像ごとのダイナミックレンジの違いを吸収できます。次のようなコードを使います。

```
tf.image.per_image_standardization(image)
```

データセットを人工的に増量することも可能です。画像からのランダムな切り取り、向きの反転、彩度や輝度の変更などを行えます。コードは以下のとおりです。

```
tf.random_crop(value, size, seed=None, name=None)
tf.image.random_flip_up_down(image, seed=None)
tf.image.random_flip_left_right(image, seed=None)
tf.image.transpose_image(image)
tf.image.random_brightness(image, max_delta, seed=None)
tf.image.random_contrast(image, lower, upper, seed=None)
tf.image.random_saturation(image, lower, upper, seed=None)
tf.image.random_hue(image, max_delta, seed=None)
```

これらの変換を加えた結果も訓練に利用することによって、実際の画像で見られるようなさまざまなバリエーションに対して頑健なネットワークを作れる可能性が生まれます。異なる画像に対しても、高い精度で予測できるようになるかもしれません。

5.10 バッチ正規化による訓練の高速化

2015年にGoogleの研究者たちが、フィードフォワードや畳み込みのニューラルネットワークにおける訓練をさらに高速化する画期的な手法を考案しました。それは**バッチ正規化**と呼ばれます[†13]。このアイデアを直感的に理解するために、**図5-15**のように積み重なったブロックを想像してみましょう。

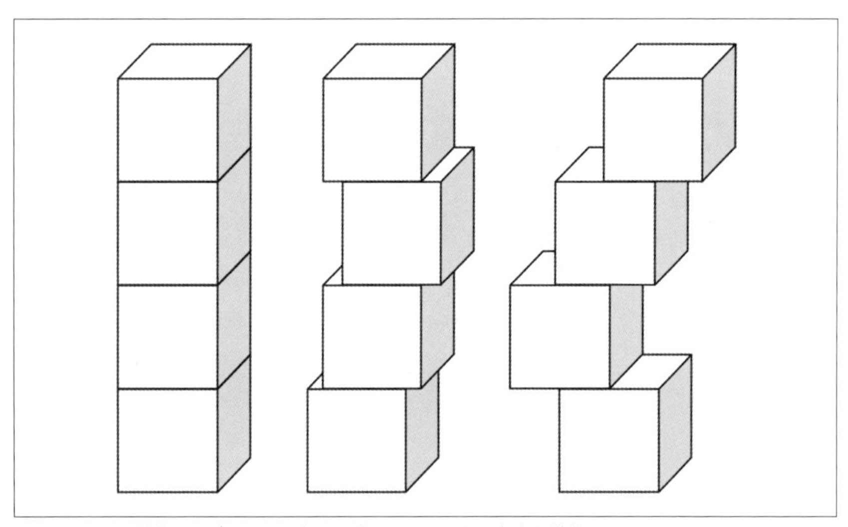

図5-15 塔を構成するブロックが大きく動くと、とても不安定な構造になる

ブロックがぴったり積み重なっていれば、塔の構造は安定します。しかしブロックをランダムにずらすと、徐々に不安定な構造へと変化してゆきます。最終的には、塔は崩れてしまうでしょう。

ニューラルネットワークの訓練でも、同様の現象が見られます。例として、2層のニューラルネットワークを思い浮かべてください。ネットワークの重みについて訓練

†13 S. Ioffe, C. Szegedy. "Batch Normalization: Accelerating Deep Network Training by Reducing Internal Covariate Shift." *arXiv Preprint arXiv*:1502.03167. 2015.

を行っていると、まず下層のニューロンから出力されるデータの分布が変化を始めます。その結果、上層のニューロンは、正しく予測するための方法を学習しなければならないだけでなく、入力されるデータの分布の変動にも適応する必要が生じます。そして訓練の速度は大きく低下します。ネットワークに含まれる層が増えると、問題はさらに悪化します。

入力される画像を正規化すると、訓練のプロセスをバリエーションに対して頑健にできます。バッチ正規化ではこのアイデアを拡張し、ニューラルネットワークのすべての層で入力を正規化します。具体的には、ネットワークに次のような操作が追加されます。

1. 非線形関数に渡される前に、層に入力されたロジットベクトルを取得します。
2. ミニバッチ内のすべてのデータサンプルについて、ロジットベクトルを要素ごとに正規化します。ベクトルの各要素について、平均値を減算した上で標準偏差で除算します。また、指数加重移動平均を使ってモーメントを保持します。
3. 以上の正規化を経た入力 $\hat{x}$ に対して、$\gamma\hat{x} + \beta$ のようなアフィン変換を行います。これは2つの（訓練可能な）パラメーターのベクトルによって、表現力を復元することを意図しています[†14]。

TensorFlow では、畳み込み層でのバッチ正規化は次のように表現できます[†15]。

convnet_cifar_bn.py（抜粋）

```
def conv_batch_norm(x, n_out, phase_train):
  beta_init = tf.constant_initializer(
    value=0.0,
    dtype=tf.float32
  )
  gamma_init = tf.constant_initializer(
    value=1.0,
    dtype=tf.float32
  )

  beta = tf.get_variable(
    "beta",
```

†14 訳注：例えば活性化関数にシグモイドを使った場合を考えるとわかりやすいです。シグモイド関数は、$x = 0$ に近い箇所では、ほとんど $y = x$ と同じ形をしています。正規化すると $x = 0$ 付近に値が集まるので、活性化関数を線形とした場合とほとんど変わらなくなってしまい、もともとあった表現力が失われてしまいます。

†15 訳注：現在は `tf.layers.batch_normalization` を使ってよりシンプルに記述することができます。

```
    [n_out],
    initializer=beta_init
  )
  gamma = tf.get_variable(
    "gamma",
    [n_out],
    initializer=gamma_init
  )

  batch_mean, batch_var = tf.nn.moments(
    x,
    [0,1,2],
    name="moments"
  )
  ema = tf.train.ExponentialMovingAverage(decay=0.9)
  ema_apply_op = ema.apply([batch_mean, batch_var])
  ema_mean = ema.average(batch_mean)
  ema_var = ema.average(batch_var)

  def mean_var_with_update():
    with tf.control_dependencies([ema_apply_op]):
      return (
        tf.identity(batch_mean),
        tf.identity(batch_var)
      )
  mean, var = control_flow_ops.cond(
    phase_train,
    mean_var_with_update,
    lambda: (ema_mean, ema_var)
  )

  normed = tf.nn.batch_norm_with_global_normalization(
    x,
    mean,
    var,
    beta,
    gamma,
    1e-3,
    True
  )
  return normed
```

畳み込み層ではないフィードフォワードネットワークの層に対しても、バッチ正規化を行えます。モーメントの計算方法を少し変更するとともに、tf.nn.batch_norm_with_global_normalization に適した形へと引数のデータを変形しています。

convnet_cifar_bn.py（抜粋）

```
def layer_batch_norm(x, n_out, phase_train):
  beta_init = tf.constant_initializer(
    value=0.0,
    dtype=tf.float32
  )
  gamma_init = tf.constant_initializer(
    value=1.0,
    dtype=tf.float32
  )

  beta = tf.get_variable(
    "beta",
    [n_out],
    initializer=beta_init
  )
  gamma = tf.get_variable(
    "gamma",
    [n_out],
    initializer=gamma_init
  )

  batch_mean, batch_var = tf.nn.moments(
    x,
    [0],
    name="moments"
  )
  ema = tf.train.ExponentialMovingAverage(decay=0.9)
  ema_apply_op = ema.apply([batch_mean, batch_var])
  ema_mean = ema.average(batch_mean)
  ema_var = ema.average(batch_var)

  def mean_var_with_update():
    with tf.control_dependencies([ema_apply_op]):
      return (
        tf.identity(batch_mean),
        tf.identity(batch_var)
      )
  mean, var = control_flow_ops.cond(
    phase_train,
    mean_var_with_update,
    lambda: (ema_mean, ema_var)
  )

  x_r = tf.reshape(x, [-1, 1, 1, n_out])
  normed = tf.nn.batch_norm_with_global_normalization(
    x_r,
    mean,
```

```
        var,
        beta,
        gamma,
        1e-3,
        True
    )
    return tf.reshape(normed, [-1, n_out])
```

バッチ正規化によって、各層での入力の分布が大きく変動することを防げるだけでなく、学習率を大幅に増やせます。しかも、バッチ正規化が正則化の役割も果たすため、ドロップアウトやL2正則化が不要になります。本書ではこれ以上取り上げませんが、バッチ正規化によって、水増しした画像を入力する必要がほとんどなくなり、実際の画像をより多くネットワークに与えて訓練を行えると、Ioffeらは主張しています。

畳み込みネットワークを使って、自然な画像の分析を行う準備が整いました。CIFAR-10の課題向けの分類器を作ってみましょう。

5.11　CIFAR-10用の畳み込みネットワーク

CIFAR-10では32 × 32のカラー画像が使われ、それぞれの画像は10個のクラスのいずれかに分類されています[†16]。画像に何が含まれているか判別するのはとても難しく、人間にとっても容易ではありません。画像の例を図5-16に示します。

ここでは比較のために、バッチ正規化を行うネットワークと行わないネットワークを両方作成してみます。バッチ正規化を行うネットワークでは、そのメリットを活用して学習率を10倍にします。ここでは、バッチ正規化を行うネットワークのコードだけを紹介しますが、単純な畳み込みネットワークもほぼ同様のコードで作成できます。

入力画像からランダムに24 × 24の部分を切り出し、訓練データとして我々のネットワークに渡します。この処理にはGoogleが作成したサンプルコードを利用し、我々はネットワークの構成に注力することにします。まずは、バッチ正規化を畳み込み層と全結合層に組み込みます。非線形関数に渡される前に、ロジットに対してバッチ正規化が行われます。

†16　Krizhevsky, Alex, and Geoffrey Hinton. "Learning Multiple Layers of Features from Tiny Images." (2009).

図5-16 CIFAR-10 のデータセットに含まれる犬の画像

convnet_cifar_bn.py（抜粋）

```
def conv2d(
  input, weight_shape, bias_shape, phase_train, visualize=False
):
  incoming = weight_shape[0] * weight_shape[1] * weight_shape[2]
  weight_init = tf.random_normal_initializer(
    stddev=(2.0/incoming)**0.5
  )
  W = tf.get_variable(
    "W",
    weight_shape,
    initializer=weight_init
  )
  if visualize:
    filter_summary(W, weight_shape)
  bias_init = tf.constant_initializer(value=0)
  b = tf.get_variable("b", bias_shape, initializer=bias_init)
  logits = tf.nn.bias_add(
    tf.nn.conv2d(
      input,
      W,
```

```
            strides=[1, 1, 1, 1],
            padding="SAME"
          ),
          b
        )
        return tf.nn.relu(conv_batch_norm(
          logits,
          weight_shape[3],
          phase_train
        ))

    def layer(input, weight_shape, bias_shape, phase_train):
        weight_init = tf.random_normal_initializer(
          stddev=(2.0/weight_shape[0])**0.5
        )
        bias_init = tf.constant_initializer(value=0)
        W = tf.get_variable(
          "W",
          weight_shape,
          initializer=weight_init
        )
        b = tf.get_variable(
          "b",
          bias_shape,
          initializer=bias_init
        )
        logits = tf.matmul(input, W) + b
        return tf.nn.relu(layer_batch_norm(
          logits, weight_shape[1],phase_train
        ))
```

残りの部分は難しくありません。畳み込み層を2つ用意し、それぞれの後に最大プーリング層を接続します。続いて2つの全結合層と、ソフトマックス層を配置します。参考としてドロップアウトのコードも含まれていますが、バッチ正規化を行う場合の訓練では keep_prob=1 になります。

convnet_cifar_bn.py（抜粋）

```
    def inference(x, keep_prob, phase_train):
        with tf.variable_scope("conv_1"):
          conv_1 = conv2d(
            x,
            [5, 5, 3, 64],
            [64],
            phase_train,
            visualize=True
          )
```

```
    pool_1 = max_pool(conv_1)

  with tf.variable_scope("conv_2"):
    conv_2 = conv2d(
      pool_1,
      [5, 5, 64, 64],
      [64],
      phase_train
    )
    pool_2 = max_pool(conv_2)

  with tf.variable_scope("fc_1"):
    dim = 1
    for d in pool_2.get_shape()[1:].as_list():
      dim *= d

    pool_2_flat = tf.reshape(pool_2, [-1, dim])
    fc_1 = layer(
      pool_2_flat,
      [dim, 384],
      [384],
      phase_train
    )

    # apply dropout
    fc_1_drop = tf.nn.dropout(fc_1, keep_prob)

  with tf.variable_scope("fc_2"):
    fc_2 = layer(fc_1_drop, [384, 192], [192], phase_train)

    # apply dropout
    fc_2_drop = tf.nn.dropout(fc_2, keep_prob)

  with tf.variable_scope("output"):
    output = layer(fc_2_drop, [192, 10], [10], phase_train)

  return output
```

最後に、Adam オプティマイザーを使って我々の畳み込みネットワークを訓練します。ある程度の訓練の結果、CIFAR-10 の画像の分類を 92.3 パーセント（バッチ正規化なし）そして 96.7 パーセント（同あり）というすばらしい精度で行えました。これは最先端の研究に匹敵する精度です。続いては、学習内容をより詳しく観察し、ネットワークの成績を可視化してみます。

5.12　畳み込みネットワークでの学習の可視化

端的に言って、訓練の可視化において我々にできる最も単純なことは、訓練中の損失関数と検証誤差のグラフ化です。バッチ正規化の有無による収束までの速度の違いを、明確に示せるはずです。訓練の中ほどでのグラフを**図5-17**に示します。

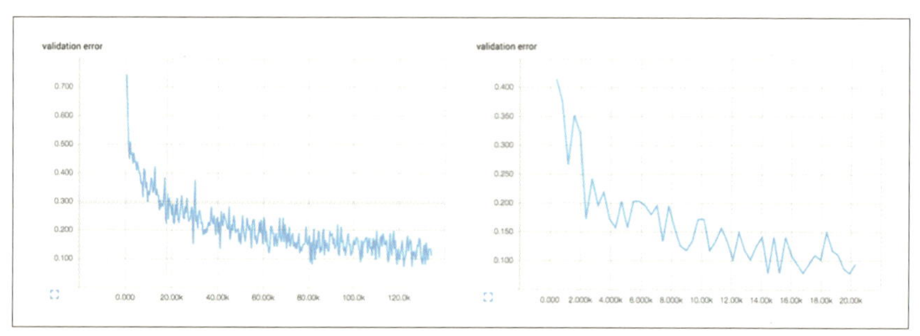

図5-17　バッチ正規化の有無が訓練に及ぼす影響。バッチ正規化を行わなかった場合（左）に比べて、バッチ正規化を行った場合（右）は訓練のプロセスが大きく短縮される

バッチ正規化を行わない場合、90パーセントの精度に達するまでに8万回以上のミニバッチが必要でした。一方、バッチ正規化を行った場合はわずか1万4千回強のミニバッチで90パーセントに到達できました。

続いて、畳み込みネットワークが学習したフィルターの様子を確認してみましょう。分類を決定する際に、何が重要だと考えられているのかわかります。畳み込み層は階層的な表現を学習します。そのため、1つ目の畳み込み層では直線やシンプルな曲線といった基本的な形状を学習し、2つ目ではもう少し複雑な特徴を学習すると予想できます。しかし残念なことに、2つ目の畳み込み層は可視化しても解釈は困難です。1つ目の層でのフィルターは**図5-18**のようになっていました。

これらのフィルターから、興味深い特徴をいくつか見いだせます。縦横や斜めの線、他の色に囲まれた小さなドットや斑点が見られます。これらは単なるノイズではないので、我々のネットワークが意味のある特徴を学習していることがわかります。

ネットワークがさまざまな画像を、どのようにクラスター化したかを可視化することも可能です。ここではImageNetの課題向けに訓練を行った大規模なネットワークを使い、ソフトマックスに渡される直前の全結合の隠れ層から状態を取得しました。これは個々の画像を高次元表現したものです。これ

図5-18 1つ目の畳み込み層で学習されていたフィルターの一部

に対して **t-SNE**（t-Distributed Stochastic Neighbor Embedding）[†17]というアルゴリズムを適用し、2次元表現へと圧縮して可視化を行いました。本書ではt-SNEの詳細については触れませんが、対応したツールは多数公開されています（https://lvdmaaten.github.io/tsne/code/tsne_python.zip など）。**図5-19**は可視化の結果です。見事な成果を得られています。

一見したところ、似た色の画像が近接してまとめられているように見えます。これだけでも十分に興味深いのですが、よく見ると類似点は色だけではないことがわかり

†17 Maaten, Laurens van der, and Geoffrey Hinton. "Visualizing Data using t-SNE." *Journal of Machine Learning Research* 9.Nov (2008): 2579-2605.

図5-19 t-SNE による可視化の結果（中央）と、その一部を拡大したもの。画像提供：Andrej Karpathy†18

ます。船の画像はすべて、1つのグループにまとめられています。人間や蝶の画像についても同様です。畳み込みネットワークが優れた学習能力を持つことは明らかです。

5.13 畳み込みネットワークを使い、絵画のスタイルを適用する

ここ数年の間に、畳み込みネットワークをクリエイティブな用途に適用するアルゴ

†18 http://cs.stanford.edu/people/karpathy/cnnembed/

リズムが考えられてきました。その中の１つが**ニューラルスタイル**と呼ばれるものです[†19]。任意の写真を受け取って、有名な画家が描いたかのような画像を生成します。これは難しい処理のように思えますし、畳み込みネットワークを知らなければ、どのようにアプローチしたらよいのかも明らかではありませんでした。しかし、畳み込みネットワークをうまく利用すればこの問題を見事に解決できることがわかりました。

学習済みの畳み込みネットワークがあるものとします。扱う画像は3種類です。コンテンツの写真の画像 $\boldsymbol{p}$、ある画家が描いた画像、つまりスタイル用の画像 $\boldsymbol{a}$、そして生成される画像 $\boldsymbol{x}$ です。目標は、最小化された時に、ちょうどコンテンツとスタイルとがうまく組み合わさっているような、逆伝播できる誤差関数を求めることです。

まず、コンテンツについて考えます。ネットワーク内のある層に k_l 個のフィルターが含まれるなら、k_l 個の特徴マップが生成されます。この特徴マップの幅と高さを掛けたものを、特徴マップのサイズ m_l とします。この層のすべての特徴マップでのアクティベーションは、大きさが $k_l \times m_l$ の行列 $\boldsymbol{F}^{(l)}$ に格納できます。同様に、写真のアクティベーションは行列 $\boldsymbol{P}^{(l)}$、生成される画像のアクティベーションは行列 $\boldsymbol{X}^{(l)}$ で表します。誤差は、オリジナルの VGGNet に含まれている `relu4_2` を使って、次のように表現できます。

$$E_{content}(\boldsymbol{p}, \boldsymbol{x}) = \sum_{ij} \left(\boldsymbol{P}_{ij}^{(l)} - \boldsymbol{X}_{ij}^{(l)} \right)^2$$

次に、スタイルです。ここでは**グラム行列**と呼ばれる行列を作成し、ある層での各特徴マップ間の相関を表現します。この相関は、すべての特徴に共通するようなテクスチャや雰囲気を表現しています。グラム行列の大きさは $k_l \times k_l$ で、画像が与えられると次のようにして算出できます。

$$\boldsymbol{G}_{ij}^{(l)} = \sum_{c=0}^{(m_l)} \boldsymbol{F}_{ic}^{(l)} \boldsymbol{F}_{jc}^{(l)}$$

行列 $\boldsymbol{A}^{(l)}$ に含まれるアートワークと、$\boldsymbol{G}^{(l)}$ に含まれる生成された画像のそれぞれについてグラム行列を求めます。すると、損失関数は次のようになります。

---

†19 Gatys, Leon A., Alexander S. Ecker, and Matthias Bethge. "A Neural Algorithm of Artistic Style." *arXiv Preprint arXiv*:1508.06576 (2015).

$$E_{style}(\boldsymbol{a}, \boldsymbol{x}) = \frac{1}{4k_l^2 m_l^2} \sum_{l=1}^{L} \sum_{ij} \frac{1}{L} (\boldsymbol{A}_{ij}^{(l)} - \boldsymbol{G}_{ij}^{(l)})^2$$

ここでは、すべての差の二乗に同じ重みを与えています。具体的には、スタイルを再構成する際に使われる層の数 L で除算しています。オリジナルの VGGNet での `relu1_1`、`relu2_1`、`relu3_1`、`relu4_1` そして `relu5_1` の各層が使われます。TensorFlow による実装（https://github.com/anishathalye/neural-style）についての解説は省略しますが、結果は**図5-20** のようにすばらしいものです。名所 MIT ドームの写真と、Leonid Afremov による絵画 Rain Princess がミックスされています。

図5-20　Rain Princess と MIT ドームの写真のミックス。画像提供：Anish Athalye

5.14 他の問題領域への畳み込みネットワークの適用

この章では画像認識について主に扱ってきましたが、畳み込みネットワークが役立つ問題領域は他にもあります。画像分析の自然な拡張として、まず動画分析が考えられます。時間という次元を追加した5次元のテンソルを使って3次元の畳み込みを行えば、畳み込みの考え方を動画へと容易に拡張できます[†20]。また、畳み込み層のフィルターは音声の分析にも成功を収めています[†21]。畳み込みネットワークをオーディオグラムに適用することで、音素の予測に使われます。

直感的ではありませんが、自然言語処理にも畳み込みネットワークが利用されています。後の章で例をいくつか紹介します。さらに風変わりな例として、ボードゲームのプレイ方法を教えるアルゴリズムや創薬のための分子分析などにも畳み込みネットワークが使われています。これらについても、後ほど例を取り上げます。

5.15 まとめ

この章では、画像分析のためのニューラルネットワークを作成する方法を学びました。畳み込みの概念を明らかにし、シンプルな画像もより複雑な画像も分析できる扱いやすいネットワークを作りました。そしてTensorFlowを使い、畳み込みネットワークをいくつか作成しました。また、画像加工のパイプラインやバッチ正規化と組み合わせて、高速でより頑健な訓練を実現しました。最後に、学習の様子を可視化するとともに畳み込みネットワークの他分野への適用例を紹介しました。

画像はテンソルとして効率的に表現する方法があるため、分析が容易です。しかし他の分野（自然言語など）では、入力データをテンソルとして表現する方法は明らかではありません。新しいディープラーニングのモデルへの第一歩として、この問題に取り組むことにします。次の章では、ベクトル埋め込みと表現学習に関する基本的な概念を紹介します。

---

†20 Karpathy, Andrej, et al. "Large-scale Video Classification with Convolutional Neural Networks." *Proceedings of the IEEE Conference on Computer Vision and Pattern Recognition*. 2014.

†21 Abdel-Hamid, Ossama, et al. "Applying Convolutional Neural Networks concepts to hybrid NN-HMM model for speech recognition." IEEE International Conference on Acoustics, Speech and Signal Processing (ICASSP), Kyoto, 2012, pp. 4277-4280.

6章
埋め込みと表現学習

6.1 低次元表現の学習

5章では、シンプルな入力に基づく畳み込みのアーキテクチャーを作成しました。入力のベクトルのサイズが大きいと、その分だけモデルも大きくなります。多数のパラメーターを持つ大きなモデルは表現力が豊かですが、大量のデータを必要とします。十分な訓練データがないと、過学習の可能性が高まってしまいます。この問題は次元の呪いと呼ばれます。畳み込みのアーキテクチャーを使えば、不必要に表現力を損なうことなしにモデルのパラメーターを減らせます。

しかし依然として、畳み込みネットワークでは大量のラベル付きデータが訓練に必要です。そして多くの課題にとって、データにラベルが付けられていることは少なく、ラベルの生成には手間がかかります。この章での目標は、ラベル付きのデータは少ないが無加工のラベルなしデータなら豊富にあるという状況で、効率的に学習できるモデルを作成することです。この課題に対して、我々は教師なしで**埋め込み表現**または低次元表現を学習するというアプローチをとります。教師なしのモデルを使うと、特徴選択という面倒事をすべて自動化できます。そのため、データが少なくて済む小さなモデルと生成された埋め込み表現を使って学習の問題を解決できます。このプロセスを図示したのが**図6-1**です。

良い埋め込み表現を学習するアルゴリズムを作るプロセスの中で、低次元表現の他の適用例を見てみましょう。例えば可視化や意味的ハッシュ化などが考えられます。まずは、すべての重要な情報があらかじめ入力ベクトル自体の中に含まれている状況について検討します。この場合、埋め込み表現を学習するというのは効率的な圧縮アルゴリズムを作成することと同義です。

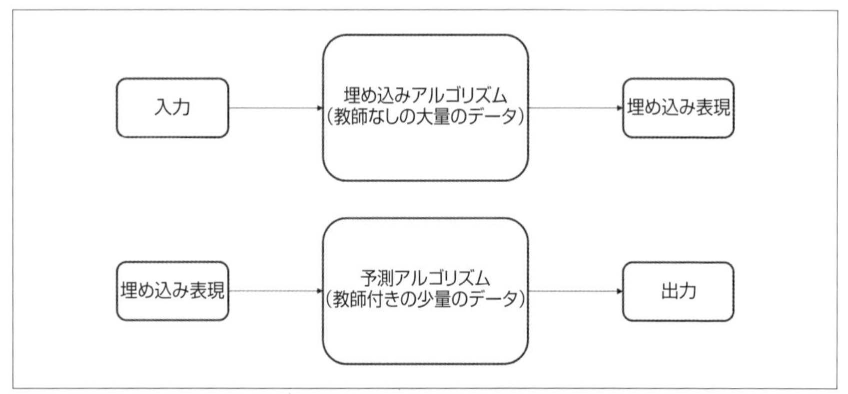

図6-1 ラベルの少ないデータでは、埋め込み表現を使って特徴選択を自動化する

最初に**主成分分析**（PCA、Principal Component Analysis）を導入します。古くから、次元数の削減にはこの手法がよく使われています。その後、ニューロンを利用したより強力な手法を使って圧縮された埋め込み表現を学習します。

6.2 主成分分析

主成分分析の基本的な考え方は、データセットについて最も多くの情報を表現できる軸の組み合わせを探すというものです。より具体的には、d 次元のデータがあった時に、意味のある情報をできるだけ残すような m 次元（$m < d$）の軸を見つけるということです。分散が情報の量を表すと仮定すると、新たな軸への変換は反復的な作業として行えます。まず、データセットが最大の分散を持つような方向の単位ベクトルを探します。この方向は最も多くの情報を含むため、1つ目の軸として選択することにします。次に、この軸と直交する方向の中から、同様に分散が最大になる方向を選んで新しい単位ベクトルを設定します。これが2つ目の軸になります。このプロセスを繰り返し、新しい軸を表す d 個の単位ベクトルを見つけます。そして、これらの新しい軸へとデータセットを射影します。m の値を適切に定め、先頭から m 番目までの軸（これらが主成分と呼ばれ、最も多くの情報を表現できます）以外を除去します。$d = 2,\ m = 1$ というシンプルな例が**図6-2**です。

数学に詳しい読者なら、このような処理はデータセットの（定数倍された）共分散行列での固有ベクトルのうち上位 m 個からなるベクトル空間への射影だと気づいたかもしれません。データセットを、$n \times d$ 次元（つまり、d 次元の入力が n 個）の行

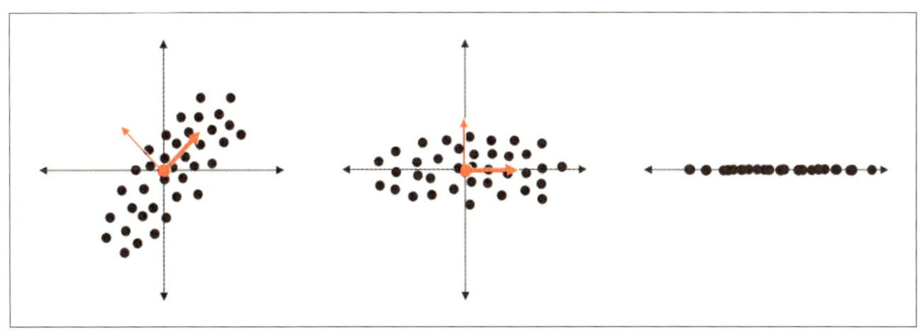

図6-2 主成分分析の図解。次元数を削減し、最も多くの情報を得られる軸を得る

列 $\mathbf{X}$ であるとします。ここから、$n \times m$ 次元の埋め込み行列 $\mathbf{T}$ を作るのが目標です。この行列は $\mathbf{T} = \mathbf{XW}$ の関係から算出できます。$\mathbf{W}$ の各列は、行列 $\mathbf{X}^\top\mathbf{X}$ の固有ベクトルです。

主成分分析は数十年にわたって次元数の削減に利用されています。しかし、区分線形関数や非線形関数で表されるような関係はまったく検出できません。図6-3の例について考えてみましょう。

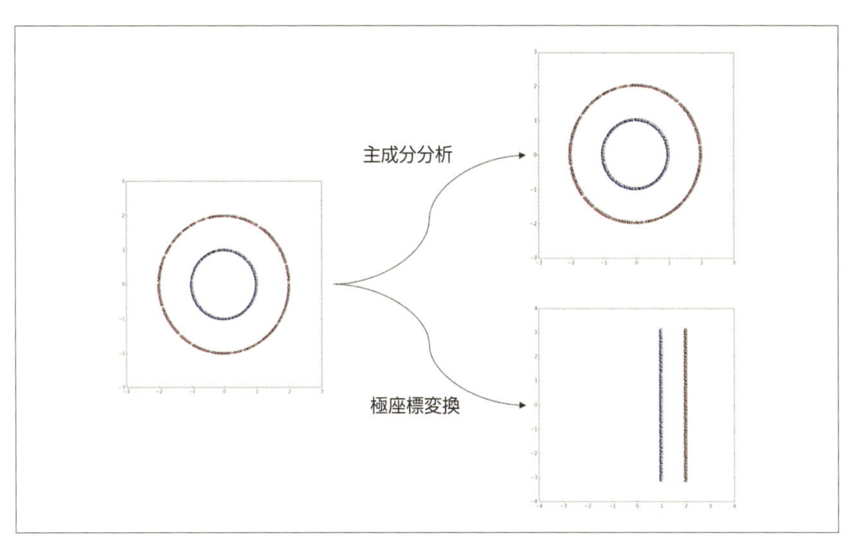

図6-3 主成分分析を使った次元数の削減が失敗するデータの例

ここでは、2つの同心円上からランダムに選ばれたデータポイントが示されています。主成分分析を使えば、このデータセット中の赤と青の点を容易に区別できるよう

な軸が見つかると思われたかもしれません。しかし、どの方向でも分散の値は同一であるため、他よりも多くの情報を表現できる線形の軸はありません。人間であれば、原点からデータポイントまでの距離という観点でとらえることで、情報が非線形にエンコードされているとわかります。つまり、曲座標変換を行うとうまくゆくことがわかります。曲座標変換とは、横軸が原点からの距離を表し、縦軸が元の x 軸からの回転角を表すような変換です。

図6-3 は、主成分分析を使って複雑なデータセットから重要な関係を発見する際の限界を表しています。画像やテキストなど、我々が実際に扱うデータセットのほとんどでは、非線形的な関係が見られます。つまり、非線形的な次元数削減のための理論が求められているのです。ディープラーニングの研究者たちは、ニューラルモデルを使ってこの問題に取り組みました。これから詳しく解説します。

6.3 オートエンコーダーのアーキテクチャー

フィードフォワードネットワークについての解説の中で、それぞれの層が徐々に重要な表現を学習してゆく様子を紹介しました。「5章　畳み込みニューラルネットワーク」では、最後の畳み込み層からの出力を入力画像の低次元表現とみなしました。こういった低次元表現を教師なしで得たいという点を別にしても、このようなアプローチには根本的な問題点があります。それぞれの層には、入力データから得られた情報が確かに含まれてはいます。しかしネットワーク全体としては、解決しようとしている課題にとって重要な部分にだけ注目するように訓練が行われます。その結果、他の課題にとっては重要かもしれない情報が大きく失われてしまいます。

ただし、基本的なアイデアは依然として有効です。**オートエンコーダー**という新たなネットワークのアーキテクチャーを定義することにします。まず、入力を受け取り低次元のベクトルへと圧縮します。低次元の埋め込み（もしくは**コード**）を生成するので、この圧縮処理を行う部分は**エンコーダー**と呼ばれます。次の部分では、埋め込みを何らかのラベルと対応付けるのではなく、エンコーダーの逆変換を行って元の入力データを再構成しようとします。この部分は**デコーダー**と呼ばれます。全体のアーキテクチャーを示したのが**図6-4** です。

オートエンコーダーは驚くほどの効果を見せます。例として**図6-5** のようなオートエンコーダーのアーキテクチャーを組み立て、可視化することにします。MNIST の数字を識別し、主成分分析よりもはるかに高い成績が得られることを示します。

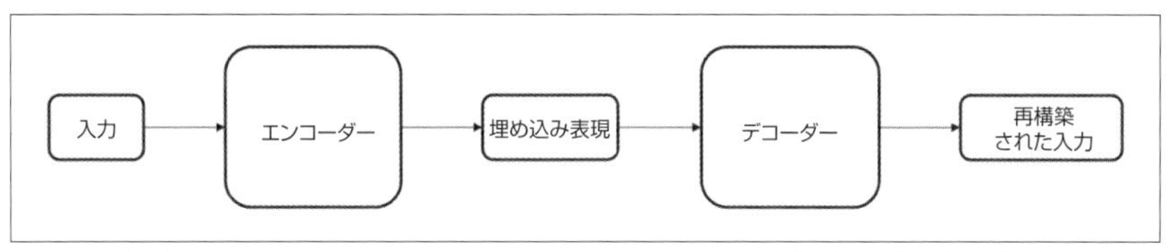

図6-4　オートエンコーダーのアーキテクチャー。高次元の入力から低次元の埋め込み表現を生成し、そこから入力を再構成する

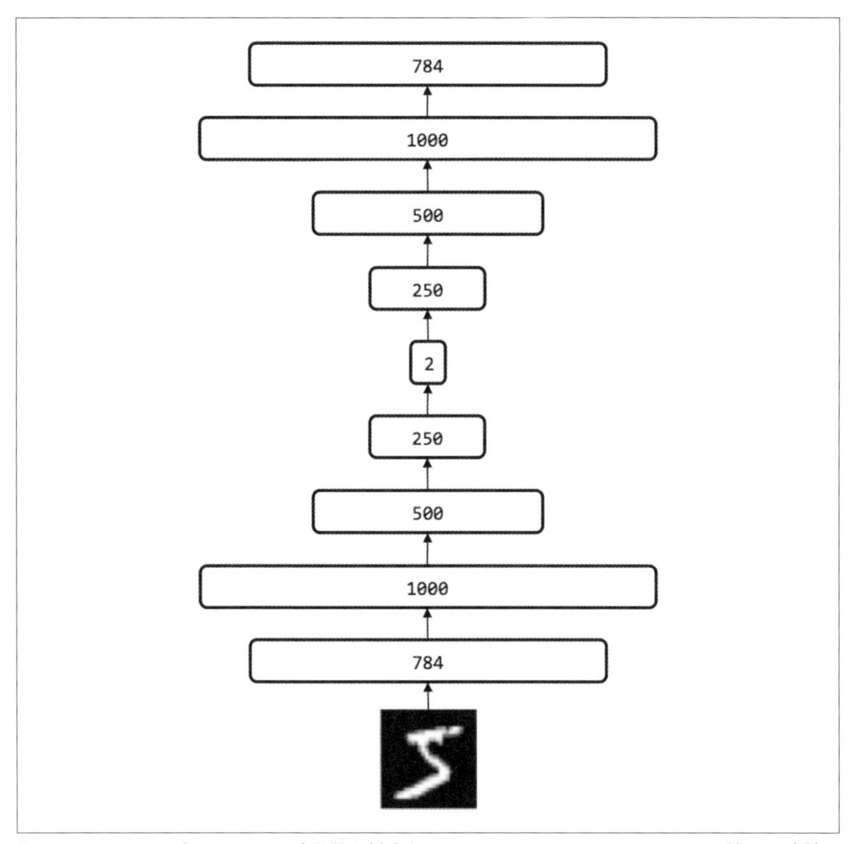

図6-5　MNIST のデータセットの次元数を削減するために、Hinton と Salakhutdinov が行った実験の概要

6.4 TensorFlowを使ったオートエンコーダーの実装

2006年に、HintonとSalakhutdinovはReducing the Dimensionality of Data with Neural Networksという先駆的な論文を発表しました[†1]。ニューラルモデルが提供する非線形的な複雑さを活用すれば、主成分分析などの線形的な手法では取り逃がしてしまうような構造も捕捉できるのではないかという仮説を彼らは立てました。これを実証するために、彼らはオートエンコーダーと主成分分析を使ってMNISTのデータセットを2次元に圧縮するという実験を行いました。ここからは、仮説の検証に使われたネットワークを再現します。同時に、フィードフォワードのオートエンコーダーの構造や特性についても検討します。

図6-5の構成で行われるのは、圧縮だけではありません。2次元の埋め込み表現がさらに入力として扱われ、元の画像の再現が試みられます。処理が逆順に行われるため、オートエンコーダーの全体としては砂時計のような形状になります。最終的に出力される784次元のベクトルから、28 × 28の画像を生成します。デコーダー部分のコードは以下のとおりです。

autoencoder_mnist.py（抜粋）

```
def decoder(code, n_code, phase_train):
  with tf.variable_scope("decoder"):
    with tf.variable_scope("hidden_1"):
      hidden_1 = layer(
        code,
        [n_code, n_decoder_hidden_1],
        [n_decoder_hidden_1],
        phase_train
      )

    with tf.variable_scope("hidden_2"):
      hidden_2 = layer(
        hidden_1,
        [n_decoder_hidden_1, n_decoder_hidden_2],
        [n_decoder_hidden_2],
        phase_train
      )

    with tf.variable_scope("hidden_3"):
      hidden_3 = layer(
```

†1 Hinton, Geoffrey E., and Ruslan R. Salakhutdinov. "Reducing the Dimensionality of Data with Neural Networks." *Science* 313.5786 (2006): 504-507.

```
        hidden_2,
        [n_decoder_hidden_2, n_decoder_hidden_3],
        [n_decoder_hidden_3],
        phase_train
      )

    with tf.variable_scope("output"):
      output = layer(
        hidden_3,
        [n_decoder_hidden_3, 784],
        [784],
        phase_train
      )

    return output
```

訓練を高速化するために、「5 章　畳み込みニューラルネットワーク」で紹介したバッチ正規化をここでも適用することにします。また、結果を可視化したいので、ニューロンの値が急に変化するのは不都合です。そこで、ReLU ニューロンの代わりにシグモイドニューロンを利用しています。

autoencoder_mnist.py（抜粋）

```
def layer(input, weight_shape, bias_shape, phase_train):
  weight_init = tf.random_normal_initializer(
    stddev=(1.0/weight_shape[0])**0.5
  )
  bias_init = tf.constant_initializer(value=0)
  W = tf.get_variable(
    "W",
    weight_shape,
    initializer=weight_init
  )
  b = tf.get_variable(
    "b",
    bias_shape,
    initializer=bias_init
  )
  logits = tf.matmul(input, W) + b
  return tf.nn.sigmoid(layer_batch_norm(
    logits, weight_shape[1], phase_train
  ))
```

続いて、モデルの成績を測るための手段つまり損失関数を定義します。測定したいのは、再構成された画像と元の画像の近さです。ここではシンプルに、元の 784 次元の入力と再構成された 784 次元の出力との距離を計算します。入力のベクトル I と

出力のベクトル O に対して、$\|I-O\|=\sqrt{\sum_i (I_i-O_i)^2}$ が最小になるようにします。この値は2つのベクトル間のL2ノルムと呼ばれます。この関数の値のミニバッチ全体についての平均を、最終的な損失関数とします。そしてAdamオプティマイザーを使って訓練を行い、`tf.summary.scalar`を使ってミニバッチごとに誤差のログを取ります。TensorFlowを使えば、損失関数と訓練の操作は次のように簡単に記述できます。

autoencoder_mnist.py（抜粋）

```
def loss(output, x):
  with tf.variable_scope("training"):
    l2 = tf.sqrt(
      tf.reduce_sum(
        tf.square(tf.subtract(output, x)),
        1
      )
    )
    train_loss = tf.reduce_mean(l2)
    train_summary_op = tf.summary.scalar("train_cost", train_loss)
    return train_loss, train_summary_op

def training(cost, global_step):
  optimizer = tf.train.AdamOptimizer(
    learning_rate=0.001,
    beta1=0.9,
    beta2=0.999,
    epsilon=1e-08,
    use_locking=False,
    name="Adam"
  )
  train_op = optimizer.minimize(cost, global_step=global_step)
  return train_op
```

モデルの汎化能力を評価する手段も必要です。今までの例と同様に検証データを使い、L2ノルムを計算して評価を行います。また、入力と出力の画像を比較するために画像のサマリーも取得します。

autoencoder_mnist.py（抜粋）

```
def image_summary(summary_label, tensor):
  tensor_reshaped = tf.reshape(tensor, [-1, 28, 28, 1])
  return tf.summary.image(summary_label, tensor_reshaped)

def evaluate(output, x):
  with tf.variable_scope("validation"):
    in_im_op = image_summary("input_image", x)
```

```
    out_im_op = image_summary("output_image", output)
    l2 = tf.sqrt(
      tf.reduce_sum(
        tf.square(
          tf.subtract(output, x, name="val_diff")
        ),
        1
      )
    )
    val_loss = tf.reduce_mean(l2)
    val_summary_op = tf.summary.scalar("val_cost", val_loss)
    return val_loss, in_im_op, out_im_op, val_summary_op
```

残るは、以上のコンポーネントからモデルを組み立てて訓練を行うコードだけです。大部分のコードは見覚えのあるものばかりですが、注意点もいくつかあります。まず、コードの層に含まれるニューロンの数をコマンドライン引数として指定できるようにしています。例えば`python autoencoder_mnist.py 2`のように実行すると、コードの層にニューロンを2つ持つモデルがインスタンス化されます。また、`tf.train.Saver`を使ってモデルのスナップショットをより多く保持できるようにします。最も成績の良かったモデルを後で再読み込みし、主成分分析と比較するためです。エポックの終了時には`tf.summary.FileWriter`を使い、生成された画像も記録します。

autoencoder_mnist.py（抜粋）

```
if __name__ == "__main__":
  parser = argparse.ArgumentParser(
    description="Test various optimization strategies"
  )
  parser.add_argument("n_code", type=int)
  args = parser.parse_args()
  n_code = args.n_code
  log_dir = "mnist_autoencoder_hidden={}_logs/".format(n_code)
  mnist = input_data.read_data_sets("data/", one_hot=True)

  with tf.Graph().as_default():
    with tf.variable_scope("autoencoder_model"):
      # mnist data image of shape 28*28=784
      x = tf.placeholder("float", [None, 784])
      phase_train = tf.placeholder(tf.bool)
      code = encoder(x, n_code, phase_train)
      output = decoder(code, n_code, phase_train)
      cost, train_summary_op = loss(output, x)
      global_step = tf.Variable(
        0,
```

```
    name="global_step",
    trainable=False
  )

  train_op = training(cost, global_step)
  eval_op, in_im_op, out_im_op, val_summary_op = evaluate(output, x)
  summary_op = tf.summary.merge_all()

  saver = tf.train.Saver(max_to_keep=200)
  sess = tf.Session()
  summary_writer = tf.summary.FileWriter(
    log_dir,
    graph=sess.graph
  )

  init_op = tf.global_variables_initializer()

  sess.run(init_op)

  # Training cycle
  for epoch in range(training_epochs):
    avg_cost = 0.
    total_batch = int(
        mnist.train.num_examples/batch_size
    )
    # Loop over all batches
    for i in range(total_batch):
      mbatch_x, mbatch_y = mnist.train.next_batch(
        batch_size
      )
      # Fit training using batch data
      _, new_cost, train_summary = sess.run([
          train_op,
          cost,
          train_summary_op
        ],
        feed_dict={
          x: mbatch_x,
          phase_train: True
        }
      )
      summary_writer.add_summary(
        train_summary,
        sess.run(global_step)
      )
      # Compute average loss
      avg_cost += new_cost/total_batch
    # Display logs per epoch step
    if epoch % display_step == 0:
```

```
    print(
      "Epoch:", "%04d" % (epoch+1),
      "cost =", "{:.9f}".format(avg_cost)
    )

    summary_writer.add_summary(
      train_summary,
      sess.run(global_step)
    )
    val_images = mnist.validation.images
    validation_loss, in_im, out_im, val_summary = sess.run([
        eval_op,
        in_im_op,
        out_im_op,
        val_summary_op
      ],
      feed_dict={
        x: val_images,
        phase_train: False
      }
    )

    summary_writer.add_summary(
      in_im,
      sess.run(global_step)
    )
    summary_writer.add_summary(
      out_im,
      sess.run(global_step)
    )
    summary_writer.add_summary(
      val_summary,
      sess.run(global_step)
    )
    print("Validation Loss:", validation_loss)

    saver.save(
      sess,
      "{}/model-checkpoint-{:04d}".format(
        log_dir,
        epoch + 1
      ),
      global_step=global_step
    )

print("Optimization Finished!")

test_loss = sess.run(
  eval_op,
```

```
    feed_dict={
      x: mnist.test.images,
      phase_train: False
    }
  )

print("Test Loss:", test_loss)
```

TensorFlow のグラフ、検証とテストでの損失、そして画像のサマリーを、TensorBoard で可視化します。次のコマンドを実行してください。

```
$ tensorboard --logdir mnist_autoencoder_hidden=<n_code>_logs
```

ブラウザを開いて http://localhost:6006/ にアクセスし、Graph タブをクリックすると**図6-6**のように表示されます。

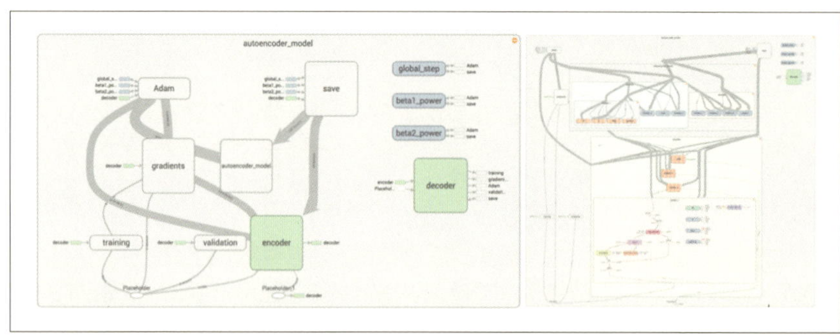

図6-6 TensorBoard の表示。計算グラフでの大まかなデータの流れ（左）も、個々のコンポーネントでの詳細なデータの流れ（右）も確認できる

計算グラフの各コンポーネントに適切な名前空間を指定しておくと、この図のようによく整理された表示を得られます。クリックによってコンポーネントの階層をたどることができ、データがエンコーダーとデコーダーの各層を流れてゆく様子を確認できます。訓練モジュールからの出力に対するオプティマイザーの処理や、勾配が各コンポーネントに与える影響もわかります。

訓練結果（1回のミニバッチごと）や検証での損失（エポックごと）についても可視化を行い、過学習の兆候を監視しています。訓練全体での損失の変化は**図6-7**のように可視化されました。期待どおりに、訓練と検証での損失はいずれも漸近的に減少しています。約200エポック後には、検証での損失は4.9前後です。健全なカーブを描いてはいますが、果たして本当に良い値に到達しているのか、それとも入力の再構

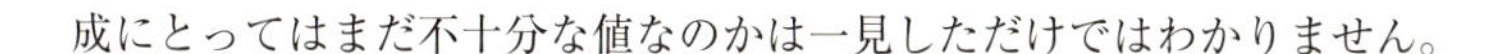

成にとってはまだ不十分な値なのかは一見しただけではわかりません。

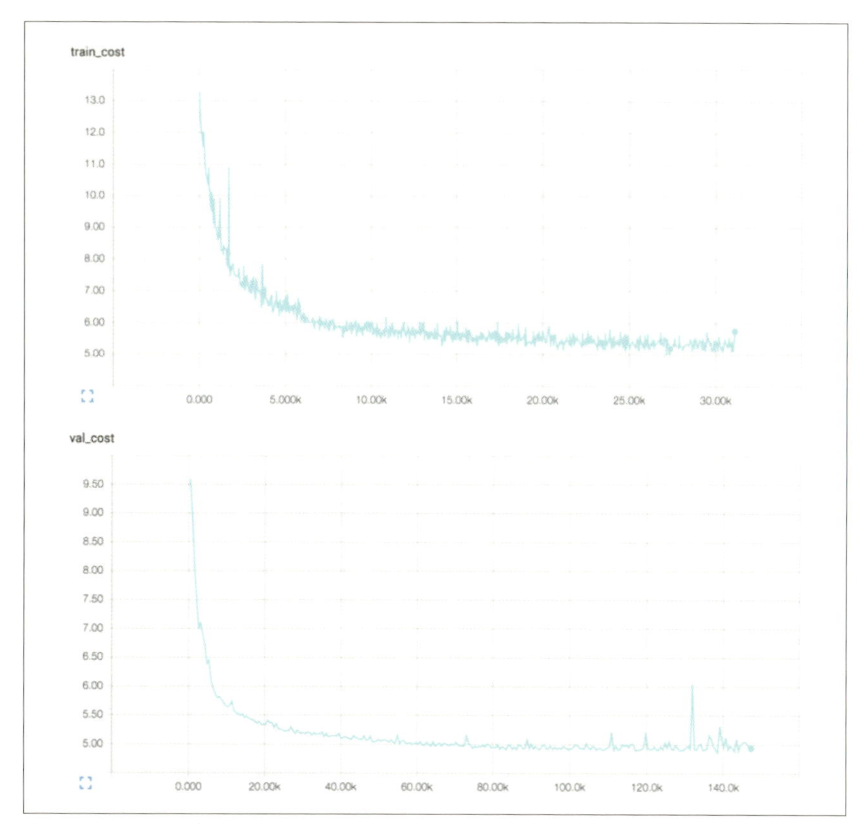

図6-7　ミニバッチごとの訓練での損失（上）と、エポックごとの検証での損失（下）

このことを確認するために、MNISTのデータセットを深掘りしてみましょう。データセットの中から1を表す画像をランダムに1つ取り出し、Xとします。そして、これをデータセットに含まれる他のすべての画像と比較した結果が**図6-8**です。数字のクラスごとに、Xと各数字とのL2ノルムの平均値を計算しました。わかりやすさのため、数字のクラスごとの平均画像も示しています。

平均して、Xは他の1の画像から5.75単位離れています。このL2ノルムという観点から見ると、1以外の数字の中でXに最も近いのは7（8.94単位）、最も遠いのはゼロ（11.05単位）です。これらの数値から、オートエンコーダーによる4.9という平均の損失は高品質な再構成を意味することがわかります。

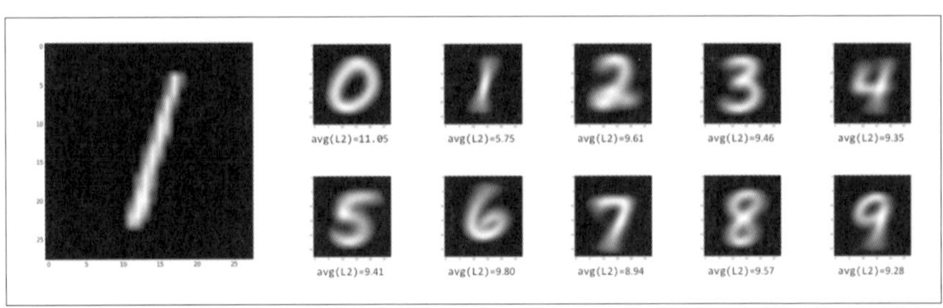

図6-8 1の画像（左）が、他のすべての画像と比較される。それぞれの数字のクラスは、クラスに属するすべてのインスタンスの平均画像を表示している（右）。ラベルは左側の1の画像と各インスタンスとのL2ノルムの平均を表す

この仮説を裏付けられるように、画像もサマリーとして蓄積しておきました。入力と出力の画像を比較してみます。ランダムに選ばれた3つのサンプルに対して、再構成を行った結果が**図6-9**です。

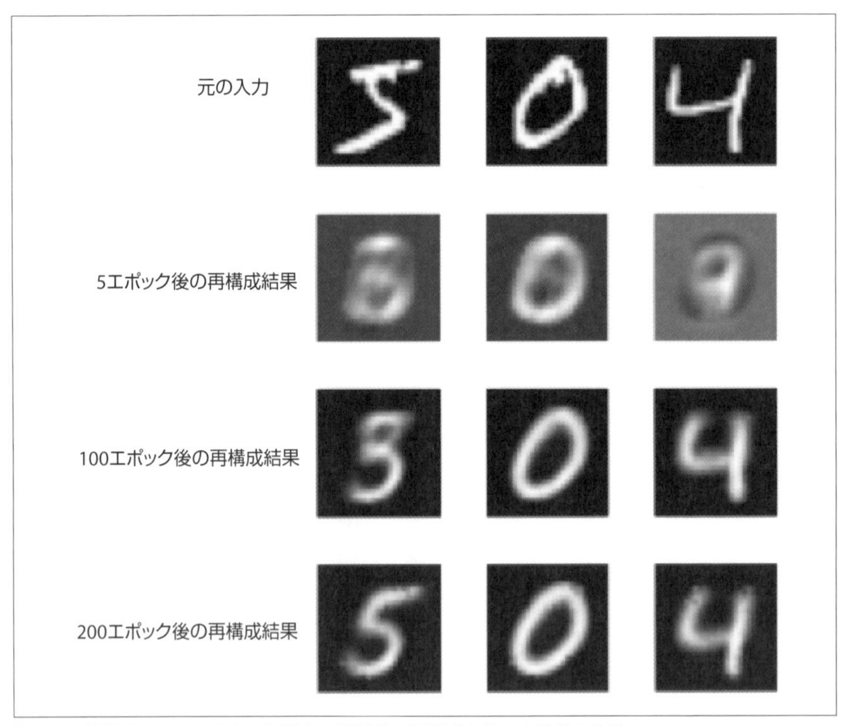

図6-9 検証データに含まれる画像と、訓練後に再構成を行った結果の比較

5 エポック後の時点で、重要な部分の筆跡がオートエンコーダーによって抽出されつつあります。しかし再構成の結果は、似た数字がぼんやりと混ざり合ったような状態です。100 エポック後には、ゼロと 4 はくっきりとした筆跡へと再構成されていますが、5 と 3（あるいは 8）の区別は依然として難しそうです。そして 200 エポック[†2]後では、曖昧な点はすべて明確化され、どの数字もくっきりと再構成されています。

オートエンコーダーと従来の主成分分析による 2 次元のコードを比較してみましょう。オートエンコーダーのほうが高い品質で可視化されるでしょうか。具体的には、異なる数字のインスタンスを区別する際に主成分分析よりも大幅に高い成績が見込めるでしょうか。主成分分析による 2 次元のコードは、次のように生成できます。

pca.py（抜粋）

```
from sklearn import decomposition
from fdl_examples.datatools import input_data


mnist = input_data.read_data_sets("data/", one_hot=False)
pca = decomposition.PCA(n_components=2)
pca.fit(mnist.train.images)
pca_codes = pca.transform(mnist.test.images)
```

まず、MNIST のデータセットが読み込まれています。ワンホット表現ではなく整数値としてラベルを取得するために、one_hot=False を指定しています。ちなみに MNIST でのワンホット表現はサイズが 10 のベクトルで、数字 i を表す画像では i 番目の要素だけが 1、他はすべてゼロになっています。主成分分析の処理には、よく使われる機械学習ライブラリである scikit-learn を利用します。n_components=2 は、2 次元のコードを生成するという意味です。この 2 次元のコードから元の画像を再構成して可視化するには、次のようにします。

pca.py（抜粋）

```
from matplotlib import pyplot as plt

pca_recon = pca.inverse_transform(pca_codes[:1])
plt.imshow(pca_recon[0].reshape((28,28)), cmap=plt.cm.gray)
plt.show()
```

上のコードはデータセットの先頭にある画像だけを可視化しますが、任意の画像を

†2 訳注：ここでは訓練データ数が 55,000 なので、200 エポックは図中の 110k に相当します。

対象にするのも容易です。主成分分析とオートエンコーダーによる再構成の結果を比較したのが**図6-10**です。2次元のコードに関する限り、オートエンコーダーの成績が主成分分析を大きく上回っています。主成分分析の結果は、オートエンコーダーが5エポックしか訓練を行っていない状態とほぼ同じです。5は3や8と見分けがつかず、ゼロは8と、4は9と混同されそうです。30次元のコードを生成するようにして同じ実験を行ったところ、主成分分析の成績はかなり向上しましたが、やはり30次元のオートエンコーダーよりは明らかに劣る成績でした。

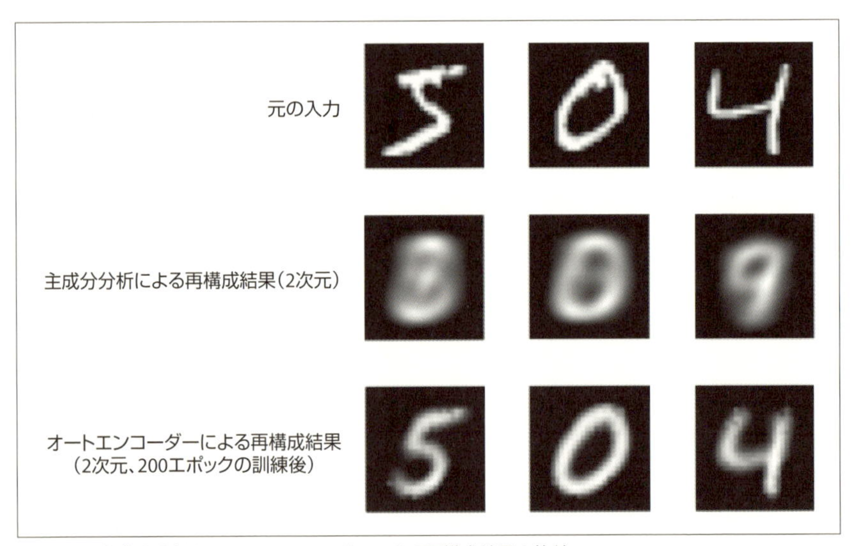

図6-10 主成分分析とオートエンコーダーによる再構成結果の比較

実験の締めくくりに、保存されているTensorFlowのモデルを読み込み、2次元のコードをプロットして主成分分析とオートエンコーダーを比較してみます。訓練時とまったく同じように、TensorFlowのグラフを組み立てます。訓練時に保存されたモデルのファイルへのパスは、スクリプトのコマンドライン引数として指定します。カスタマイズされたプロットの関数を使い、凡例を出力するとともにそれぞれの数字のクラスのデータポイントを色付けします。

autoencoder_vs_pca.py

```
import argparse
from sklearn import decomposition
import tensorflow as tf
from matplotlib import pyplot as plt
```

```
from fdl_examples.datatools import input_data
from . import autoencoder_mnist as ae


def scatter(codes, labels):
  colors = [
    ("#27ae60", "o"),
    ("#2980b9", "o"),
    ("#8e44ad", "o"),
    ("#f39c12", "o"),
    ("#c0392b", "o"),
    ("#27ae60", "x"),
    ("#2980b9", "x"),
    ("#8e44ad", "x"),
    ("#c0392b", "x"),
    ("#f39c12", "x"),
  ]
  for num in range(10):
    plt.scatter([
        codes[:,0][i] for i in range(len(labels))
        if labels[i] == num
      ],
      [
        codes[:,1][i] for i in range(len(labels))
        if labels[i] == num
      ],
      7,
      label=str(num),
      color=colors[num][0],
      marker=colors[num][1]
    )
  plt.legend()
  plt.show()


if __name__ == "__main__":

  parser = argparse.ArgumentParser(
    description="Test various optimization strategies"
  )
  parser.add_argument("n_code", type=int)
  args = parser.parse_args()
  n_code = args.n_code
  log_dir = "mnist_autoencoder_hidden={}_logs/".format(n_code)
  ckpt = tf.train.get_checkpoint_state(log_dir)
  savepath = ckpt.model_checkpoint_path
  print("Use savepath: {}".format(savepath))
  print("\nPULLING UP MNIST DATA")
  mnist = input_data.read_data_sets("data/", one_hot=False)
```

```
print(mnist.test.labels)

# Apply PCA
print("\nSTARTING PCA")
pca = decomposition.PCA(n_components=n_code)
pca.fit(mnist.train.images)
print("\nGENERATING PCA CODES AND RECONSTRUCTION")
pca_codes = pca.transform(mnist.test.images)

with tf.Graph().as_default():
  with tf.variable_scope("autoencoder_model"):
    x = tf.placeholder("float", [None, 784])
    phase_train = tf.placeholder(tf.bool)
    code = ae.encoder(x, n_code, phase_train)
    output = ae.decoder(code, n_code, phase_train)
    cost, train_summary_op = ae.loss(output, x)
    global_step = tf.Variable(
      0,
      name="global_step",
      trainable=False
    )

    train_op = ae.training(cost, global_step)
    eval_op, in_im_op, out_im_op, val_summary_op = ae.evaluate(
      output,
      x
    )

    sess = tf.Session()
    saver = tf.train.Saver()

    saver.restore(sess, savepath)

    # Apply AutoEncoder
    print("\nSTARTING AUTOENCODER")
    ae_codes= sess.run(
      code,
      feed_dict={
        x: mnist.test.images,
        phase_train: True
      }
    )

    scatter(ae_codes, mnist.test.labels)
    scatter(pca_codes, mnist.test.labels)
```

可視化の結果は**図6-11**のようになりました。2次元の主成分分析のコードでは、クラスターを識別するのは困難です。一方オートエンコーダーは、数字ごとのクラスターをはっきりと見て取れます。主成分分析と比較して、オートエンコーダーによる埋め込み表現を使うと、シンプルな機械学習のモデルでもきわめて効果的なデータポイントの分類が可能になります。

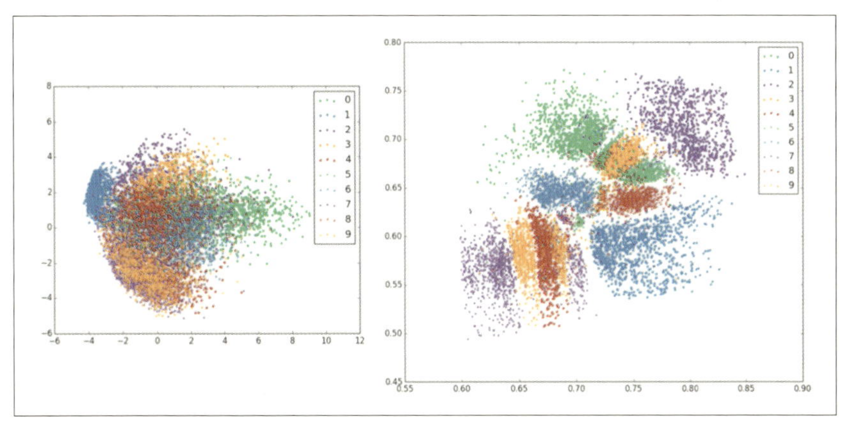

図6-11　主成分分析（左）とオートエンコーダー（右）による埋め込み表現の比較。オートエンコーダーのほうがはるかに明確なクラスター化を実現している

ここでは、フィードフォワード形式のオートエンコーダーを作成し、生成された埋め込み表現が従来の次元数削減の手法（主成分分析）よりも優れていることを示しました。続いては、ノイズ除去と呼ばれる概念を紹介します。これは正規化の一種で、埋め込み表現をより頑健なものにしてくれます。

6.5　頑健な埋め込み表現のためのノイズ除去

ここで解説する**ノイズ除去**というしくみは、ノイズの影響を受けにくい埋め込み表現をオートエンコーダーが作成できるようにするためのものです。人間の知覚は、ノイズに対して強い耐性があります。例えば図6-12について考えてみましょう。下段の画像では半数のピクセルを削除していますが、我々は問題なく数字を認識できます。2や7のような間違えやすい数字でも、まったく問題ありません。

この現象は確率論を使って説明できます。我々の脳は、ある画像からランダムにサンプリングされたピクセルを目にしただけでも、十分な情報さえあれば、それが何を表している確率が最も高いかを直感的に結論付けられます。我々の知性は、空白を埋めて結論を導き出せるようになっています。数字が不完全な形で網膜に届いたとし

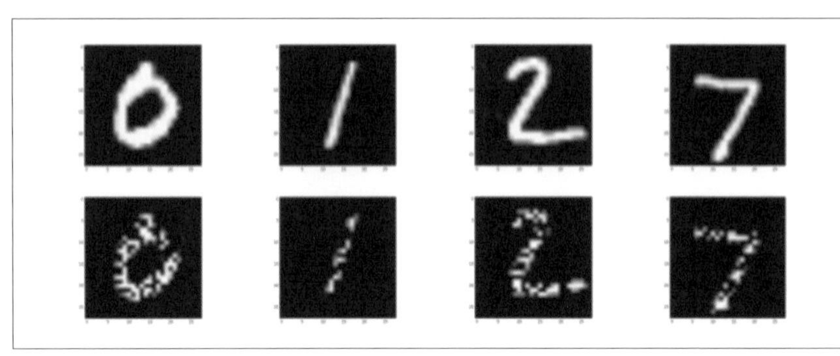

図6-12 上段がMNISTに含まれるオリジナルの画像、下段が半数のピクセルをランダムに選んで黒く塗りつぶした画像。人間の視覚は下段の画像も識別できる

ても、我々のニューロンは通常の数字と同等のアクティベーション（コードあるいは埋め込み表現）を生成できています。これと同等の特性を、これから作成する埋め込み表現のアルゴリズムにも備えさせようと思います。先駆者となったのは、2008年に**ノイズ除去型オートエンコーダー**[†3]を提案したVincentらです。

ノイズ除去の背後にある考え方はとてもシンプルです。ある一定のパーセンテージで、入力画像の中のピクセルをゼロにリセットします。元の画像をX、改変されたものを$C(X)$とします。通常のオートエンコーダーと比べて、ノイズ除去型オートエンコーダーが異なるのは1点だけです。オートエンコーダーのネットワークに入力されるのが、Xではなく$C(X)$になります。つまり、改変された入力からコードを学習し、失われた情報を補完して元の画像を再構成できなければなりません。

このプロセスはより幾何的に表現することもできます。仮に、さまざまなラベルが付いた2次元のデータセットがあるとします。特定のラベルつまりカテゴリーを持つデータポイントをすべて選び、これをSとします。任意の点をサンプリングした場合には、任意の形に可視化される可能性があります。しかしSは現実的なカテゴリーを表しており、これに含まれるデータポイントはすべて、ある構造に従っていると仮定します。このような、水面下で統一的な役割を果たす幾何的な構造を**多様体**（manifold）と呼びます。多様体は、まさにデータの次元を削減する際にとらえようとしていた形そのものです。AlainとBengioが2014年に指摘したとおり、オートエンコーダーは、ボトルネック（コードの層）からデータを再構成する方法を学習す

†3 Vincent, Pascal, et al. "Extracting and Composing Robust Features with Denoising Autoencoders." *Proceedings of the 25th International Conference on Machine Learning.* ACM, 2008.

ると同時に、この多様体を暗黙のうちに学習しています[†4]。オートエンコーダーは、どのようなラベルを持つかわからないデータポイントを再構成する際に、それがどの多様体に属するのか判定しているということになります。

例として、**図6-13**のような状況について考えてみましょう。S のデータポイントは、シンプルな低次元の多様体（図中の黒の円）です。A では、すべてのデータポイント（黒の×印）は多様体によってうまく説明されています。ここでは改変の操作による影響の範囲も大まかに示されています。赤の矢印と赤の実線の円が、改変によるデータポイントの移動の可能性を表します。このような改変をすべてのデータポイント（つまり、多様体全体）に適用すると、データセットが多様体の範囲を超えて誤差の分だけ拡張します。拡張された範囲は、A の赤の破線の円で表されます。そして拡張されたデータセットは、B での赤の×印です。ここでオートエンコーダーは、これらのデータポイントをすべて多様体へと戻す方法を学習しなければなりません。データポイントの中でどの部分が重要かつ汎化可能であり、どの部分が単なるノイズかを学習することによって、ノイズ除去型オートエンコーダーは隠された S を近似的に学びます。

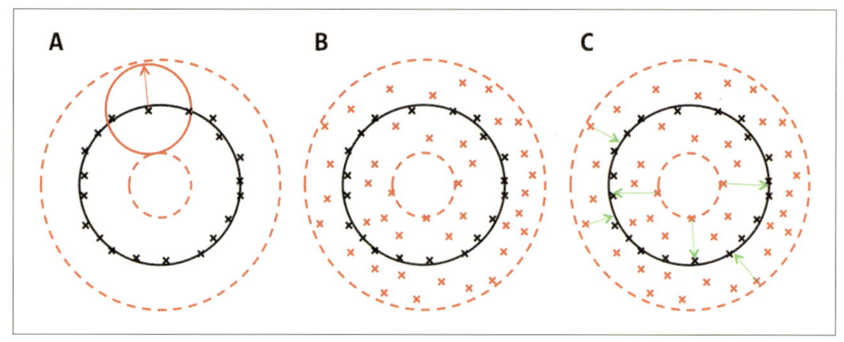

図6-13　ノイズを除去することで、モデルは多様体（黒の円）を学習できるようになる。改変されたデータ（赤の×印）を、改変されていないデータ（黒の×印）へと表現の誤差が最小になるように関連付ける（緑の矢印）

以上のような原理を踏まえて、オートエンコーダーのスクリプトを少し修正してノイズ除去型へと作り替えてみます。

†4　Bengio, Yoshua, et al. "Generalized Denoising Auto-Encoders as Generative Models." *Advances in Neural Information Processing Systems*. 2013.

denoising_autoencoder_mnist.py（抜粋）

```
def corrupt_input(x):
  corrupting_matrix = tf.random_uniform(
    shape=tf.shape(x),
    minval=0,
    maxval=2,
    dtype=tf.float32
  )
  return x * corrupting_matrix
```

（中略）

```
# mnist data image of shape 28*28=784
x = tf.placeholder("float", [None, 784])

corrupt = tf.placeholder(tf.float32)
phase_train = tf.placeholder(tf.bool)

c_x = (corrupt_input(x) * corrupt) + (x * (1 - corrupt))
```

プレースホルダ corrupt の値が 1 の場合に入力は改変され、ゼロの場合には改変されません。この変更を行ってから再実行すると、**図6-14** のような結果を得られます。欠けているピクセルを埋めるという、人間の能力がかなり再現されています。

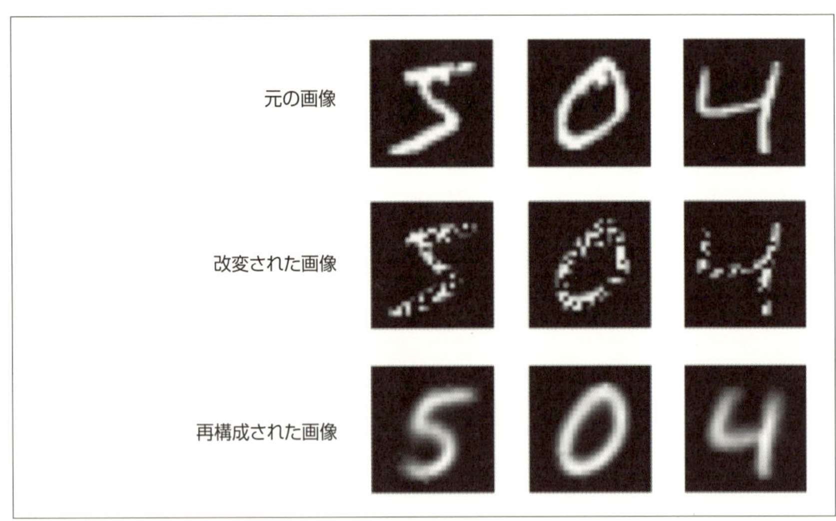

図6-14　改変の操作が行われたデータをノイズ除去型オートエンコーダーに与え、元の画像を再構成する

6.6 オートエンコーダーの疎性

ディープラーニングに関する難しい課題の1つとして、**解釈可能性**があげられます。解釈可能性とは、機械学習のモデルのプロセスや出力について調べたり説明したりするのがどの程度容易かを表す指標です。深層モデルは非線形的でモデルを構成するパラメーターが多量なため、多くの場合は解釈が困難です。一般的には深層モデルのほうがより正確ですが、解釈が難しいせいで、非常に有益だがリスクも高いといったケースへの適用がしばしば妨げられています。例えば、患者がガンにかかっているか否かを予測するモデルが使われていたら、医師はモデルが出した結論に対する説明を求めるでしょう。

解釈可能性における、ある側面について、オートエンコーダーの出力から考えてみましょう。一般的に、オートエンコーダーによって学習される表現は密なものとなり、その中に入力が変化した時に表現がどのように変化するかという情報も含まれています。**図6-15**のような状況を例にとって考えてみます。

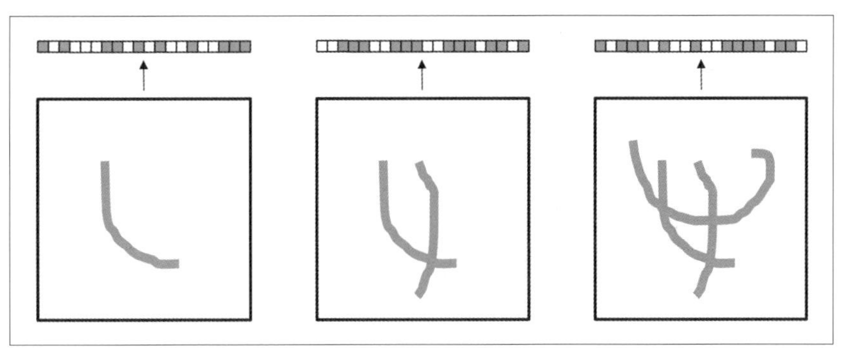

図6-15　密な表現でのアクティベーションは、複数の特徴量から、解釈の難しい形で、情報をまとめて重ね合わせている

オートエンコーダーは**密な**表現を生成します。つまり、元の画像の表現が強く圧縮されます。表現の次元数は限られているため、表現のアクティベーションでは複数の特徴の情報が組み合わされます。それを解きほぐすことはきわめて困難です。その結果、要素を追加または削除すると、予想できない形で出力の表現が変化することになります。表現がどのような理由でどのようにして生成されるかを解釈するのは、事実上不可能です。

高次の特徴とコードの構成要素との間に、1対1またはそれに近い関係があるような表現を作ることができれば理想的です。もしこれが可能なら、**図6-16**のようなしくみになるでしょう。図中のAは、特徴の追加や削除に伴う表現の変化を表します。そしてBは、特徴と表現との関係を色で表しています。ここでは表現の変化が一目瞭然です。画像に含まれる1つ1つの線が表現に対応しており、これらの総和が最終的な表現になります。

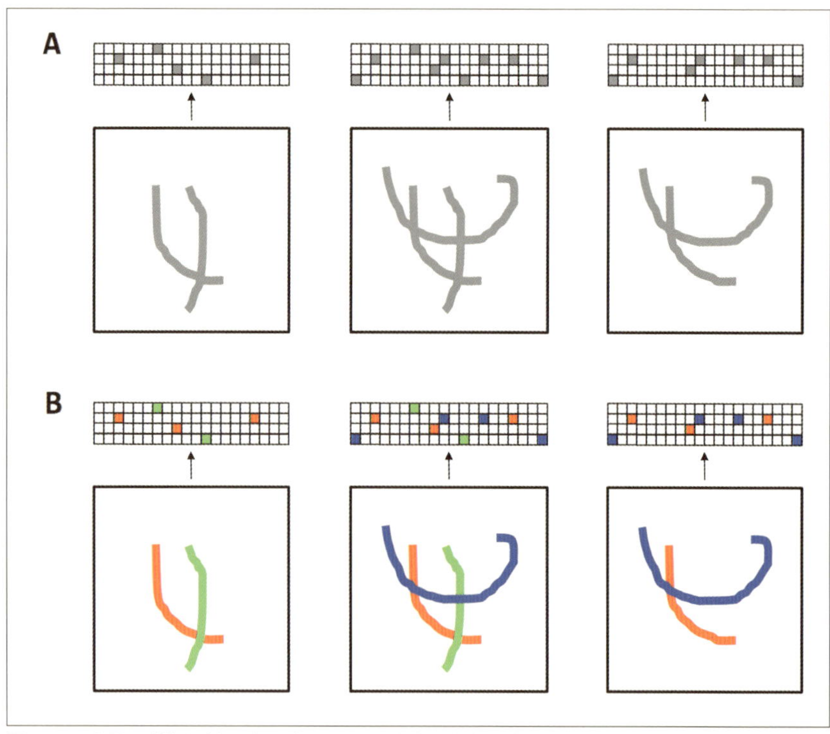

図6-16 空間と疎性を適切に組み合わせると、解釈可能性の高い表現を生成できる。Aは、線の追加と削除の結果として表現のアクティベーションがどのように変化するかを表す。Bは、それぞれの線に対応するアクティベーションを色分けしたもの。線から表現への影響を容易に解釈できる

これは理想的ではあるのですが、解釈可能性の高い表現を生むためのしくみについてよく考える必要があります。明らかに、問題なのはコードの層で容量が絞られているという点です。しかし、コードの層で容量を増やすだけでは不十分です。中規模のケースでは、コードの層を大きくすることは可能ですが、オートエンコーダーが検出した個々の特徴が他の多くの要素に影響するのを防ぐしくみがありません。極端な

ケースでは、別の悪い事態も考えられます。より複雑な特徴が多数検出されるような場合、コードの層の容量が入力の次元数を超えてしまうこともあります。こうなると、行われるのは単なるコピーでしかなく、コードの層は意味のある表現を学習できません。

我々がオートエンコーダーに対して求めているのは、表現のベクトルの要素数をできるだけ減らしながら効果的に入力を再構成することです。この考え方は、「2章 フィードフォワードニューラルネットワークの訓練」でシンプルなニューラルネットワークの過学習を防ぐために正則化を行った時と似ています。異なるのは、できるだけ多くの要素をゼロまたはゼロにきわめて近い値にしようと試みている点です。「2章 フィードフォワードニューラルネットワークの訓練」と同様に、損失関数を修正して疎性のためのペナルティーを追加します。次のように、ゼロでない要素を多く持つ表現に対して損失が加算されます。

$$E_{\text{Sparse}} = E + \beta \cdot \text{SparsityPenalty}$$

β の値は、より良い再構成をどの程度犠牲にして疎性を求めるかを表します。数学好きの読者であれば、すべての表現の各要素の値を、平均が未知のランダムな変数として扱うでしょう。そして、そのランダムな変数（各要素の値）の分布と、平均がゼロになるとわかっているランダムな変数の分布とを比較します。この種の比較によく使われているのがカルバック・ライブラー情報量です。オートエンコーダーに関する情報源としては、Ranzato らによる論文（2007 年[†5]、2008 年[†6]）が役立つでしょう。より近年では、コードの層の前に中間的な関数を置くことの理論上の特性と実践上の効果が研究されています。2014 年に Makhzani と Frey は、表現のアクティベーションの中から上位 k 個以外をすべてゼロにするという関数を提案しました[†7]。このような構成は**k-スパースオートエンコーダー**と呼ばれ、他の疎性のためのしくみと同等に効果的であることが示されています。しかも、理解し実装するのがきわめて容易であり、計算量の面でもより効率的です。

---

†5 Ranzato, Marc'Aurelio, et al. "Efficient Learning of Sparse Representations with an Energy-Based Model." *Proceedings of the 19th International Conference on Neural Information Processing Systems*. MIT Press, 2006.

†6 Ranzato, Marc'Aurelio, and Martin Szummer. "Semi-supervised Learning of Compact Document Representations with Deep Networks." *Proceedings of the 25th International Conference on Machine Learning*. ACM, 2008.

†7 Makhzani, Alireza, and Brendan Frey. "k-Sparse Autoencoders." *arXiv preprint arXiv*:1312.5663 (2013).

オートエンコーダーについての議論は以上です。オートエンコーダーを使ってコンテンツを要約することによって、データポイントから強い表現を発見できます。個々のデータポイントがリッチな情報を持ち、元の表現の構造の中に重要な情報がすべて含まれる場合に、次元数削減のしくみはうまく機能します。続いては、主な情報がデータポイント自体ではなくデータポイントのコンテキストに含まれている場合のための手法を探ります。

6.7 入力のベクトルよりもコンテキストに多くの情報が含まれる場合

ここまでは、次元数の削減に重点を置いていました。そこで扱ったのはリッチな情報です。多くのノイズを取り除き、コアとなる構造的な情報を取り出しました。このような状況では、データの本質にとって無関係なノイズや多様性を無視することが必要でした。

一方、発見しようとしているコンテンツに関する情報が入力の表現の中にほとんど含まれていないこともあります。このようなケースでは、目標は入力の表現から情報を取り出すことではありません。意味のある表現を作成するために、コンテキストから情報を収集するというのが目標になります。とても曖昧な感じを受けますが、実例を元に具体化してゆきましょう。

言語のモデルを作るのはとても面倒なことです。まず、個々の語を表現するための良い方法を見つけるという問題を乗り越えなければなりません。一見しただけでは、良い表現を作る方法はまったく明らかではありません。まずは**図6-17**のように、安直なアプローチをとってみましょう。

あるドキュメントが、$|V|$ 個の語からなる V というボキャブラリーに基づいているとします。ここでの語はワンホット表現を使って表せます。$|V|$ 次元のベクトルを使い、それぞれの語をベクトルのインデックスに割り当てます。w_i という語では、ベクトルの i 番目の要素だけを1にし、残りすべてをゼロにします。

しかし、このような方式は恣意的です。類似した語に対して、類似したベクトルが割り当てられません。例えばjumpとleapという語は似た意味を持っているのに、このことをモデルに理解させる方法がありません。ある語が動詞か名詞か、あるいは前置詞かといった情報も表現できません。安易なワンホット表現では、これらの特徴がすべて無視されてしまいます。そこで、これらの関係を発見してベクトルへとエンコードする方法が必要になります。

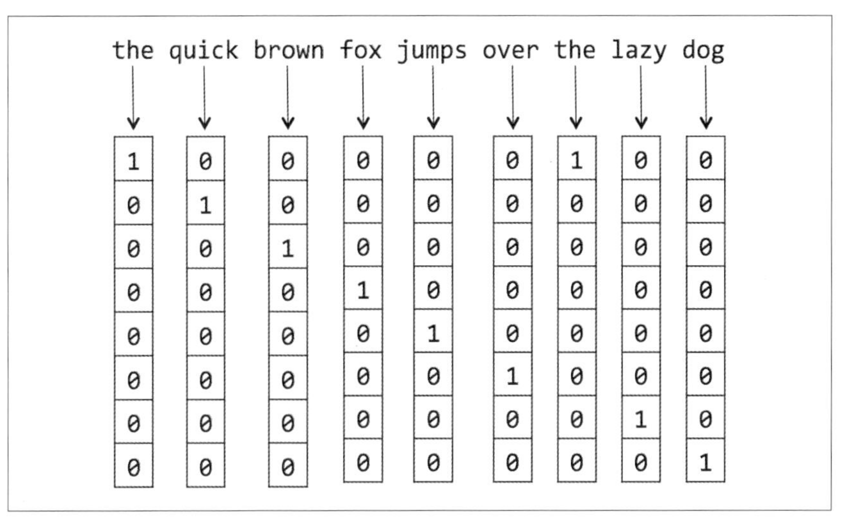

図6-17 シンプルなドキュメントに対してワンホット表現を生成した例

語の間の関係を発見するための1つの方法として、語の前後のコンテキストを分析するというものが知られています。例えばjumpとleapのような類義語は、それぞれのコンテキストの中で交換可能です。また、これらの語は主語が直接目的語に対して動作を行う際に現れるのが一般的です。このような分析を、新しい語に到達するたびに行います。「The warmonger argued with the crowd」(主戦論者は群衆と言い争った)のような文に遭遇した際に、定義がわからなくてもすぐにwarmongerという言葉について結論を導けます。このコンテキストでは、動詞だとわかっている語の前にwarmongerが現れています。つまり、warmongerは名詞でありこの文の主語でもあるとわかります。また、このwarmongerは言い争っているため、好戦的あるいは理屈っぽい人だと考えられます。まとめると**図6-18**のように、コンテキスト(対象の語の前後数語分に広がる固定幅のウィンドウ)を分析することによって、語の意味は簡単に推測できます。

オートエンコーダーを構築した際と同じ原則に基づいて、強力な分散表現を作るネットワークを構築することができます。**図6-19**で示された2つの方針について考えてみましょう。Aでは、対象をエンコーダーのネットワークに渡して埋め込み表現を得ています。これをデコーダーのネットワークに渡しますが、オートエンコーダーのように元の入力を再構成するのではなく、コンテキストからの語の生成が試みられます。Bでは入力と出力が正反対になっています。

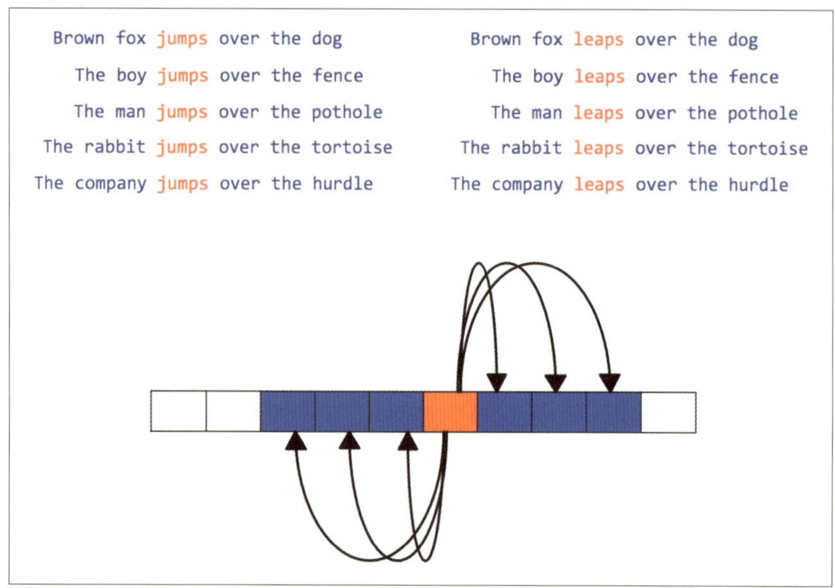

図6-18 コンテキストを使い、似た意味を持つ語の組を特定する。例えば jumps と leaps はほぼ交換可能であるため、ベクトル表現も似たものになるはずである。さらに、周囲の語を分析するだけで jumps や leaps の意味を特定することもできる

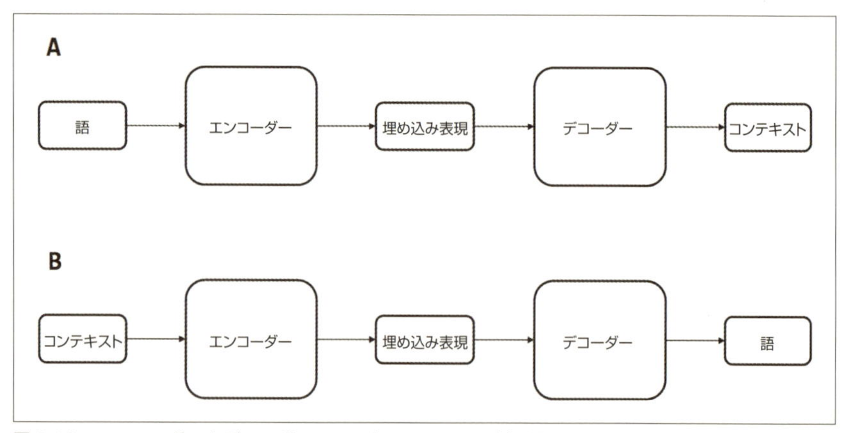

図6-19 エンコーダーとデコーダーのアーキテクチャーの例。語からコンテキストへの対応付けを行うための埋め込み表現（A）と、その逆（B）

続いては、以上の方針を採用して実際に単語埋め込み表現を生成します。処理速度の向上のために、若干の変更も行います。

6.8 Word2Vec フレームワーク

Mikolov らは単語埋め込み表現を生成するフレームワーク Word2Vec を開発しました。彼らの当初の論文では、先ほど紹介したものによく似た2つの方針が取り上げられています。

1つ目は **CBOW** (Continuous Bag of Words) モデルです[†8]。これは先ほどの方針 B に対応しています。エンコーダーを使って、コンテキスト全体（1つの入力として扱われます）から埋め込み表現を生成します。そしてこれを元に、ターゲットとなる語が予測されます。当初の論文では小さなデータセットが想定されており、このような状況では CBOW がうまく機能します。

2つ目は**スキップグラムモデル**です[†9]。CBOW とは反対に、ターゲットの語を入力として受け取り、コンテキストに含まれる語の1つを予測します。簡単な例を使って、スキップグラムモデルでのデータセットについて見てみましょう。

the boy went to the bank という文があります。この文を、前後のコンテキストとターゲットからなる組の連なりへと分解します。その結果は [([the, went], boy), ([boy, to], went), ([went, the], to), ([to, bank], the)] のようになります。次に、それぞれの組を入力と出力の組に分解します。入力はターゲットの語で、出力はコンテキストに含まれる語のいずれかです。1つ目の組つまり ([the, went], boy) は、(boy, the) と (boy, went) という2つの組へと分解されます。他の組に対しても、同様の分解を行います。最後に、それぞれの語をボキャブラリー内で重複のないインデックス $i \in \{0, 1, \ldots, |V| - 1\}$ の値に置き換えます。これがデータセットになります。

エンコーダーはとてもシンプルです。その構造は本質的に、$|V|$ 行の表です。表の i 行目には、ボキャブラリー内の i 番目の語に対応する埋め込み表現が格納されます。エンコーダーの役割は、入力された語のインデックスに対応する行を出力することだけです。この操作は、表の転置行列と入力された語のワンホット表現との積として表現できます。そのため、GPU 上で効率的に処理できます。TensorFlow には次のようなシンプルな関数が用意されています。

```
tf.nn.embedding_lookup(
  params,
```

†8 Mikolov, Tomas, et al. "Distributed Representations of Words and Phrases and their Compositionality." *Advances in Neural Information Processing Systems*. 2013.

†9 Tomas Mikolov, Kai Chen, Greg Corrado, and Jeffrey Dean. "Efficient Estimation of Word Representations in Vector Space" *ICLR Workshop*, 2013.

```
    ids,
    partition_strategy="mod",
    name=None,
    validate_indices=True,
    max_norm=None
)
```

params は埋め込み表現の行列、ids は語のインデックスからなるテンソルです。任意指定のパラメーターについては、TensorFlow の API ドキュメント†10を参照してください。

速度の向上のために修正を加えているので、デコーダーの実装はやや複雑になっています。安直に実装するなら、よくあるフィードフォワードとソフトマックスの層を組み合わせてワンホット表現を再構成するということになるでしょう。ただし、ボキャブラリーの空間全体について確率分布を生成しなければならないため非効率です。

パラメーターを減らすために、Mikolov らは **NCE**（Noise-Contrastive Estimation）というしくみを取り入れたデコーダーを実装しました。これを図示したのが**図6-20**です。

NCE の表は、出力のための埋め込み表現だけでなく、入力のコンテキスト外からランダムに選ばれた単語の埋め込み表現の探索にも使われます。続いて 2 値ロジスティック回帰が行われます。入力の埋め込み表現と、出力またはランダムな単語埋め込み表現が同時に渡されます。対象の埋め込み表現が入力のコンテキストに含まれる語を表している確率が、ゼロから 1 までの値として出力されます。コンテキスト外との比較での確率を足し合わせ、コンテキスト内との比較での確率を差し引きます。以上が損失関数であり、この値の最小化をめざします。モデルが完全な性能を発揮する理想的なシナリオでは、この値は -1 になります。TensorFlow を使った NCE の実装は次のようになります。

```
tf.nn.nce_loss(
  weights,
  biases,
  labels,
  inputs,
  num_sampled,
  num_classes,
  num_true=1,
```

†10 https://www.tensorflow.org/api_docs/python/tf/nn/embedding_lookup

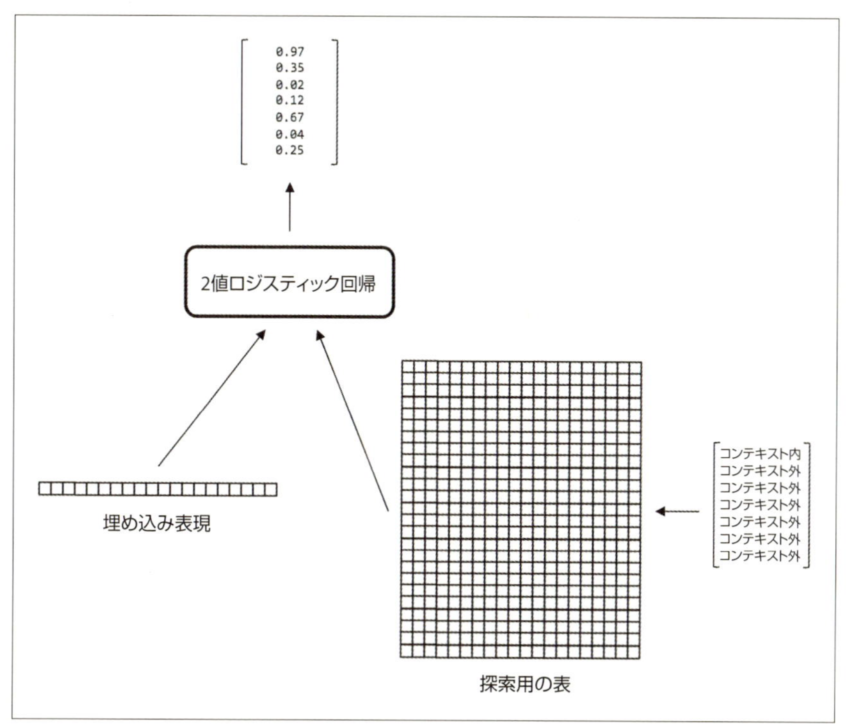

図6-20 NCE のしくみ。2 値ロジスティック回帰を使い、ターゲットの埋め込み表現と、コンテキストの語やランダムに取り出された非コンテキストの単語埋め込み表現とを比較する。また、埋め込み表現によってどの程度ターゲットのコンテキスト内の語を特定できるかを表す損失関数を定義する

```
    sampled_values=None,
    remove_accidental_hits=False,
    partition_strategy="mod",
    name="nce_loss"
)
```

weights のサイズは埋め込み表現の行列と一致させます。biases はボキャブラリーと同じサイズのテンソルです。inputs は表から取得した埋め込み表現で、num_sampled は NCE の算出に利用したコンテキスト外のサンプルの数です。num_classes はボキャブラリーの大きさです。

Word2Vec は深層機械学習のモデルではありませんが、本書で取り上げるに値する理由がたくさんあります。まず、Word2Vec はコンテキストを使って埋め込み表現を探すという方針をとっており、多くのディープラーニングのモデルへと一般化できま

す。例えば「7章　シーケンス分析のモデル」で解説するシーケンス分析では、この方針に基づいて文から**スキップソートベクトル**（skip-thought vector）が生成されます。また、以降の章ではさまざまな言語のモデルを作成していきますが、ワンホット表現の代わりにWord2Vecの埋め込み表現を使うことによって性能が大きく向上しています。

スキップグラムモデルの構成とその重要性を理解できたら、TensorFlowを使った実装に進みましょう。

6.9　スキップグラムアーキテクチャーの実装

スキップグラムモデルのデータセットを作成するために、TensorFlowを使ってWord2Vecのデータを読み込むコードである`input_word_data.py`を修正することにします。まず、訓練や継続的なモデルの検査のための重要なパラメーターを指定します。ミニバッチのサイズは32で、5エポック（データセット全体を5回）の訓練を行います。埋め込み表現のサイズは128とします。コンテキストのウィンドウのサイズは、ターゲットの語の左右に5語ずつです。このウィンドウの中から、4語をサンプルとして取り出します。そしてNCEのためにコンテキスト外の語をランダムに64個選んで利用します。

埋め込み層の実装に、特に難しい点はありません。行列を使って、探索用の表を初期化する必要があるだけです。

skipgram.py（抜粋）

```
def embedding_layer(x, embedding_shape):
  with tf.variable_scope("embedding"):
    embedding_init = tf.random_uniform(
      embedding_shape,
      -1.0,
      1.0
    )
    embedding_matrix = tf.get_variable(
      "E",
      initializer=embedding_init
    )
    return (
      tf.nn.embedding_lookup(embedding_matrix, x),
      embedding_matrix
    )
```

TensorFlow の組み込みの `tf.nn.nce_loss` を使い、訓練のサンプルごとに NCE の損失を求めます。そしてミニバッチ内での結果をまとめて、1つの測定結果とします。

skipgram.py（抜粋）

```
def noise_contrastive_loss(embedding_lookup, weight_shape, bias_shape,
↪  y):
  with tf.variable_scope("nce"):
    nce_weight_init = tf.truncated_normal(
      weight_shape,
      stddev=1.0/(weight_shape[1])**0.5
    )
    nce_bias_init = tf.zeros(bias_shape)
    nce_W = tf.get_variable(
      "W",
      initializer=nce_weight_init
    )
    nce_b = tf.get_variable(
      "b",
      initializer=nce_bias_init
    )

    total_loss = tf.nn.nce_loss(
      nce_W,
      nce_b,
      y,
      embedding_lookup,
      neg_size,
      data.vocabulary_size
    )
    return tf.reduce_mean(total_loss)
```

これで、損失関数を NCE の損失の平均として表現できました。あとは通常どおりに、訓練の準備を行ってゆきます。Mikolov らと同様に、学習率が 0.1 の確率的勾配降下法を利用することにします。

skipgram.py（抜粋）

```
def training(cost, global_step):
  with tf.variable_scope("training"):
    summary_op = tf.summary.scalar("cost", cost)
    optimizer = tf.train.GradientDescentOptimizer(learning_rate)
    train_op = optimizer.minimize(
      cost,
      global_step=global_step
    )
```

```
    return train_op, summary_op
```

定期的に、検証の関数を使ってモデルを検査します。表の中の埋め込み表現を正規化し、コサイン類似度に基づいて検証用の語の集合とボキャブラリーの残りすべての語との距離を計算します。

skipgram.py（抜粋）

```
def validation(embedding_matrix, x_val):
  norm = tf.reduce_sum(
    embedding_matrix**2,
    1,
    keep_dims=True
  )**0.5
  normalized = embedding_matrix/norm
  val_embeddings = tf.nn.embedding_lookup(normalized, x_val)
  cosine_similarity = tf.matmul(
    val_embeddings,
    normalized,
    transpose_b=True
  )
  return normalized, cosine_similarity
```

以上のコードを組み合わせれば、スキップグラムモデルを実行するための準備は完了です。以前に作成したコードとよく似ているので、説明は簡単なものにとどめます。異なる点は、検査のためのコードだけです。1万語からなるボキャブラリーの中で最も使われている500語を対象にして、検証用の語をランダムに20個選びます。これらのそれぞれに対して、近接した語を探すためのコサイン類似度の関数を適用します。

skipgram.py（抜粋）

```
if __name__ == "__main__":
  with tf.Graph().as_default():
    with tf.variable_scope("skipgram_model"):
      x = tf.placeholder(tf.int32, shape=[batch_size])
      y = tf.placeholder(tf.int32, [batch_size, 1])
      val = tf.constant(val_examples, dtype=tf.int32)
      global_step = tf.Variable(
        0,
        name="global_step",
        trainable=False
      )
      e_lookup, e_matrix = embedding_layer(
        x,
        [data.vocabulary_size, embedding_size]
```

```
)
cost = noise_contrastive_loss(
  e_lookup,
  [data.vocabulary_size, embedding_size],
  [data.vocabulary_size],
  y
)

train_op, summary_op = training(cost, global_step)
val_op = validation(e_matrix, val)

sess = tf.Session()

summary_writer = tf.summary.FileWriter(
  "skipgram_logs/",
  graph=sess.graph
)

init_op = tf.global_variables_initializer()
sess.run(init_op)

step = 0
avg_cost = 0
for epoch in range(training_epochs):
  for minibatch in range(batches_per_epoch):
    step +=1
    mbatch_x, mbatch_y = data.generate_batch(
      batch_size,
      num_skips,
      skip_window
    )
    feed_dict = {x : mbatch_x, y : mbatch_y}

    _, new_cost, train_summary = sess.run([
        train_op,
        cost,
        summary_op
      ],
      feed_dict=feed_dict
    )
    summary_writer.add_summary(
      train_summary,
      sess.run(global_step)
    )

    # Compute average loss
    avg_cost += new_cost/display_step

    if step % display_step == 0:
```

```
            print(
              "Elapsed:",
              str(step),
              "batches.Cost ={:.9f}".format(avg_cost)
            )
            avg_cost = 0

          if step % val_step == 0:
            _, similarity = sess.run(val_op)
            for i in range(val_size):
              val_word = data.reverse_dictionary[
                val_examples[i]
              ]
              neighbors = (-similarity[i, :]).argsort(
              )[1:top_match+1]

              print_str = \
                "Nearest neighbor of %s:" % val_word
              for k in range(top_match):
                match_word = data.reverse_dictionary[
                  neighbors[k]
                ]
                print_str += " %s," % match_word
              print(print_str[:-1])

      final_embeddings, _ = sess.run(val_op)
```

コードを実行すると、時間とともにモデルが洗練されてゆく様子がわかります。検査のコードからの出力を見ると、当初のモデルによる埋め込み表現は明らかにひどいものです。しかし訓練が終わる頃には、それぞれの語の意味を正しく把握した表現が発見されています。出力の抜粋を以下に示します。

```
Nearest neighbor of ancient: egyptian, cultures, mythology,
civilization, ...
Nearest neighbor of however: but, argued, necessarily, suggest,
certainly ...
Nearest neighbor of type: typical, kind, subset, form, combination,
single...
Nearest neighbor of white: yellow, black, red, blue, colors, grey,
bright,...
Nearest neighbor of system: operating, systems, unix, component,
variant, ...
Nearest neighbor of energy: kinetic, amount, heat, gravitational,
nucleus,...
Nearest neighbor of world: ii, tournament, match, greatest, war, ever,
cha...
```

```
Nearest neighbor of y: z, x, n, p, f, variable, mathrm, sum,
Nearest neighbor of line: lines, ball, straight, circle, facing, edge,
goa...
Nearest neighbor of among: amongst, prominent, most, while, famous,
partic...
Nearest neighbor of image: png, jpg, width, images, gallery, aloe, gif,
angel
Nearest neighbor of kingdom: states, turkey, britain, nations, islands,
na...
Nearest neighbor of long: short, narrow, thousand, just, extended, span,
l...
Nearest neighbor of through: into, passing, behind, capture, across,
when,...
Nearest neighbor of i: you, t, know, really, me, want, myself, we
Nearest neighbor of source: essential, implementation, important,
software...
Nearest neighbor of because: thus, while, possibility, consequently,
furth...
Nearest neighbor of eight: six, seven, five, nine, one, four, three, b
Nearest neighbor of french: spanish, jacques, pierre, dutch, italian,
du, ...
Nearest neighbor of written: translated, inspired, poetry, alphabet,
hebre...
```

完全ではありませんが、意味のあるクラスターがはっきりと見て取れます。数字や国名や文化などが、近接するクラスターとしてまとめられています。worldがchampionshipやwarに近いという興味深い結果も見られます。writtenはtranslated、poetry、alphabet、letters、wordsなどに近接しているようです。

締めくくりに、我々の単語埋め込み表現を**図6-21**のように可視化しました。128次元の埋め込み表現を2次元の空間に表示するために、t-SNEを使って可視化を行いました。「5章　畳み込みニューラルネットワーク」でも、これを使ってImageNetの各画像間の関係を可視化したことを思い出してください。普及している機械学習ライブラリscikit-learnに組み込みで用意されているので、t-SNEは簡単に実行できます。

可視化には次のようなコードを利用しました。

skipgram.py（抜粋）

```
tsne = TSNE(perplexity=30, n_components=2, init="pca", n_iter=5000)
plot_embeddings = final_embeddings[:plot_num,:]
low_dim_embs = tsne.fit_transform(plot_embeddings)
labels = [
  data.reverse_dictionary[i]
  for i in range(len(low_dim_embs))
```

```
]
data.plot_with_labels(low_dim_embs, labels)
```

単語埋め込み表現の特性や興味深いパターン（動詞の時制、国と首都、類推による補完など）については、Mikolov らによる当初の論文で詳しく考察されています。

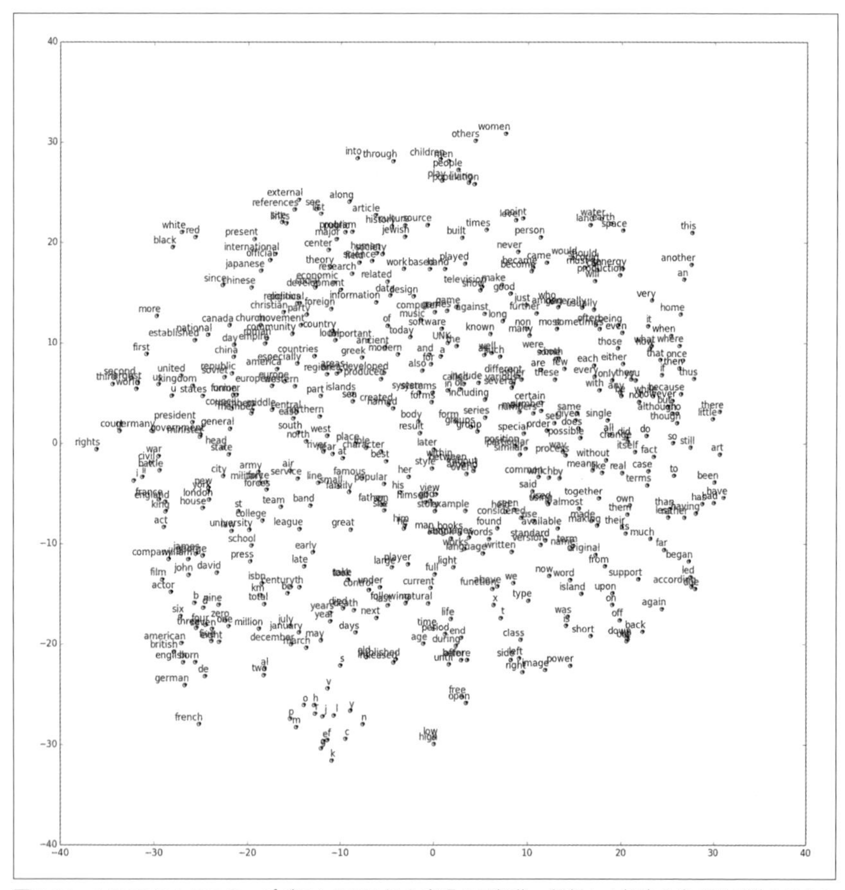

図6-21　t-SNEによるスキップグラムの埋め込み表現の可視化。類似した概念を表す語が近くにまとめられている。我々の埋め込み表現の中で、それぞれの語の役割や定義が意味のある形でエンコードされていることがわかる

6.10 まとめ

この章では、表現学習で使われるさまざまな手法を学びました。オートエンコーダーを使い、効率的に次元数を削減しました。オートエンコーダーを強化するために、ノイズ除去や疎性の概念も学びました。続いて、入力自体よりも周囲のコンテキストのほうが多くの情報を持つという状況を紹介し、このような場合のための表現学習について解説しました。そしてスキップグラムモデルを使い、英単語の埋め込み表現を生成しました。言語を理解するためのディープラーニングでは、このモデルが有用です。次の章ではさらに、言語やその他のシーケンスの分析へと発展します。

7章 シーケンス分析のモデル

Surya Bhupatiraju

7.1　可変長の入力に対する分析

ここまでの章では、MNISTやCIFAR-10そしてImageNetの画像に代表されるような固定サイズのデータを主に扱ってきました。これらのモデルはとても強力ですが、固定長では不十分だというケースも少なくありません。日常生活の中で発生する行動のほとんどでは、シーケンスつまり一連の物事を深く理解しなければなりません。朝刊を読んでいても、1皿分のシリアルを用意していても、ラジオを聴いていても、プレゼンテーションを見ていても、株売買の判断を下す時にも、シーケンスの理解が求められます。可変長の入力に対応するには、ディープラーニングのモデルを設計する際にもう少し賢いアプローチが必要です。

図7-1は、フィードフォワードニューラルネットワークがシーケンスの分析に失敗する様子を表しています。シーケンスが入力層と同じサイズなら、モデルは期待どおりにふるまいます。より小さな入力に対しては、末尾をゼロでパディングすることも可能です。しかし層のサイズを超える入力に対しては、単純なフィードフォワードネットワークは役に立ちません。

しかし、あきらめる必要はありません。これから、フィードフォワードネットワークでシーケンスを扱えるようにするための「ハック」をいくつか紹介します。続いて、これらのハックの欠点について考察し、その欠点を克服する新しいアーキテクチャーを明らかにします。最後に、最先端の研究を紹介します。シーケンスに対して人間と同等の論理的推論や認知を行うための難題のいくつかについて、解決が試みられています。

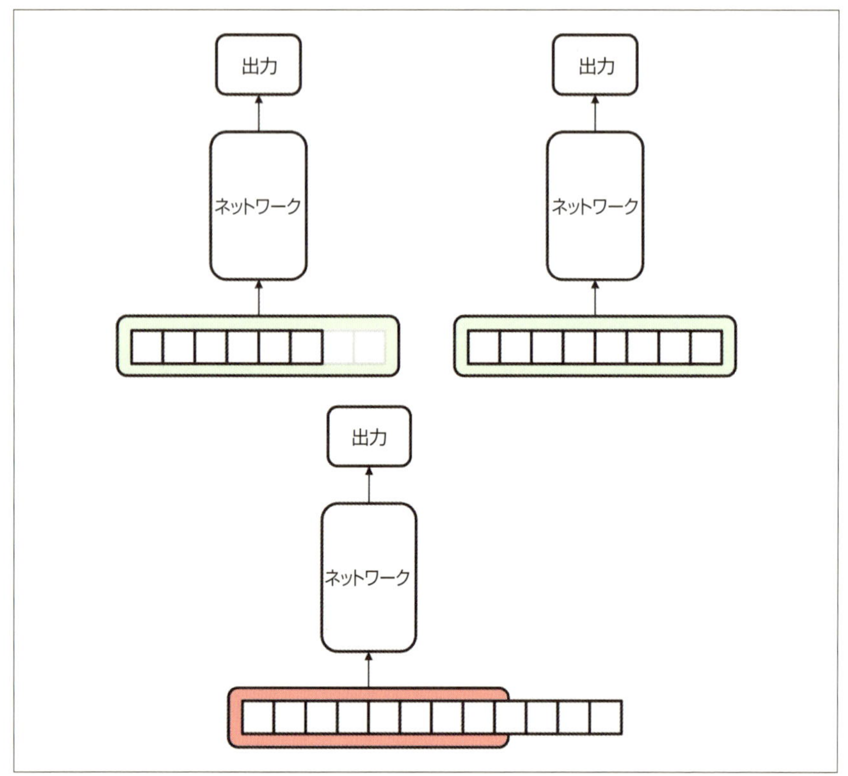

図7-1 入力が固定長の課題にのみ、フィードフォワードネットワークはうまく機能する。入力が小さい場合には、ゼロパディングによる対応も可能。しかし固定長を超える場合、モデルはそのままでは機能しない

7.2 neural n-gramによるseq2seq問題へのアプローチ

ここで紹介するフィードフォワードニューラルネットワークは、文章を受け取って品詞（POS、part-of-speech）タグのシーケンスを生成します。入力のテキストに含まれるそれぞれの語に対して、名詞や動詞あるいは前置詞といったラベルを与えるのが目標です。概念図を**図7-2**に示します。文章を読み込んで質問に答えられるAIほどの複雑さはありませんが、文中の語の意味を解釈できるアルゴリズムへの堅実な第一歩になるでしょう。この問題は**seq2seq**というカテゴリーに分類できます。入力のシーケンスを変換し、対応するシーケンスを出力するというのがseq2seq問題で

の目標です。他の seq2seq 問題としては、言語間の翻訳（後述）やテキストの要約、書き起こしなどがあります。

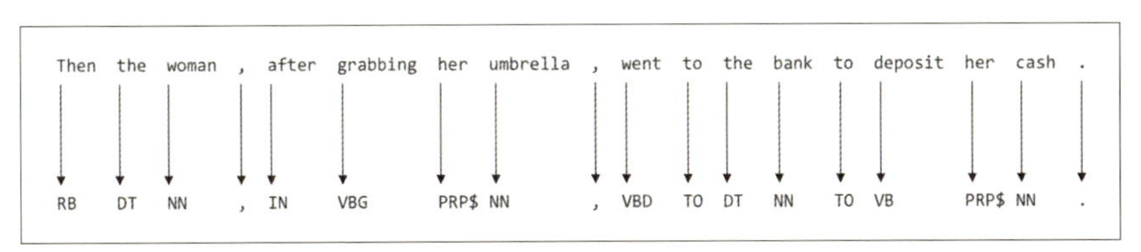

図7-2　英文に対する品詞解析の例。下段は品詞の種類を表す

先ほども述べたとおり、テキスト全体を受け取ってそれぞれの語に品詞タグを付ける方法は明らかではありません。そこで、6章で語の分散ベクトル表現を作成した際と同様のトリックを利用することにします。鍵になるのは、**どのような語でも、品詞予測のために広範囲の依存関係を考慮する必要はない**という点です。

この点を考慮すると、シーケンス全体を使ってすべての品詞タグを一度に予測する必要はないことがわかります。固定長の部分シーケンスを使い、1語ずつ品詞タグを予測することにします。具体的には、対象の語から n 語さかのぼった範囲を部分シーケンスとします。このような戦略は neural n-gram と呼べるでしょう（図7-3）。

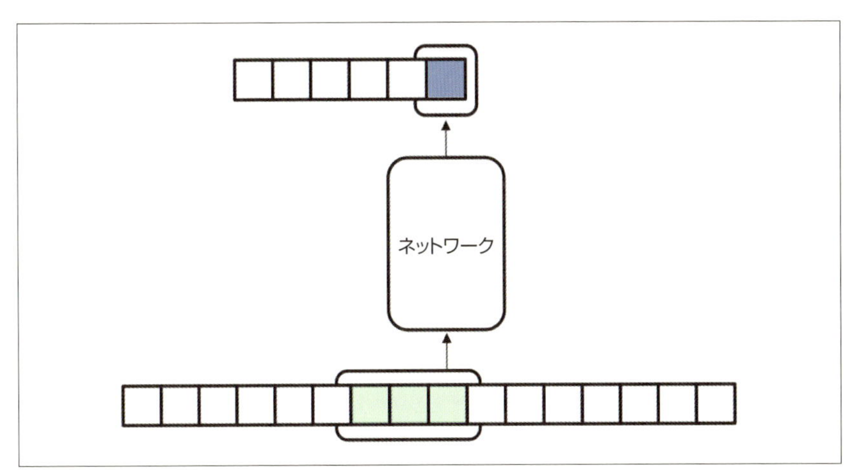

図7-3　広範囲の依存関係を無視できるなら、フィードフォワードネットワークを seq2seq 問題に適用できる

入力の i 番目の語について品詞タグを予測する場合、$i-n+1$ 番目、$i-n+2$ 番

目、…、i 番目の語から部分シーケンスが作られ、新たな入力になります。この部分シーケンスは**コンテキストウィンドウ**と呼ばれます。テキスト全体を処理するために、まずはテキストの先頭部分にネットワークを配置します。そして右端の語の品詞タグを予測しながら、コンテキストウィンドウを1語進めるという処理をテキストの末尾まで繰り返します。

6章で解説した単語埋め込みの処理を参考にし、ワンホット表現ではなく圧縮された表現を利用します。その結果、モデル内のパラメーター数を削減でき、学習が高速化します。

7.3 品詞タグ付け器の実装

品詞のタグ付けを行うネットワークのしくみがわかったら、実装に進みましょう。大まかに言うと、サイズが3のコンテキストウィンドウがネットワークの入力層で使われます（3-gram）。300次元の埋め込み表現が使われているため、実質上のコンテキストウィンドウのサイズは900です。フィードフォワードネットワークには2つの隠れ層が用意され、ニューロンの数はそれぞれ512個と256個です。出力層はソフトマックスであり、44種類の品詞タグの確率分布を算出します。今までと同じハイパーパラメーターとAdamのオプティマイザーそしてバッチ正規化を適用し、1000エポックの訓練を行います。

ネットワーク自体は、我々がこれまでに作ってきたものによく似ています。今回のポイントは、データセットの準備にあります。Google Newsのデータを使って生成された訓練済みの埋め込み表現[†1]を利用します。300万個の語句を表すベクトルが含まれており、およそ1,000億語を使って訓練が行われたものです。このデータセットの読み込みには、Pythonパッケージ`gensim`を利用します。`gensim`は`pip`を使ってインストールできます。

```
$ pip install gensim==3.3.0
```

次のようなコードで、データセットをメモリに読み込めます。

```
from gensim.models import KeyedVectors

model = KeyedVectors.load_word2vec_format(
```

†1 ダウンロードリンク：https://drive.google.com/file/d/0B7XkCwpI5KDYNlNUTTlSS21pQmM/edit

```
    "/path/to/googlenews.bin",
    binary=True
)
```

ただし、この処理は非常に低速です（マシンの性能にもよりますが、1時間近くかかることもあります）。特にデバッグ中やハイパーパラメーターの調整時などには、プログラムの実行のたびにデータセット全体を読み込む必要はありません。そこで、データのうち必要な部分だけをLevelDB[†2]という軽量データベースを使ってキャッシュすることで対応します。Pythonバインディング（Pythonのコードから LevelDBのインスタンスを操作するためのライブラリ）は、次のようにしてインストールできます。

```
$ pip install leveldb==0.194
```

gensimのモデルには300万個の語が含まれており、我々のデータセットの大きさを上回ります。効率のために、我々のデータセットに含まれる語についてのベクトルだけをキャッシュし、他はすべて無視します。キャッシュするべき語を知るために、品詞のデータセットをダウンロードしておきましょう。CoNLL-2000プロジェクトから品詞のデータセット[†3]を入手できます。

```
$ mkdir -p data/pos_data
$ wget http://www.cnts.ua.ac.be/conll2000/chunking/train.txt.gz \
  -O - | gunzip | \
  cut -f1,2 -d" " > data/pos_data/pos.train.txt

$ wget http://www.cnts.ua.ac.be/conll2000/chunking/test.txt.gz \
  -O - | gunzip | \
  cut -f1,2 -d " " > data/pos_data/pos.test.txt
```

このデータセットでは、連続したテキストが一連の行として表現されています。各行には2つのフィールドがあり、1つ目が語で2つ目はその語の品詞名です。訓練用データセットの先頭部分は次のようになっています。

```
Confidence NN
in IN
the DT
pound NN
```

†2 http://leveldb.org/

†3 http://www.cnts.ua.ac.be/conll2000/chunking/ から入手できます。ダウンロードに失敗する場合には、https://www.kaggle.com/nltkdata/conll-corpora/data から入手することも可能です。

```
is VBZ
widely RB
expected VBN
to TO
take VB
another DT
sharp JJ
dive NN
if IN
trade NN
figures NNS
for IN
September NNP
, ,
due JJ
for IN
release NN
tomorrow NN
...
```

このフォーマットをgensimのモデルに合わせるために、前処理が必要です。例えば、このモデルでは数字が#という文字に置き換えられ、意味のある場合には複数の語が1つにまとめられます（New_Yorkなど）。また、元のデータでのダッシュ（-）はアンダースコアに置き換えられます。以下のコードを使い、モデルの形式に適合させます。訓練データとテストデータの双方に同様の処理を行います。

read_pos_data.py（抜粋）

```python
with open("data/pos_data/pos.train.txt") as f:
  train_dataset_raw = f.readlines()
  train_dataset_raw = [
    e.split() for e in train_dataset_raw
    if len(e.split()) > 0
  ]

counter = 0
while counter < len(train_dataset_raw):
  pair = train_dataset_raw[counter]
  if counter < len(train_dataset_raw) - 1:
    next_pair = train_dataset_raw[counter + 1]
    if ((pair[0] + "_" + next_pair[0] in model)
      and (pair[1] == next_pair[1])):
      train_dataset.append([
        pair[0] + "_" + next_pair[0],
        pair[1]
      ])
      counter += 2
```

```
            continue

        word = re.sub("\d", "#", pair[0])
        word = re.sub("-", "_", word)

        if word in model:
          train_dataset.append([word, pair[1]])
          counter += 1
          continue

        if "_" in word:
          subwords = word.split("_")
          for subword in subwords:
            if not (subword.isspace() or len(subword) == 0):
              train_dataset.append([subword, pair[1]])
          counter += 1
          continue

        train_dataset.append([word, pair[1]])
        counter += 1

    with open("data/pos_data/pos.train.processed.txt", "w") as train_file:
      for item in train_dataset:
        train_file.write("%s\n" % (item[0] + " " + item[1]))
```

これでデータセットを利用できるようになったので、語をLevelDBに読み込みます。語句がgensimのモデルに含まれている場合には、それをLevelDBのインスタンスにキャッシュします。含まれていない場合には、トークンを表すベクトルをランダムに選択してキャッシュし、同じ語句が再び現れた際にそのベクトルを再利用するようにします。

read_pos_data.py（抜粋）

```
    db = leveldb.LevelDB("data/word2vecdb")
    counter = 0
    for pair in train_dataset + test_dataset:
      dataset_vocab[pair[0]] = 1
      if pair[1] not in tags_to_index:
        tags_to_index[pair[1]] = counter
        index_to_tags[counter] = pair[1]
        counter += 1

    nonmodel_cache = {}

    counter = 1
    total = len(dataset_vocab.keys())
    for word in dataset_vocab:
```

```
    if counter % 100 == 0:
      print("Inserted %d words out of %d total" % (counter, total))
    if word in model:
      db.Put(word.encode(), model[word])
    elif word in nonmodel_cache:
      db.Put(word.encode(), nonmodel_cache[word])
    else:
      print(word)
      nonmodel_cache[word] = np.random.uniform(
        -0.25,
        0.25,
        300
      ).astype(np.float32)
      db.Put(word.encode(), nonmodel_cache[word])
    counter += 1
```

2回目以降の実行時には、既存のデータについてはデータベースから読み込むだけです。

read_pos_data.py（抜粋）

```
db = leveldb.LevelDB("data/word2vecdb")

with open("data/pos_data/pos.train.processed.txt") as f:
  train_dataset = f.readlines()
  train_dataset = [
    element.split() for element in train_dataset
    if len(element.split()) > 0
  ]

with open("data/pos_data/pos.test.processed.txt") as f:
  test_dataset = f.readlines()
  test_dataset = [
    element.split() for element in test_dataset
    if len(element.split()) > 0
  ]

counter = 0
for pair in train_dataset + test_dataset:
  dataset_vocab[pair[0]] = 1
  if pair[1] not in tags_to_index:
    tags_to_index[pair[1]] = counter
    index_to_tags[counter] = pair[1]
    counter += 1
```

続いて、訓練用とテスト用それぞれのデータセットを表すオブジェクトを生成します。これらはミニバッチのデータを用意する際に役立ちます。LevelDBを表す

db、dataset、品詞タグから出力ベクトルでのインデックスへの関連付けを表す辞書 tags_to_index、ミニバッチとしてデータセット全体を取得するかどうかを表す真偽値のフラグ get_all が渡されます。

read_pos_data.py（抜粋）

```
class POSDataset():
  def __init__(self, db, dataset, tags_to_index, get_all=False):
    self.db = db
    self.inputs = []
    self.tags = []
    self.ptr = 0
    self.n = 0
    self.get_all = get_all

    for pair in dataset:
      self.inputs.append(
        np.frombuffer(db.Get(pair[0].encode()))
      )
      self.tags.append(tags_to_index[pair[1]])

    self.inputs = np.array(self.inputs, dtype=np.float32)
    self.tags = np.eye(len(tags_to_index.keys()))[self.tags]

  def prepare_n_gram(self, n):
    self.n = n

  def minibatch(self, size):
    batch_inputs = []
    batch_tags = []
    if self.get_all:
      counter = 0
      while counter < len(self.inputs) - self.n + 1:
        batch_inputs.append(self.inputs[
            counter:counter+self.n
          ].flatten()
        )
        batch_tags.append(self.tags[
            counter + self.n - 1
          ]
        )
        counter += 1
    elif self.ptr + size < len(self.inputs) - self.n:
      counter = self.ptr
      while counter < self.ptr + size:
        batch_inputs.append(self.inputs[
            counter:counter + self.n
          ].flatten()
```

```
          )
          batch_tags.append(self.tags[
              counter + self.n - 1
            ]
          )
          counter += 1
      else:
        counter = self.ptr
        while counter < len(self.inputs) - self.n + 1:
          batch_inputs.append(self.inputs[
              counter:counter + self.n
            ].flatten()
          )
          batch_tags.append(self.tags[
              counter + self.n - 1
            ]
          )
          counter += 1

        counter2 = 0
        while counter2 < size - counter + self.ptr:
          batch_inputs.append(self.inputs[
              counter2:counter2+self.n
            ].flatten()
          )
          batch_tags.append(self.tags[
              counter2 + self.n - 1
            ]
          )
          counter2 += 1

      self.ptr = (self.ptr + size) % (len(self.inputs) - self.n)
      return np.array(batch_inputs), np.array(batch_tags)

train = POSDataset(db, train_dataset, tags_to_index)
test = POSDataset(db, test_dataset, tags_to_index, get_all=True)
```

最後に、以前の章で作成してきたものと同様のフィードフォワードネットワークを定義します。コードについては、本書の GitHub リポジトリに置いてある feedforward_pos.py を参照してください。以下のコマンドを呼び出すと、3-gram の入力ベクトルを使ってモデルが実行されます。

```
$ python fdl_examples/chapter7/feedforward_pos.py 3

LOADING PRETRAINED WORD2VEC MODEL...
Word2Vec の訓練済みモデルを読み込みます...
```

```
Using a 3-gram model                   3-gram モデルを利用します
Epoch: 0001 cost = 3.149141798         エポック: 0001 損失: 3.149141798
Validation Error: 0.336273431778       検証エラー: 0.336273431778
Then          ``
the         DT
woman         NN
,         RP
after         UH
grabbing         VBG
her         PRP
umbrella         NN
,         RP
went         UH
to         TO
the         PDT
bank         NN
to         TO
deposit         PDT
her         PRP
cash         NN
.         SYM


Epoch: 0002 cost = 2.971566474         エポック: 0002 損失: 2.971566474
Validation Error: 0.300647974014       検証エラー: 0.300647974014
Then          ``
the         DT
woman         NN
,         RP
after         UH
grabbing         RBS
her         PRP$
umbrella         NN
,         RP
went         UH
to         TO
the         PDT
bank         NN
to         TO
deposit         )
her         PRP$
cash         NN
.         SYM

...
```

エポックごとに、「The woman, after grabbing her umbrella, went to the bank to deposit her cash.」という例文を解析させてその結果を表示しています。100エポックの訓練を行ったところ、精度は96パーセント以上に達し、ほぼ完全に例文を解析できるようになりました。herという語に対しては人称代名詞か所有代名詞かという点で混乱が見られますが、やむを得ない誤りです。TensorBoardを使って性能を可視化した結果を、**図7-4**に示します。

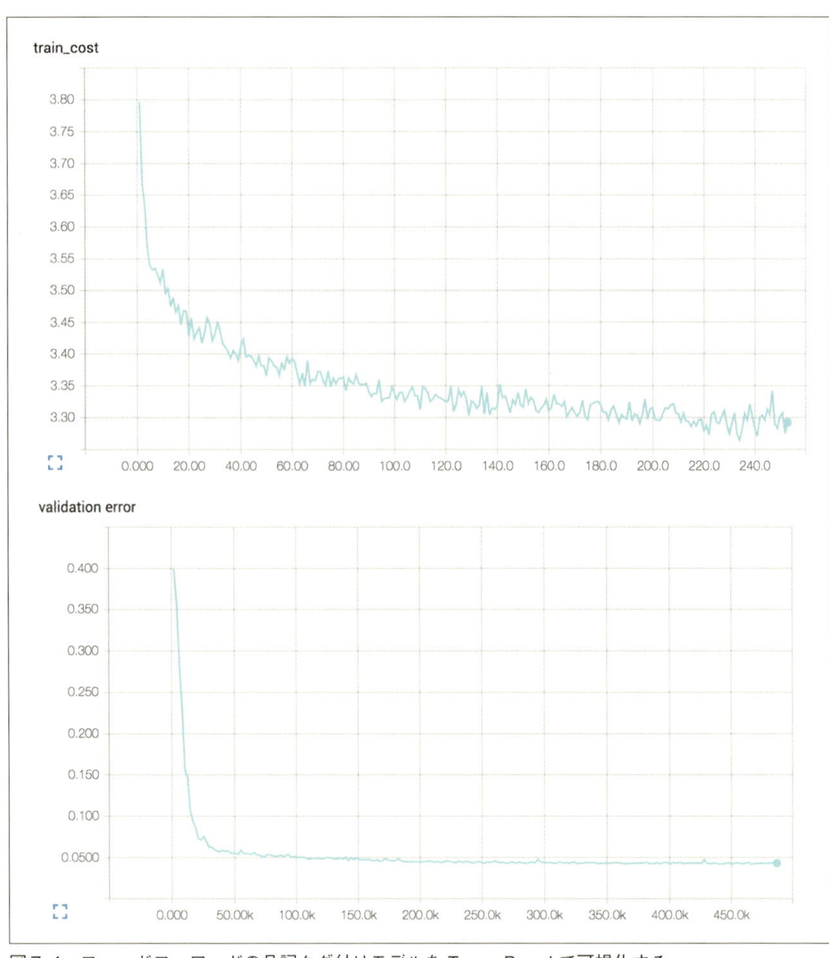

図7-4　フィードフォワードの品詞タグ付けモデルをTensorBoardで可視化する

品詞タグを付けるというのは意義のあることですが、使われている概念のほとんどはこれまでに学んできたものばかりです。ここからは、もっと高度なシーケンス関連の課題に取り組みます。まったく新しい概念に基づいて未知のアーキテクチャーを生み出し、ディープラーニングに関する最先端の研究に触れてゆきます。まず、係り受け解析について考えてみましょう。

7.4 係り受け解析とSyntaxNet

品詞タグを付けるために使ったフレームワークは、かなりシンプルなものでした。しかし、より複雑なseq2seq問題に対してはクリエイティブな取り組みが求められることもあります。ここでは、難しいseq2seq問題にも適用可能なデータ構造を探ります。例として、係り受け解析の問題を取り上げます。

係り受け解析の木構造を組み立てる際には、文中のそれぞれの語の関係を対応付ける必要があります。例えば**図7-5**では、Iとtaxiはtookの子要素になります。Iはtookの主語で、taxiはtookの直接目的語です。

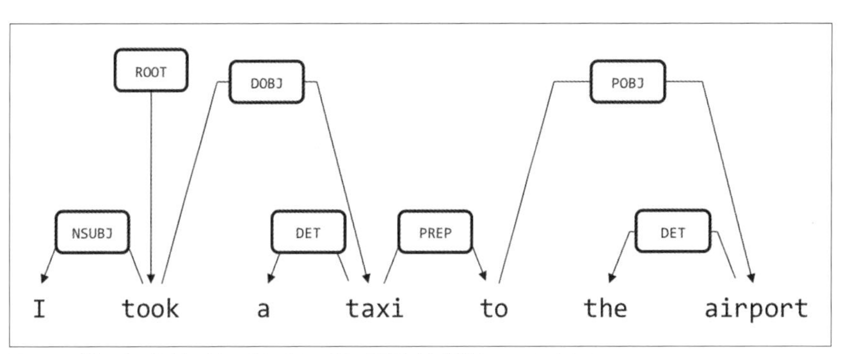

図7-5　係り受け解析の例。それぞれの語の関係が木構造として表される

木構造をシーケンスとして表現する方法の1つに、線形化というものがあります。さっそく、**図7-6**の木構造を線形化してみましょう。あるグラフのルートがRで、子要素A、B、Cと結ぶエッジがそれぞれr_a、r_b、r_cだとします。このグラフは(R, r_a, A, r_b, B, r_c, C)のように線形化できます。もちろん、より複雑なグラフも表現できます。ノードBにDとEという子要素があり、それぞれb_dとb_eというエッジで結ばれているなら、新しい線形化表現は(R, r_a, A, r_b, (B, b_d, D, b_e, E), r_c, C)のようになるでしょう。

この考え方を適用すると、先ほどの例文の係り受け構造は**図7-7**のように線形化されます。

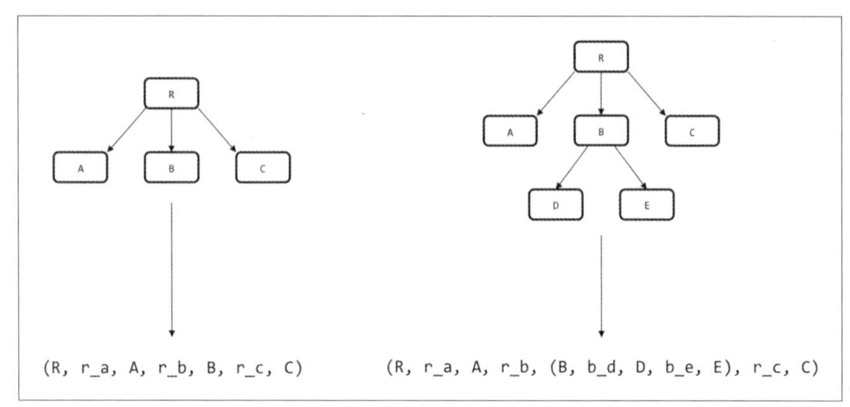

図7-6 2つの木構造を線形化した例。グラフ上でのエッジのラベルについては省略

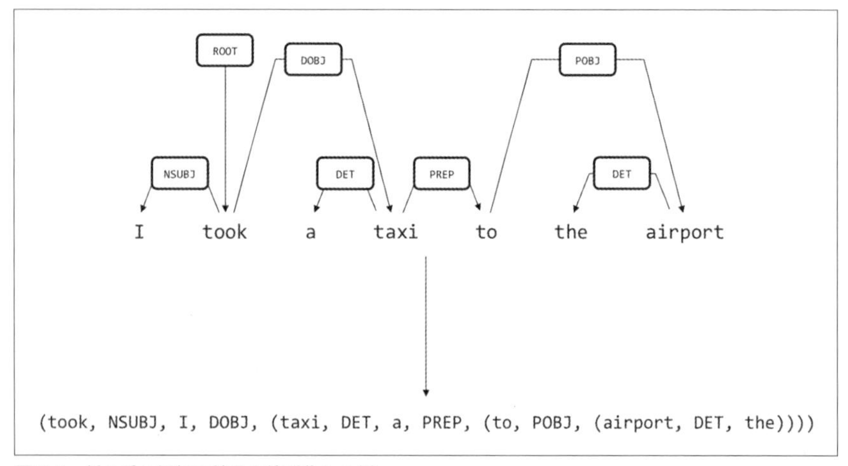

図7-7 係り受け解析の結果を線形化した例

このようなseq2seq問題の形態の1つに、入力の文を読み込んで係り受け解析を行い、その結果を線形化してトークンのシーケンスを生成するというものがあります。品詞タグの例では語句と品詞の間に明らかな1対1の対応関係がありましたが、同じ解法をここでも適用できるかどうかは定かではありません。また、品詞タグは近接するコンテキストを調べるだけで判定できました。一方、係り受け解析では、文中の語の順序と線形化された各トークンの順序に明確な関係はありません。係り受け解析では、かなり多数の語の間にまたがるエッジを見つける必要もありそうです。一見したところ、広範囲の依存関係を考慮しなくてよいという我々の前提に真っ向から反して

いるようにも思えます。

問題をよりアプローチしやすくするために、係り受け解析という作業をとらえ直してみることにします。正しい係り受けの関係を生成するような「アクション（操作）」のシーケンスを発見するというのが、新たな目標です。このテクニックは**アークスタンダード**と呼ばれます。2004 年に Nivre が提案し[†4]、2014 年に Chen と Manning がニューラルネットワークのコンテキストに適用しました[†5]。この手法では、まず文頭の 2 語がスタックにプッシュされ、残りはバッファーに置かれます（**図7-8** の上段）。

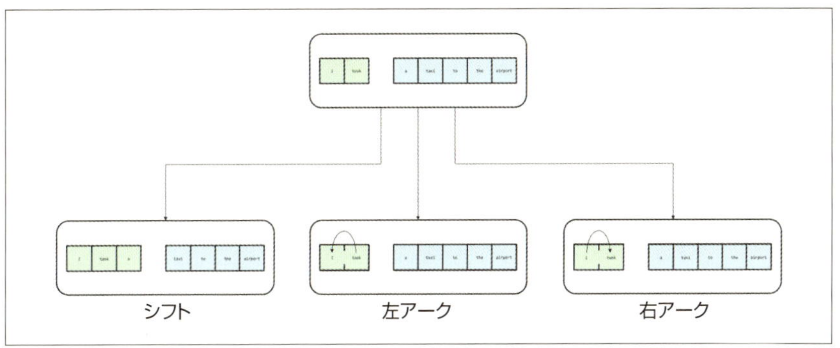

図7-8　常に 3 つの選択肢が用意されている。バッファー（青）からスタック（緑）へと語を 1 つ移動するか、右の語から左の語にアークを描くか、左の語から右の語にアークを描く

各ステップで、以下の 3 つの操作の中から 1 つが選ばれて実行されます。

シフト

語がバッファーからスタックの先頭へと移動します。

左アーク

スタックの先頭にある 2 つの要素が結合されます。右側の要素のルートが親ノードで、左側の要素のルートが子ノードになります。

†4 Nivre, Joakim. "Incrementality in Deterministic Dependency Parsing." *Proceedings of the Workshop on Incremental Parsing: Bringing Engineering and Cognition Together*. Association for Computational Linguistics, 2004.

†5 Chen, Danqi, and Christopher D. Manning. "A Fast and Accurate Dependency Parser Using Neural Networks." *EMNLP*. 2014.

右アーク

スタックの先頭にある2つの要素が結合されます。左側の要素のルートが親ノードで、右側の要素のルートが子ノードになります。

シフトを行う方法は1つだけです。左アークと右アークには、生成されたアーク（弧）に割り当てられる係り受けのラベルが異なる多数のバリエーションが考えられます。ここでは議論をシンプルにするために、操作の選択肢はこの3つだけとします。

バッファーが空になり、スタック内の要素が1つだけになると処理は完了です。この時点で、文全体の係り受け解析が行われたことになります。例文に対する一連の操作を表したのが図7-9です。

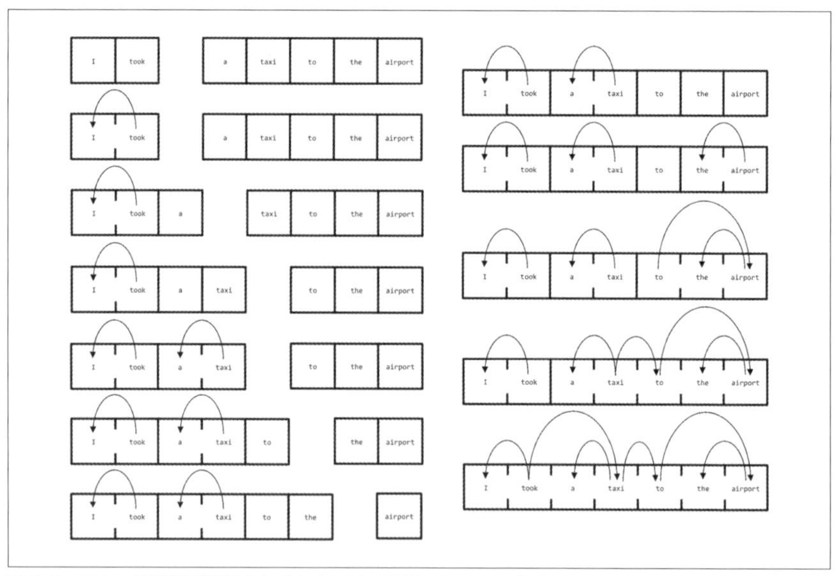

図7-9　正しい係り受け関係を生成した一連の操作。ラベルは省略

このような意思決定のフレームワークは、学習の問題へと容易に変換できます。処理ステップごとに、その時点の構成を取り出し、多数の特徴（スタック内やバッファー内の特定の位置にある語、それぞれの位置の語の子要素、品詞タグなど）を抽出し、ベクトルに変換します。訓練時には、このベクトルがフィードフォワードネッ

トワークに渡され、次の操作の予測結果が言語学者による正解と比較されます。このモデルを実際に利用する際には、ネットワークによって提示された操作を実行し、その結果を元に構成を更新します。また、新しい構成の元で、次のステップ（特徴の抽出、操作の予測、操作の実行）を行います。図で表すと**図7-10**のようになります。

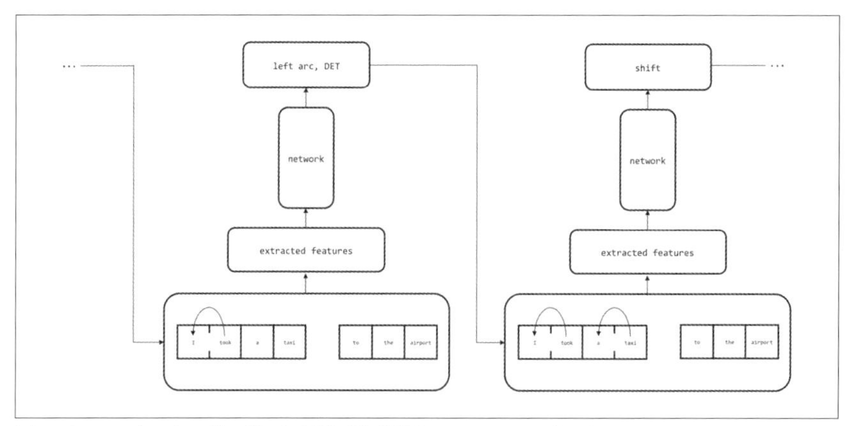

図7-10　アークスタンダードによる係り受け解析でのニューラルネットワーク

以上のアイデアをまとめたものが、SyntaxNetのコアになっています。SyntaxNetとは、Googleがオープンソースで公開している最先端の係り受け解析の実装です。SyntaxNetの詳細についてはここでは触れませんが、興味を持った読者はリポジトリ[†6]をチェックしてみるとよいでしょう。現在公表されている英語の構文解析器の中で最も正確とされる、Parsey McParsefaceの実装も含まれています。

7.5　ビームサーチとグローバル正規化

ここまでに、SyntaxNetを実地に適用する際の安直な方法を紹介しました。この方法は**貪欲法**と呼ばれるアルゴリズムに分類できます。初期の誤りのせいで苦境に陥る可能性を無視して、単に確率が最も高いものを選択しているためです。品詞タグの例では、予測を誤っても大きな影響はありませんでした。それぞれの予測は完全に独立しており、予測の結果が次のステップの入力に影響するといったことがなかったからです。

†6　https://github.com/tensorflow/models/tree/master/syntaxnet

一方、SyntaxNetでは事情は異なります。n回目のステップでの予測が、$n+1$回目の入力に影響を与えます。つまり、一度のミスが以降のすべての判断を誤らせることになります。しかも、後で誤りに気づいても、さかのぼって修正できるような良い方法はありません。極端な例として、**袋小路文**という種類の文章があげられます。「The complex houses married and single soldiers and their families.」という文について考えてみましょう。この文はとても紛らわしい構造に基づいています。ほとんどの人はcomplexを形容詞だととらえ、housesは名詞でmarriedは動詞の過去形だと考えるでしょう。しかしここまでの部分を「その複雑な家は結婚した」と解釈しても意味は通らず、以降の部分も理解できません。この時点で、我々はcomplexが軍事施設という意味の名詞で、housesが収容するという意味の動詞だと気づくことになります。そして、この文全体では「その軍事施設には、既婚または未婚の兵士とその家族が入居している」だと正しく解釈できます。貪欲法版のSyntaxNetでは、後でcomplexが形容詞ではないことに気づいてもその誤りを修正できず、文全体の解釈を誤ってしまいます。

この問題への対策として、**ビームサーチ**という方法が考えられています（**図7-11**）。SyntaxNetのように、あるステップでのネットワークからの出力が以降のステップでの入力に影響するという場合によく使われます。基本的なアイデアは、最も確からしい予測を貪欲に選択するのではなく、先頭からk個のアクションについて確からしい仮説の上位b件（これを**ビームサイズ**と呼びます）を確率とともに保持するという点にあります。ビームサーチのプロセスは、展開と枝刈りという2つのフェーズから構成されます。

展開のフェーズでは、それぞれの仮説をSyntaxNetへの入力の候補として扱います。合計$|A|$種の操作に対して、SyntaxNetが確率分布を生成するものとします。先頭の$k+1$個の操作からなるシーケンスについて、$b|A|$個の仮説の確率をそれぞれ計算します。続いて**枝刈り**のフェーズでは、合計$b|A|$個の選択肢の中から確率の高いb個を残して他の仮説を破棄します。**図7-11**で示すように、今は確率が低いけれども後でより良い成果をもたらすかもしれない仮説を保持しておけるようになります。その結果、誤った予測を事後的に訂正できます。この図をよく見ると、貪欲なアプローチでは、シフトそして左アークというシーケンスが予測されるということがわかります。しかし実際には、左アークそして右アークというシーケンスが最善（最も高確率）です。ビームサイズが2のビームサーチを行ったことによって、この結果を導き出せました。

完全なオープンソース版の実装ではさらに進んだ取り組みが行われており、ビーム

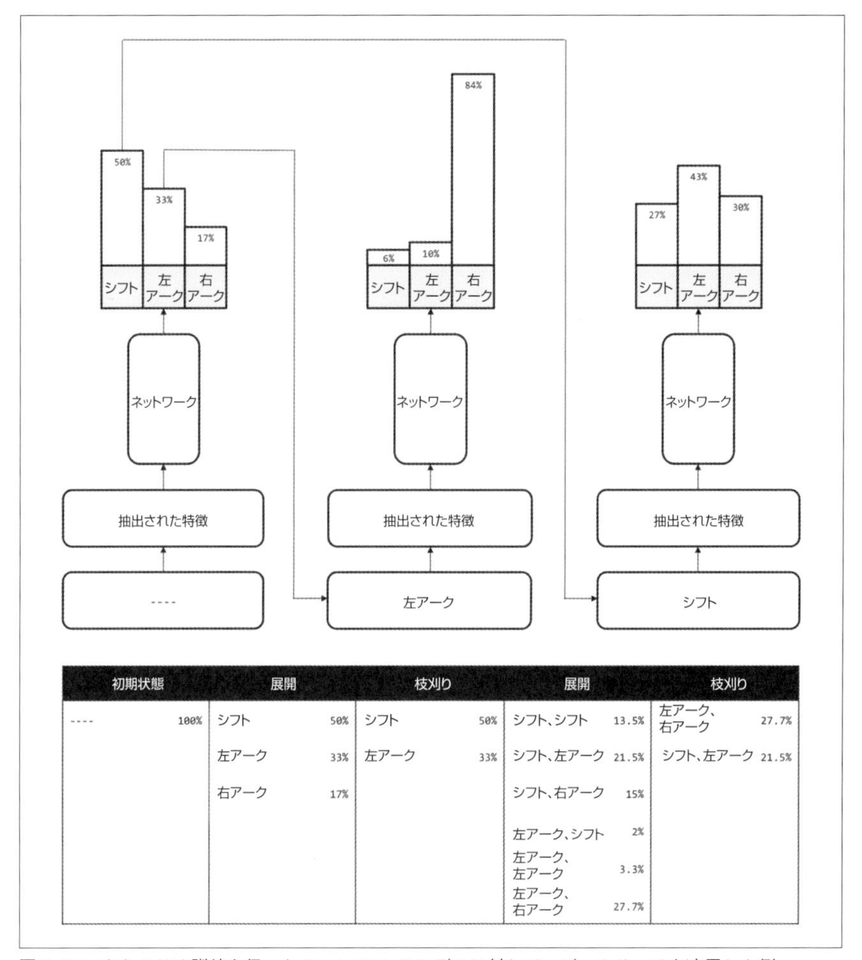

図7-11　あらかじめ訓練を行ったSyntaxNetのモデルに対して、ビームサーチを適用した例

サーチの概念がネットワークの訓練にも採用されています。2016年にAndorらはこのプロセスを**グローバル正規化**と名付け、理論的裏付けと性能向上の両面で**ローカル正規化**を上回ることを示しました[†7]。ローカル正規化が行われたネットワークでは、現在の構成だけを元にして最善の操作を選択する必要があります。ネットワークから出力されるスコアは、ソフトマックス層を使って正規化されます。これは一連の操作

†7　Andor, Daniel, et al. "Globally Normalized Transition-Based Neural Networks." *arXiv preprint arXiv*:1603.06042 (2016).

が与えられた状態で、以降の操作の確率分布をモデル化しているということを意味します。我々が定義する損失関数は、この確率分布を最適なもの（正しい操作には1を、その他すべての操作にはゼロを出力）にすることをめざします。ここではクロスエントロピー誤差がとても適しています。

グローバル正規化が行われたネットワークでは、スコアの解釈方法が少し異なります。スコアをソフトマックス層に渡して操作ごとの確率分布を生成する代わりに、ある仮説を表す操作のシーケンスに含まれるすべてのスコアを合計します。正しい仮説が選ばれていることを保証する方法の1つとして、すべての仮説での合計を計算し、ソフトマックス層を適用して確率分布を生成するというものが考えられます。理論上は、ローカル正規化のネットワークで使われたのと同じクロスエントロピー誤差の関数を利用できます。しかし、この方針には問題があります。仮説のシーケンスが、手に負えないほど多く考えられるためです。操作が15種類（シフトが1種類と、ラベル付きのアークが左右に7種類ずつ）しかなく、シーケンスの長さは平均的に使われる10だとしても、仮説の数は数え切れないほどになります。

問題を扱いやすくするために、固定されたビームサイズでビームサーチを行うことにします。**図7-12**のような手順が、文末に到達するか正しいシーケンスがビーム内に含まれなくなるまで繰り返されます。図中に青で示した正解のシーケンスが推奨されるように、損失関数が組み立てられます。具体的には、この仮説のスコアが他のすべてよりも高くなるようにします。実際の損失関数の詳細には触れませんが、興味を持った読者はAndorらによる論文を読んでみるとよいでしょう。

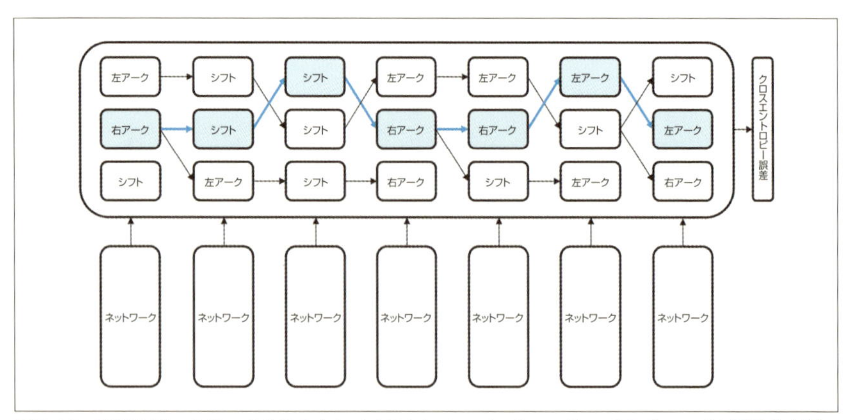

図7-12　訓練とビームサーチを組み合わせることによって、SyntaxNetでのグローバル正規化を扱いやすいものにできる

7.6 内部状態を持ったディープラーニングのモデルの例

ここまでは、フィードフォワードネットワークをシーケンス分析に当てはめるためのトリックをいくつか紹介してきました。しかし、シーケンス分析のための真にエレガントな解法にはまだ到達していません。品詞タグの例では、広い範囲にわたる依存関係は無視するという明確な前提がありました。ビームサーチやグローバル正規化の概念を取り入れることによって、その制約はある程度克服できました。それでも依然として、入力と出力のシーケンスとの間でそれぞれの要素が1対1対応しているという状況しか扱うことはできません。例えば係り受け解析のモデルでも、「木構造の生成やアークスタンダードの操作を通じて、入力のシーケンスとの1対1関係を発見する」というように問題をとらえ直す必要がありました。

場合によっては、単に1対1の関係を発見するよりもずっと難しい問題もあります。例えば、入力のシーケンスをまとめて受け取り、そこでのセンチメント（感情）が肯定的か否定的かを判断するようなモデルも考えられます。こういった処理を行うシンプルなモデルについて、後ほど紹介します。画像のような複雑な入力を受け取り、そのデータを説明する文を1語ずつ出力したいというケースもあるでしょう。ある言語の文を別の言語に翻訳（例えば、英仏翻訳）してもかまいません。これらの例ではいずれも、入力と出力のトークンとの間に明確な対応関係はありません。必要なのは、図7-13のようなプロセスです。

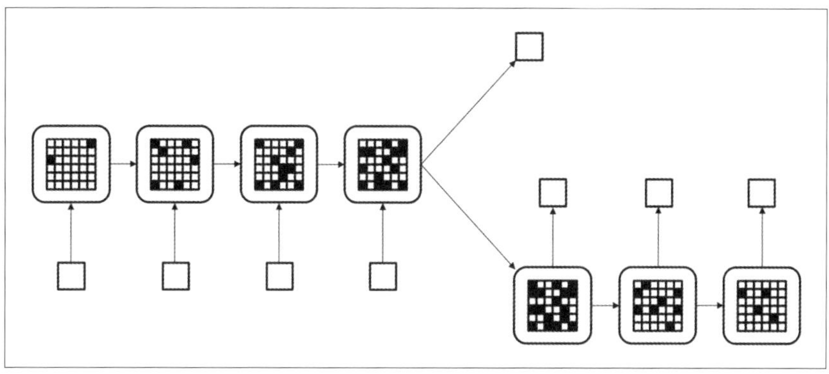

図7-13 シーケンス分析での理想的なモデル。情報が長期間にわたって格納され、一貫性のある「思考」のベクトルが回答を生成する

ここで使われているのはシンプルなアイデアです。入力のシーケンスを読んでいる間、モデルに何らかの形の記憶を保持させます。入力を読み込むと、モデルは新しい情報をメモリに反映させます。入力シーケンスの末尾に到達する頃には、メモリには入力の中で最も重要な情報つまり意味が格納されているはずです。そして**図7-13**に示すように、この思考のベクトルから元のシーケンスへのラベルを生成したり、別のシーケンス（翻訳、説明、要約など）を出力したりできます。

このような概念については、本書ではまだ紹介していません。本質的に、フィードフォワードネットワークは内部状態を保持しません。訓練を行っても、フィードフォワードネットワークの構造は静的です。複数の入力の間で情報を保持できず、過去の入力を元にして新しい入力への処理方法を変えるといったこともできません。このようなことを可能にするには、ニューラルネットワークの組み立て方を再検討し、内部状態を持ったディープラーニングのモデルを作成しなければなりません。個々のニューロンというレベルに戻って、ネットワークについて考え直す必要があります。ここからは、今まで利用してきたフィードフォワード型の接続とは異なる**リカレント接続**を扱います。これを使った**リカレントニューラルネットワーク**（RNN、Recurrent Neural Network）と呼ばれるモデルを通じて、内部状態の保持を試みます。

7.7 リカレントニューラルネットワーク

RNNは1980年代からの歴史を持ちます。近年になって、理論とハードウェアの両面で大きな進歩が見られ、RNNでの訓練が現実味を帯びてきました。RNNにはリカレント層と呼ばれる特別なニューロンの層があり、これがフィードフォワードネットワークとの大きな違いです。ネットワークを複数回利用しても内部状態を保持できるのは、このリカレント層のおかげです。

図7-14はリカレント層のニューロンの構成を表しています。これらのニューロンは、直前の層にあるすべてのニューロンからの接続と、直後の層にあるすべてのニューロンへの接続を持っています。しかも、接続はこれだけではありません。フィードフォワードの層とは異なり、リカレント層のニューロンにはリカレント（循環という意味）接続もあります。そのため同じ層のニューロンの間で情報をやり取りできます。全結合のリカレント層では、すべてのニューロンが自分も含めてすべてのニューロンに接続しています。r個のニューロンを持つリカレント層には、合計r^2個のリカレント接続があります。

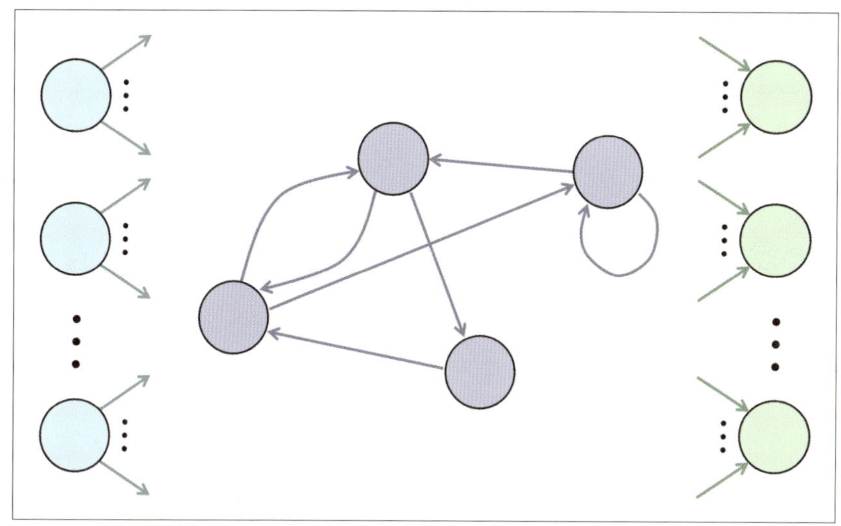

図7-14 リカレント層にはリカレント接続が含まれる。つまり、同じ層のニューロン同士も接続する

RNN の働きをよりよく理解するために、まずは適切に学習された後のふるまいについて考えてみましょう。新しいシーケンスを処理するたびに、新しいモデルのインスタンスを生成するものとします。また、モデルの生存期間を離散時刻に分割して考えます。時刻ごとに、入力の構成要素を 1 つずつモデルに与えます。フィードフォワード接続では、現時刻のアクティベーションがニューロン間で伝達されます。一方リカレント接続では、**前の**時刻のアクティベーションが記憶されており、それが伝達されます。つまり、リカレント層でのアクティベーションはネットワークの各インスタンスの内部状態が蓄積されたものを表しています。リカレント層でのアクティベーションの初期値は、モデルのパラメーターとして設定します。訓練中に接続の重みを調整するのと同じように、これらの初期値も調整します。

期間を固定すると、RNN のインスタンスを（構造は不規則ですが）フィードフォワードネットワークとして表現できます。この期間を t ステップとします。**図7-15** に示したのは、RNN の時間に沿った**展開**（unrolling）と呼ばれる手法です。この図の例では、2 つの入力からなるシーケンスを 1 つの出力へと対応付けています。入出力の次元数はすべて 1 です。リカレント層のニューロンを取り出し、時刻ごとに t 回複製します。入力と出力の層についても、同様に複製します。フィードフォワード接続については、元のネットワークとまったく同じになるように描きます。リカレント接続については、ある期間から次の期間へのフィードフォワード接続として描きます。リカレント接続では、前の時刻のアクティベーションが伝播されるためです。

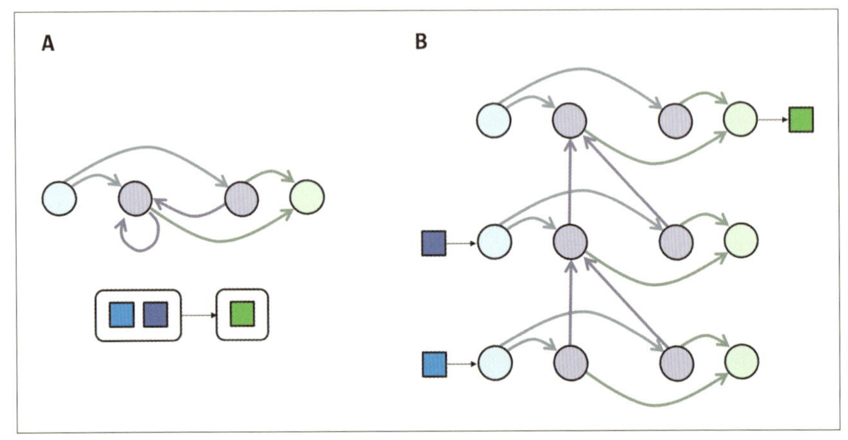

図7-15　RNNを期間ごとのフィードフォワードネットワークとして表現し、逆伝播を使って訓練を行えるようにする

この展開されたRNNに対しては、勾配の計算とこれに基づく訓練が可能です。つまり、フィードフォワードネットワークで利用した逆伝播の手法はすべてRNNにも適用できます。ただし、注意点が1つあります。訓練のバッチごとに、損失関数の導関数に基づいて重みを更新する必要があります。展開されたネットワークでは、元のRNNでは同一だった接続が複数あります。しかし、損失関数の導関数については、それぞれの接続で等しいことが保証されません。そして実際に、等しくはならないでしょう。この問題を回避するには、もともと同一だった接続について損失関数の導関数の合計または平均を計算します。これによって、ネットワークに正しい出力をさせるのに必要な情報はすべて損失関数の導関数に反映されることになります。

7.8　勾配消失問題

我々が内部状態を持ったネットワークのモデルを作ろうと考えたのは、入力のシーケンスの中で広範囲にまたがる依存関係を発見したいからです。十分なメモリ領域（リカレント層）を持つRNNでは、こうした依存関係を表現できるはずです。KilianとSiegelmannは1996年に、RNNが万能の関数表現であることを理論面から示しました[†8]。言い換えると、十分な数のニューロンと適切なパラメーターさえあれば、入出力のシーケンスの間にあるどのような対応関係の関数も RNN として表現できます。

理論上は有望ですが、必ずしもすべての現実に適用できるとは限りません。RNN がすべての関数を表現**できる**とわかったのはよいことですが、何もないところから勾配降下法を使って RNN に実際の対応関係を教えるのが**現実的**かどうか判断できればなおよいでしょう。もし現実的ではないなら面倒なことになるので、問題の吟味は厳密に行いましょう。まずは**図7-16** のような、最もシンプルな RNN を題材とします。入力と出力のニューロンはそれぞれ 1 つだけであり、全結合のリカレント層のニューロンも 1 つです。

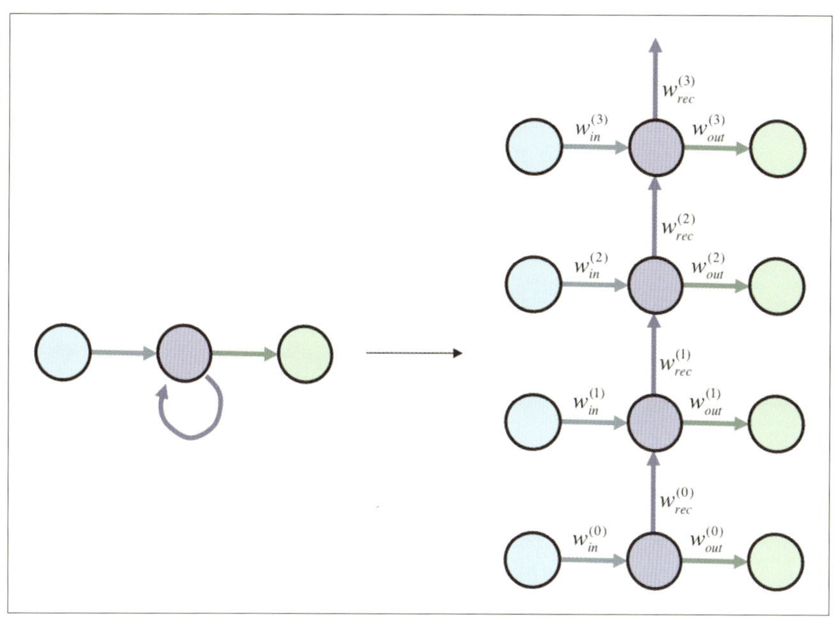

図7-16 ニューロンが 1 つだけの、全結合のリカレント層（右は展開されたもの）。勾配ベースの学習アルゴリズムを解説するために用意した

単純な例から始めましょう。非線形関数 f の下で、時刻 t でのリカレント層の（隠れた）ニューロンからのアクティベーション $h^{(t)}$ は以下のように表現できます。$i^{(t)}$

†8 Kilian, Joe, and Hava T. Siegelmann. "The dynamic universality of sigmoidal neural networks." *Information and computation* 128.1 (1996): 48-56.

は、時刻 t での入力のニューロンからのロジットを表します。

$$h^{(t)} = f\left(w_{in}^{(t)} i^{(t)} + w_{rec}^{(t-1)} h^{(t-1)}\right)$$

過去 k ステップ分の入力のロジットの変化が、隠れ層のニューロンのアクティベーションに及ぼす影響を算出することにします。勾配の逆伝播を表すコンポーネントを分析する際には、過去の入力をどの程度記憶しておくかがまず問題になります。偏微分を行い、連鎖律を適用してみます。

$$\frac{\partial h^{(t)}}{\partial i^{(t-k)}} = f'\left(w_{in}^{(t)} i^{(t)} + w_{rec}^{(t-1)} h^{(t-1)}\right) \frac{\partial}{\partial i^{(t-k)}} \left(w_{in}^{(t)} i^{(t)} + w_{rec}^{(t-1)} h^{(t-1)}\right)$$

入力とリカレント層での重みは、時刻 $t-k$ での入力のロジットとは無関係です。そのため、上の式は簡略化できます。

$$\frac{\partial h^{(t)}}{\partial i^{(t-k)}} = f'\left(w_{in}^{(t)} i^{(t)} + w_{rec}^{(t-1)} h^{(t-1)}\right) w_{rec}^{(t-1)} \frac{\partial h^{(t-1)}}{\partial i^{(t-k)}}$$

重要なのはこの導関数の大きさなので、両辺の絶対値を取ることにします。すべての主な非線形関数（tanh、ロジスティック、ReLU）で、$\left|f'\right|$ の最大値はたかだか 1 です。したがって、次のように再帰的な不等式が導かれます。

$$\left|\frac{\partial h^{(t)}}{\partial i^{(t-k)}}\right| \leqq \left|w_{rec}^{(t-1)}\right| \cdot \left|\frac{\partial h^{(t-1)}}{\partial i^{(t-k)}}\right|$$

基準となる期間 $t-k$ に到達するまでこの不等式を再帰的に展開すると、次のようになります。

$$\left|\frac{\partial h^{(t)}}{\partial i^{(t-k)}}\right| \leqq \left|w_{rec}^{(t-1)}\right| \cdot \ldots \cdot \left|w_{rec}^{(t-k)}\right| \cdot \left|\frac{\partial h^{(t-k)}}{\partial i^{(t-k)}}\right|$$

最後の偏微分も、先ほどと同様にして評価できます。

$$\begin{aligned} h^{(t-k)} =& f\left(w_{in}^{(t-k)} i^{(t-k)} + w_{rec}^{(t-k-1)} h^{(t-k-1)}\right) \\ \frac{\partial h^{(t-k)}}{\partial i^{(t-k)}} =& f'\left(w_{in}^{(t-k)} i^{(t-k)} + w_{rec}^{(t-k-1)} h^{(t-k-1)}\right) \\ & \frac{\partial}{\partial i^{(t-k)}} \left(w_{in}^{(t-k)} i^{(t-k)} + w_{rec}^{(t-k-1)} h^{(t-k-1)}\right) \end{aligned}$$

時刻 $t-k-1$ での隠れ層のアクティベーションは、$t-k$ での入力の値に影響しません。そこで、以下のように書き換えることができます。

$$\frac{\partial h^{(t-k)}}{\partial i^{(t-k)}} = f'\left(w_{in}^{(t-k)} i^{(t-k)} + w_{rec}^{(t-k-1)} h^{(t-k-1)}\right) w_{in}^{(t-k)}$$

両辺の絶対値を取り、$\left|f'\right|$ の最大値についての性質を再び適用します。その結果は以下のとおりです。

$$\left|\frac{\partial h^{(t-k)}}{\partial i^{(t-k)}}\right| \leqq \left|w_{in}^{(t-k)}\right|$$

これで、以下の最終的な不等式が導かれます。異なる期間での接続が同じ値を持つという制約のため、さらに簡略化できています。

$$\left|\frac{\partial h^{(t)}}{\partial i^{(t-k)}}\right| \leqq \left|w_{rec}^{(t-1)}\right| \cdot \ldots \cdot \left|w_{rec}^{(t-k)}\right| \cdot \left|w_{in}^{(t-k)}\right| = \left|w_{rec}\right|^{k} \cdot w_{in}$$

このような関係があることから、期間 $t-k$ での入力の変化が t での隠れ層に与える影響について上限が厳しく定まります。訓練の開始時点ではモデルの重みの初期値に小さい値が設定されているため、k が増加すると導関数の値はゼロに近づきます。つまり、過去の数期間分を考慮に入れると勾配はすぐになくなり、長期間の依存関係をほとんど学習できなくなってしまいます。このような状態は**勾配消失問題**として広く知られています。この問題のせいで、単純なリカレントネットワークでの学習は大きく制限されています。対策として、リカレント層にきわめて影響の大きな変更を加えることにします。それは LSTM と呼ばれます。

7.9 LSTM ユニット

勾配消失問題に挑むために、Sepp Hochreiter と Jürgen Schmidhuber は LSTM（長期短期記憶、Long Short-Term Memory）と呼ばれるアーキテクチャーを考案しました。ここでの基本的な考え方は、重要な情報を確実に将来の長い期間へと送れるようネットワークを設計するというものです。図7-17 のようなアーキテクチャーが作られました。

ここでは個々のニューロンのレベルから 1 歩戻り、集合を表すテンソルとこれに対する操作という観点からネットワークをとらえ直すことにします。図で示されて

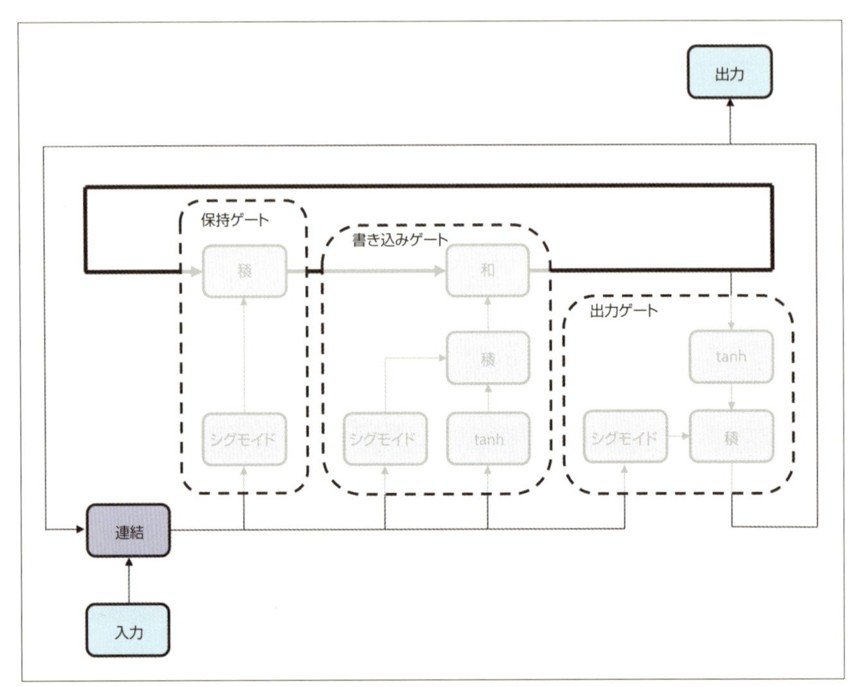

図7-17 LSTMユニットのアーキテクチャーを、テンソル（矢印）と操作（紫色のブロック）のレベルで示した図

いるように、LSTMユニットにはキーとなるコンポーネントがいくつか含まれています。1つは**メモリセル**で、図の中央にある太線のループで表されるテンソルがこれに相当します。時間の経過とともに学習してきた重要な情報が、このメモリセルには格納されています。ネットワークは、メモリセルに含まれる情報を長期間にわたって効率的に保持できるように設計されています。時刻ごとに、LSTMユニットは3つのフェーズに基づいてメモリセルを新しい情報で更新します。まず、以前の記憶のうちどの程度を保持するべきかという判断が行われます。この判断を受け持つ**保持ゲート**[†9]について、詳しく図示したのが**図7-18**です。

保持ゲートはシンプルな考え方に基づいています。前時刻からの記憶を表すテンソルには、豊富な情報が保持されています。しかしその情報の中には、古くなってしまったために消去しなければならないものもあります。そこで、ビットテンソル（ゼロと1だけのテンソル）を生成して直前の状態と乗算し、記憶のうちどの要素が重要

†9 訳注：忘却ゲート（Forget Gate）とも呼ばれます。

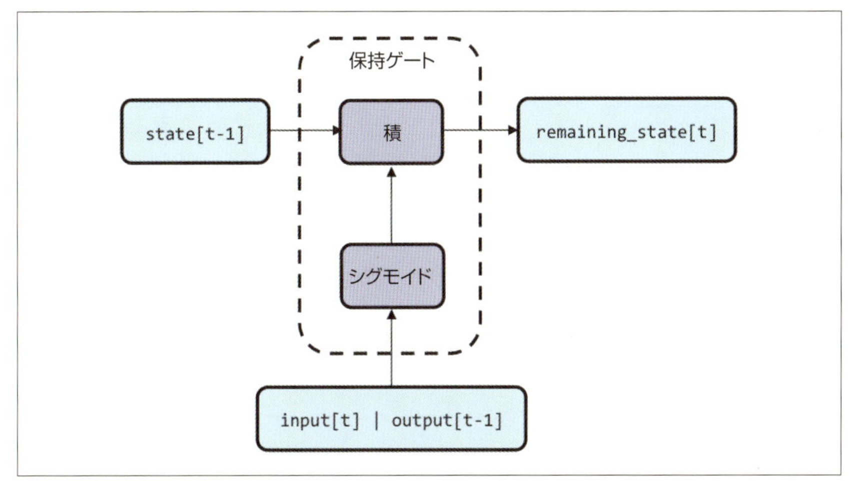

図7-18 LSTM ユニットに含まれる保持ゲートのアーキテクチャー

なのか判断します。積のビットテンソルの中に値が1の要素があれば、それは依然として重要だという意味であり、該当する要素は保持されます。値がゼロなら、その位置の情報はもはや重要ではないということになり、消去されます。ビットテンソルを（近似的に）算出するには、現時刻の入力と前時刻のLSTMユニットからの出力を連結し、このテンソルに対してシグモイド層を適用します。入力値がゼロに近い場合を除いて、シグモイドニューロンはゼロにとても近い値か1にとても近い値のいずれかを出力します。つまり、シグモイド層からの出力はビットテンソルにかなり近似しており、保持ゲートで問題なく利用できます。

古い内部状態のうちどれを残してどれを破棄するべきか決まったら、次は実際にメモリセルに書き込む情報を生成します。この部分はLSTMユニットの中で**書き込みゲート**[†10]と呼ばれます（**図7-19**）。書き込みゲートは大きく2つに分割できます。1つ目は、内部状態としてどのような情報を書き込むかを判断するコンポーネントです。ここではtanh層によって、一時的なテンソルが生成されます。2つ目は、このテンソルの中で新しい内部状態に含めるべきものと書き込まずに捨ててよいものとを選別するコンポーネントです。先ほどと同様にシグモイド層を使って、ゼロと1のビットベクトルを近似的に生成します。このベクトルと一時的なテンソルの積を計算し、これを加えたものが新しい内部状態のベクトルになります。

†10 訳注：入力ゲート（Input Gate）とも呼ばれます。

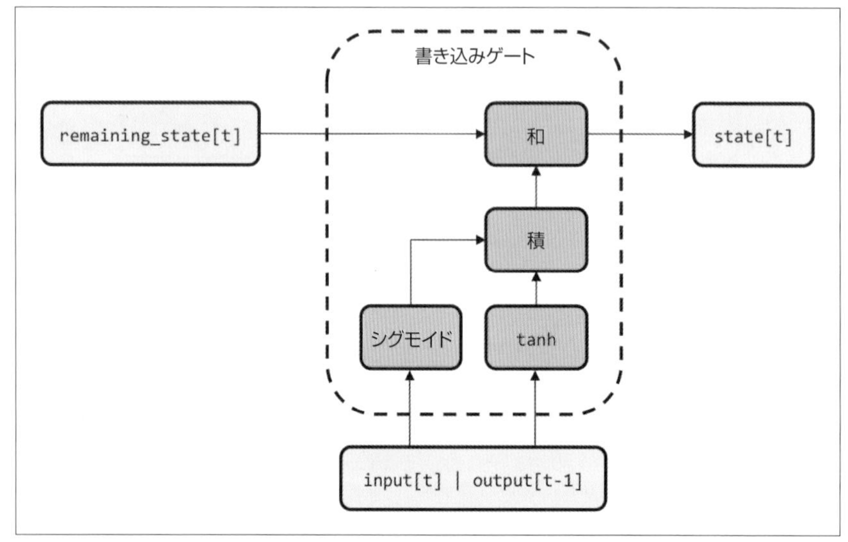

図7-19 LSTM ユニットに含まれる書き込みゲートのアーキテクチャー

最後に、時刻ごとにLSTMユニットからの出力を生成します。内部状態のベクトルをそのまま出力とすることも可能です。しかしLSTMでは、内部状態のベクトルの表す「解釈」あるいは外部向けの「情報」を表すテンソルを出力できるような柔軟性が備えられています。出力ゲートのアーキテクチャーを**図7-20**に示します。行われている処理は、書き込みゲートとほぼ同等の3ステップです。まずtanh層を使って内部状態のベクトルから一時的なテンソルを生成し、現在の入力と直前の出力にシグモイド層を適用してビットテンソルを生成し、そしてこれらのテンソルの積を最終的な出力としています。

以上のしくみと単純なRNNのユニットを比較してみましょう。重要な違いは、展開されたネットワークを情報が流れる様子にあります。ネットワークの例を**図7-21**に示します。上端を伝播しているのが内部状態のベクトルで、時間の経過とともにほぼ線形なインタラクションが行われています。その結果、単純なRNNの時と比べ、過去の数ステップの入力を現在の出力に結びつける勾配が急激に減衰してしまうことはなくなります。つまり、LSTMは単純なRNNよりもきわめて効果的に長期間の関係を学習できます。

LSTMを使って任意のアーキテクチャーを生成することが、どの程度容易なのか考えてみることにします。これはLSTMを使った構成の容易さに関わります。単純

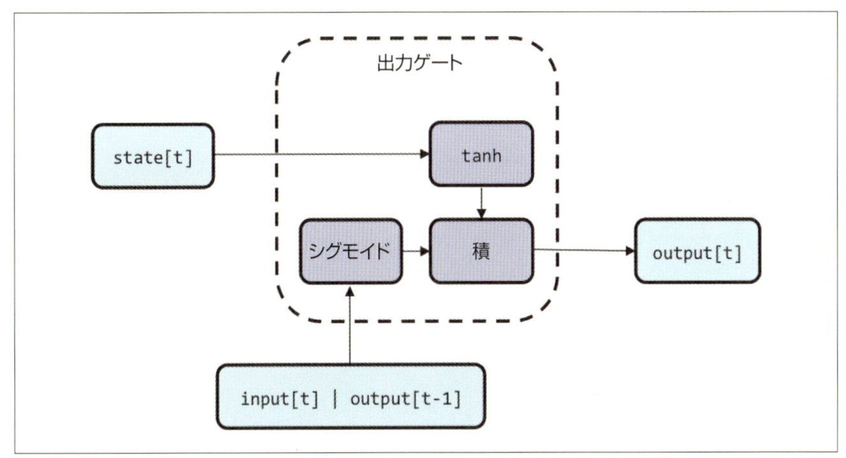

図7-20　LSTM ユニットに含まれる出力ゲートのアーキテクチャー

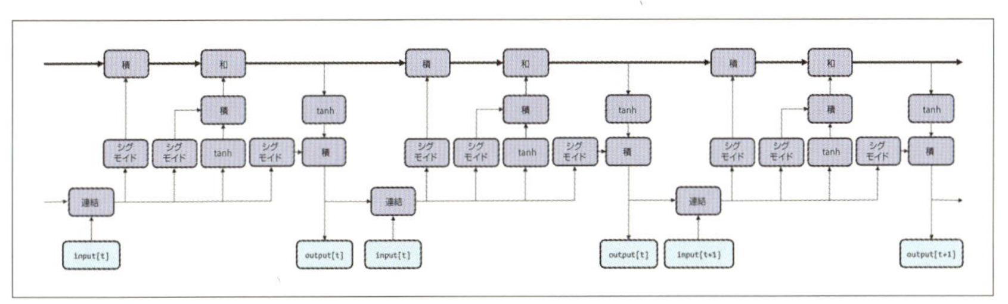

図7-21　時間に沿って展開された LSTM ユニット

な RNN の代わりに LSTM を使うことによって、何らかの柔軟性が失われるといったことはあるのでしょうか。その答えは No です。RNN の層を積み上げて容量や表現力を増やしたモデルを作れるのと同様の特性が、LSTM にも備えられています。ここでは 2 つ目のユニットへの入力は 1 つ目のユニットからの出力であり、3 つ目のユニットへの入力は 2 つ目のユニットからの出力であるといった構成を積み重ねてゆけます。**図7-22** は 2 つの LSTM ユニットからなる構成の例です。単純な RNN の層はいずれも、LSTM ユニットへと簡単に置き換え可能です。

勾配消失問題を解決でき、LSTM ユニット内部のしくみも理解できました。ここからは、RNN のモデルの実装に進みます。

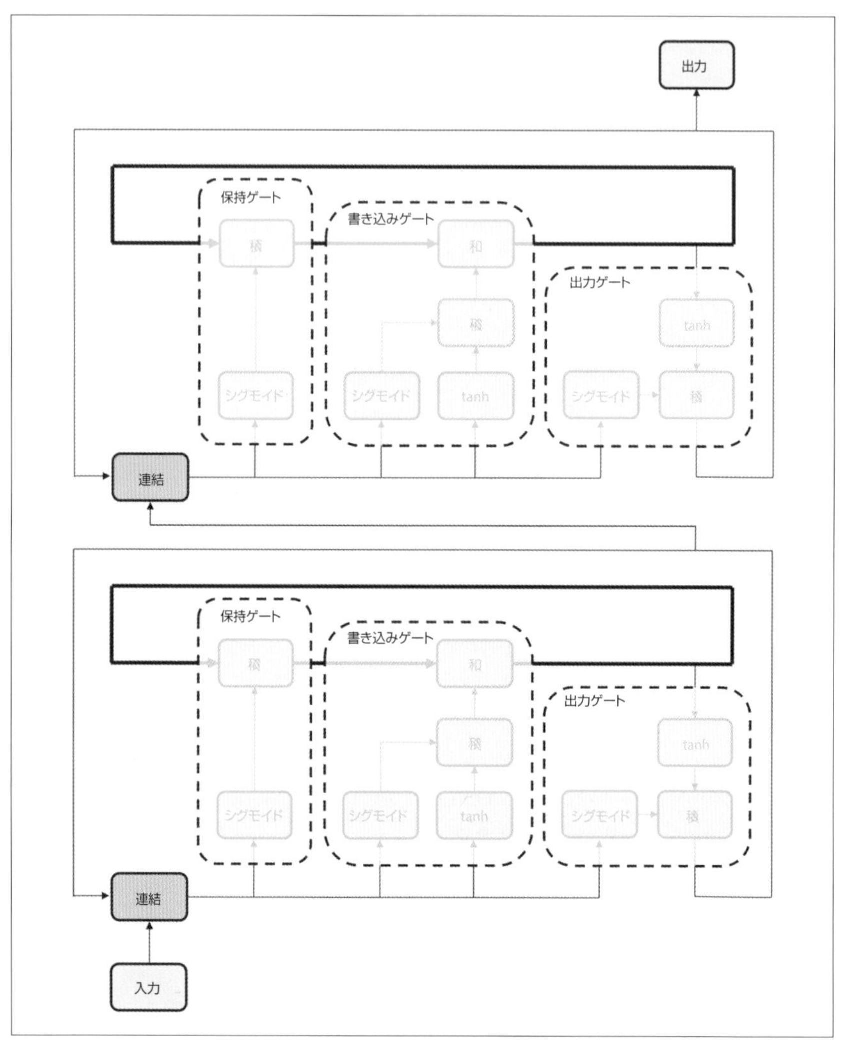

図7-22　ニューラルネットワークでリカレント層を積み重ねるのと同じように、LSTM ユニットを組み合わせる

7.10　RNN のモデルのために TensorFlow が提供するプリミティブ

RNN のモデルを作成するためにすぐに利用可能なプリミティブが、TensorFlow

にはいくつか用意されています。1つ目は、セル（RNN の層または LSTM のユニット）を表す tf.RNNCell です。子クラスは以下のようにして定義されます。

```
tf.nn.rnn_cell.BasicRNNCell(
  num_units,
  activation=None,
  reuse=None,
  name=None
)
tf.nn.rnn_cell.BasicLSTMCell(
  num_units,
  forget_bias=1.0,
  state_is_tuple=True,
  activation=None,
  reuse=None,
  name=None
)
tf.nn.rnn_cell.GRUCell(
  num_units,
  activation=None,
  reuse=None,
  kernel_initializer=None,
  bias_initializer=None,
  name=None
)
tf.nn.rnn_cell.LSTMCell(
  num_units,
  use_peepholes=False,
  cell_clip=None,
  initializer=None,
  num_proj=None,
  proj_clip=None,
  num_unit_shards=None,
  num_proj_shards=None,
  forget_bias=1.0,
  state_is_tuple=True,
  activation=None,
  reuse=None,
  name=None
)
```

BasicRNNCell は単純なリカレント層を表します。BasicLSTMCell は LSTM ユニットのシンプルな実装で、LSTMCell はより多くの設定項目（のぞき穴構造、内部状態の値のクリッピングなど）が用意されたものです。また、2014 年に Yoshua Bengio らが提案した GRU（ゲート付きリカレントユニット）という LSTM の亜種もTensorFlowで利用できます。これらのオブジェクトはいずれも、隠れた内部状態のベクトルのサイズを表すnum_unitsを指定して初期化を行う必要があります。

これらのプリミティブに加えて、ラッパーも用意されています。セルを積み重ねたい場合には、次のようなコードを使います。

```
cell_1 = tf.nn.rnn_cell.BasicLSTMCell(10)
cell_2 = tf.nn.rnn_cell.BasicLSTMCell(10)
full_cell = tf.nn.rnn_cell.MultiRNNCell([cell_1, cell_2])
```

LSTMでの入力と出力に対してドロップアウトを適用するためのラッパーも利用できます。入出力のそれぞれに対して、データを保持する確率を指定できます。

```
cell_1 = tf.nn.rnn_cell.BasicLSTMCell(10)
tf.nn.rnn_cell.DropoutWrapper(
  cell_1,
  input_keep_prob=1.0,
  output_keep_prob=1.0,
  seed=None
)
```

最後に、すべてをラップして適切なRNNのプリミティブを生成する例を紹介します。

```
outputs, state = tf.nn.dynamic_rnn(
  cell,
  inputs,
  sequence_length=None,
  initial_state=None,
  dtype=None,
  parallel_iterations=None,
  swap_memory=False,
  time_major=False,
  scope=None
)
```

cellは今までに作成したRNNCellオブジェクトです。time_major == Falseの場合（これがデフォルトです）、inputsには[batch_size, max_time, ...]という形状のテンソルを指定します。そうでない場合、inputsは[max_time, batch_size, ...]のような形状にします。TensorFlowのドキュメントには、他の設定項目についても明快な説明が掲載されています。

tf.nn.dynamic_rnnを呼び出すと、RNNからの出力を表すテンソルと最終的な内部状態のベクトルが返されます。time_major == False の場合、outputs の形状は [batch_size, max_time, cell.output_size] です。そうでない場合、[max_time, batch_size, cell.output_size] のような形状になります。state の形状は [batch_size, cell.state_size] です。

RNN を作成するためのツールを理解できたので、続いては LSTM を実装してセンチメント分析を行ってみることにしましょう。

7.11　センチメント分析のモデルの実装

ここでは、Large Movie Review Dataset から取得した映画へのレビューについてセンチメント分析を行います。このデータセットには、映画情報サイト IMDB での 5 万件のレビューが含まれており、肯定的または否定的なセンチメントを表すラベルが付けられています。シンプルな LSTM のモデルとドロップアウトを組み合わせて、レビューのセンチメントを分類します。LSTM のモデルでは、レビューに含まれる語を 1 つずつ読み込みます。それぞれのレビューを読み込んだら、モデルからの出力を元にしてセンチメントの 2 値分類を行います。さっそく、データセットを読み込んでみましょう。tflearn というヘルパーのライブラリを利用するので、以下のコマンドを実行してインストールしてください。

```
$ pip install tflearn==0.3.2
```

続いてデータセットをダウンロードし、ボキャブラリーをよく使われている上位 3 万語だけに制限します。それぞれの入力のシーケンスに対して、長さが 500 語になるまでパディングを行います。そしてラベルの処理を行います。

read_imdb_data.py（抜粋）

```python
import numpy as np
from tflearn.data_utils import to_categorical, pad_sequences
from tflearn.datasets import imdb

# IMDB Dataset loading
train, test, _ = imdb.load_data(
  path="data/imdb.pkl",
  n_words=30000
)
trainX, trainY = train
testX, testY = test

# Data preprocessing
```

```
# Sequence padding
trainX = pad_sequences(trainX, maxlen=500, value=0.)
testX = pad_sequences(testX, maxlen=500, value=0.)
# Converting labels to binary vectors
trainY = to_categorical(trainY, nb_classes=2)
testY = to_categorical(testY, nb_classes=2)
```

ここでの入力は500要素のベクトルです。それぞれのベクトルは1件のレビューを表しています。ベクトル内のi番目の要素は、レビュー中のi番目の語が3万語のボキャブラリーの中で何番目に位置しているかを表します。データの準備の締めくくりとして、指定されたサイズのミニバッチをデータセットの中から生成するためのクラスを定義します。

read_imdb_data.py（抜粋）

```
class IMDBDataset():
  def __init__(self, X, Y):
    self.num_examples = len(X)
    self.inputs = X
    self.tags = Y
    self.ptr = 0


  def minibatch(self, size):
    ret = None
    if self.ptr + size < len(self.inputs):
      x = self.inputs[self.ptr: self.ptr + size]
      y = self.tags[self.ptr: self.ptr + size]
    else:
      x = np.concatenate((
        self.inputs[self.ptr:],
        self.inputs[:size - len(self.inputs[self.ptr:])]
      ))
      y = np.concatenate((
        self.tags[self.ptr:],
        self.tags[:size - len(self.tags[self.ptr:])]
      ))
    self.ptr = (self.ptr + size) % len(self.inputs)

    return x, y

train = IMDBDataset(trainX, trainY)
val = IMDBDataset(testX, testY)
```

このクラス`IMDBDataset`を使って訓練データと検証データを取得し、センチメント分析のモデルを訓練してゆきます。

いよいよ、モデルの作成に取りかかりましょう。作業は少しずつ進めてゆきます。まず、入力されたレビューに含まれるそれぞれの語をベクトルへと関連付けます。このために埋め込み層を利用します。忘れてしまった読者は6章を読み返しましょう。それぞれの語に対応する埋め込みベクトルを保持し、探索できるようにした表を作成します。以前の例では、（スキップグラムモデルなどを使って）単語埋め込みを独立した問題として扱っていました。しかし今回は、単語埋め込みとセンチメント分析を一体として扱います。具体的には、埋め込み行列を課題全体としてのパラメーターの行列とみなします。このために、埋め込み表現を管理するTensorFlowのプリミティブを利用します。コードは以下のとおりです。`input`は1つのレビューを表すベクトルではなく、1つのミニバッチ全体を表します。

imdb_lstm.py（抜粋）

```
def embedding_layer(input, weight_shape):
  weight_init = tf.random_normal_initializer(
    stddev=(1.0/weight_shape[0])**0.5
  )
  E = tf.get_variable(
    "E",
    weight_shape,
    initializer=weight_init
  )
  incoming = tf.cast(input, tf.int32)
  embeddings = tf.nn.embedding_lookup(E, incoming)
  return embeddings
```

埋め込み層の処理結果を利用して、ドロップアウトを含むLSTMを作成します。必要なコードについては先ほど紹介しました。`tf.slice`と`tf.squeeze`を使って、LSTMからの最後の出力を取得します。`tf.slice`で最後の出力だけを含むスライスを抽出し、`tf.squeeze`で余分な次元を取り除きます。形状は`[batch_size, max_time, cell.output_size]`から`[batch_size, 1, cell.output_size]`に変化し、さらに`[batch_size, cell.output_size]`へと変化します。

LSTMの実装は次のようになります。

imdb_lstm.py（抜粋）

```
def lstm(input, hidden_dim, keep_prob, phase_train):
  lstm = tf.nn.rnn_cell.BasicLSTMCell(hidden_dim)
  dropout_lstm = tf.nn.rnn_cell.DropoutWrapper(
    lstm,
```

```
        input_keep_prob=keep_prob,
        output_keep_prob=keep_prob
    )
    # # If use stacked lstm
    # stacked_lstm = tf.nn.rnn_cell.MultiRNNCell(
    #   [dropout_lstm] * 2,
    #   state_is_tuple=True
    # )
    lstm_outputs, state = tf.nn.dynamic_rnn(
        dropout_lstm,
        input,
        dtype=tf.float32
    )
    return tf.squeeze(tf.slice(
        lstm_outputs,
        [0, tf.shape(lstm_outputs)[1] - 1, 0],
        [tf.shape(lstm_outputs)[0], 1, tf.shape(lstm_outputs)[2]]
    ))
```

バッチ正規化を行う隠れ層も利用できますが、そのコードは今までに何度も作成したものと同じです。以上のコードをまとめると、推論の計算グラフができ上がります。

imdb_lstm.py（抜粋）

```
def inference(input, phase_train):
    embedding = embedding_layer(input, [30000, 512])
    lstm_output = lstm(embedding, 512, 0.5, phase_train)
    output = layer(lstm_output, [512, 2], [2], phase_train)
    return output
```

要約統計量の用意やスナップショットの保存、セッションの生成といった定型的なコードについては、ここまでに作成してきたモデルと同様であるため省略します。コードの全文については、本書のGitHubリポジトリに置いてあります。TensorBoardを使って性能を可視化した結果を、**図7-23**に示します。

訓練の開始時点では、やや安定性が欠けていました。そして終了直前には、訓練と検証での損失が大きく乖離しており、明らかに過学習の傾向が見られます。一方、最適な性能が発揮されている箇所では、テストデータに対して約86パーセントというすばらしい精度そして汎化能力が示されました。RNNの完成です!

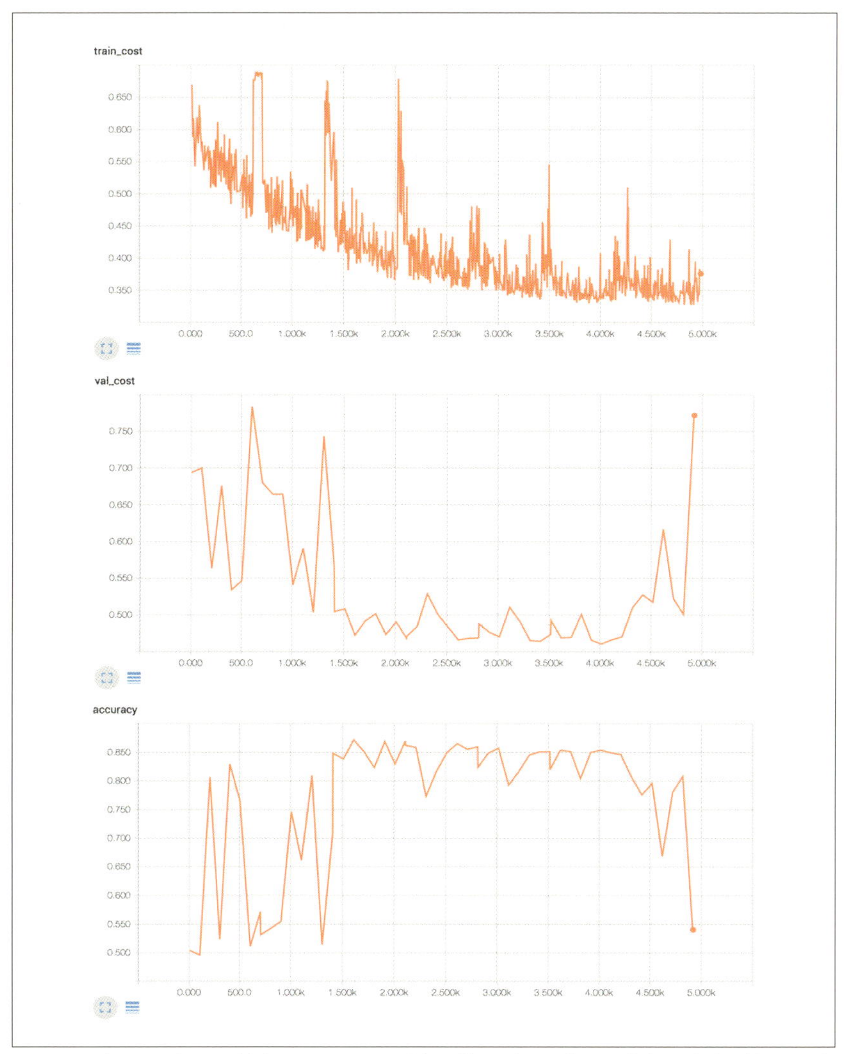

図7-23　映画のレビューに対するセンチメント分析の結果。上から順に、訓練での損失、検証での損失、精度

7.12　RNN を使って seq2seq の問題に取り組む

RNN のしくみを十分に理解できたら、seq2seq 問題に再び取り組んでみましょう。この章の初めに、文中の語のシーケンスを品詞タグのシーケンスへと対応付けるとい

う seq2seq 問題の例を紹介しました。長期の依存関係を考慮しなくてもよかったため、その時の知識でもこの問題は解決可能でした。しかし seq2seq 問題の中には、このような依存関係に配慮しないとモデルが成功を収められないものもあります。例えば、言語間の翻訳や動画の要約などがこれに当てはまります。このような問題に対しては、RNN の出番です。

RNN を使った seq2seq へのアプローチは、6章で解説したオートエンコーダーによく似ています。seq2seq のモデルは、2つの異なるネットワークから構成されます。1つ目は**エンコーダー**ネットワークと呼ばれます。これは RNN であり、入力のシーケンス全体を読み込みます。通常は LSTM ユニットが使われます。エンコーダーネットワークにとっての目的は、入力についての理解を圧縮して1つの知識へと要約し、自らの最終的な内部状態として表現することです。続いて使われるのが、**デコーダー**ネットワークです。エンコーダーネットワークでの最終的な内部状態が、デコーダーネットワークでの内部状態の初期値として使われます。デコーダーネットワークの目的は、最終的な出力のシーケンスを1トークンずつ生成することです。時刻ごとに、デコーダーネットワークは前の期間に自分が生成した出力を入力として読み込みます。全体のプロセスは**図7-24**のようになっています。

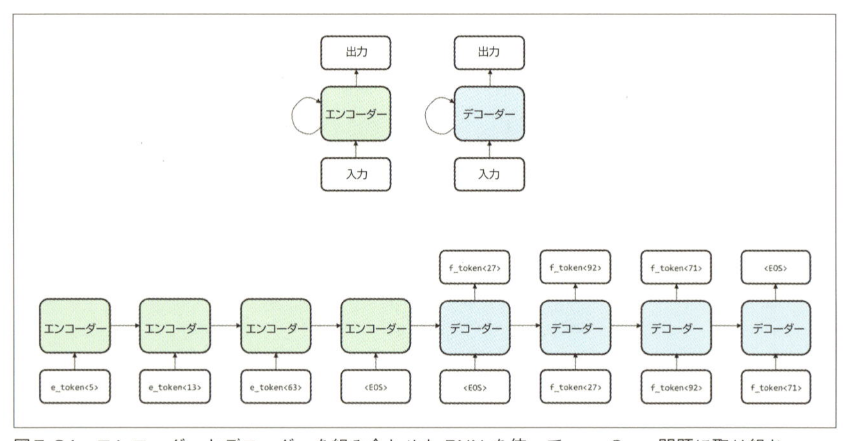

図7-24 エンコーダーとデコーダーを組み合わせた RNN を使って、seq2seq 問題に取り組む

この構成で、英文のフランス語への翻訳を試みます。入力のシーケンスをトークン化し、先ほどセンチメント分析で利用したのと同様の埋め込み表現を生成します。そしてその語を1つずつ、エンコーダーネットワークに渡してゆきます。シーケンスの

末尾では、EOS（文末）を表す特別なトークンを生成してエンコーダーネットワークに渡します。その際のエンコーダーネットワークの内部状態を取り出し、デコーダーネットワークの初期化に利用します。デコーダーネットワークへの最初の入力はEOS トークンで、そこからの出力は翻訳されたフランス語の文の先頭に現れる語として解釈されます。以降は、デコーダーネットワークからの出力が次の時刻の自身への入力になります。デコーダーネットワークが EOS トークンを出力するまで、この処理は繰り返されます。その時点で、元の英文の翻訳が完了したことになります。この章の中で後ほど、このネットワークの実践的なオープンソース実装（精度向上のために、拡張や工夫も行われています）について詳しく紹介します。

seq2seq 問題向けの RNN のアーキテクチャーは、シーケンスを表す良い埋め込み表現を学習するという目的にも再利用できます。例えば、2015 年に Kiros らは**スキップソートベクトル**（skip-thought vector）という概念を提案しました[†11]。ここでは、「6 章　埋め込みと表現学習」で紹介したオートエンコーダーとスキップグラムモデルの各アーキテクチャーから特徴を取り入れています。スキップソートベクトルは、一連の文章から前後の文を含む 3 つ組を切り出すことによって生成されます。Kiros らは**図7-25** のように、1 つのエンコーダーネットワークと 2 つのデコーダーネットワークを用意しました。

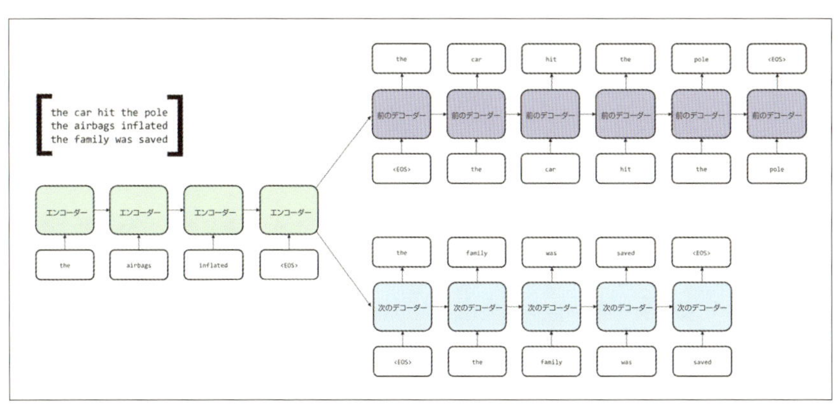

図7-25　スキップソートベクトルを使った seq2seq のアーキテクチャー。すべての文章から埋め込み表現を生成する

†11 Kiros, Ryan, et al. "Skip-Thought Vectors." *Advances in neural information processing systems.* 2015.

エンコーダーネットワークは、圧縮しようとしている文章のシーケンスを受け取ります。圧縮された表現は、エンコーダーネットワークの最終的な内部状態として表現されます。続いて、デコードの処理が行われます。1つ目のデコーダーネットワークは、圧縮された表現を初期の内部状態として受け取ります。そして、入力された文の前に現れた文を再構成しようと試みます。2つ目のデコーダーネットワークは1つ目と異なり、入力された文の直後に現れた文の再構成を試みます。システム全体は、入力された3つ組を使って訓練が行われます。訓練が完了すると、キーセンテンスのレベルでの分類の性能が向上し、さらに、一見したところ一貫性のある文章の生成にも利用できるようになります。Kirosらの論文では、以下のような文章を生成できたと述べられています。

```
she grabbed my hand .
"come on . "
she fluttered her back in the air .
"i think we're at your place . I ca n't come get you . "
he locked himself back up
" no . she will . "
kyrian shook his head
```

seq2seq問題へのRNNの適用方法がわかったら、実際のネットワークを作成してみたくなるはずです。ただしその前に、解決しておかなければならない問題が1つあります。seq2seqでのRNNで使われるアテンションという概念について解説しながら、この問題に取り組みます。

7.13 アテンションを使ってRNNを強化する

翻訳の問題について、もう少し真剣に考えてみましょう。読者自身に外国語の学習経験があるなら、翻訳の際に役立つ事柄がいくつかあることに気づいているかもしれません。まず文章全体を読むと、その文が何を伝えようとしているのかわかります。その後に翻訳文を1語ずつ、直前の語と論理的に一貫しているように書いてゆきます。また、翻訳の際に重要なこととして、現在訳している部分に関連する箇所の原文を見返すことが多いという点があげられます。翻訳中のそれぞれの時点で、元の「入力」の中で重要な部分に注意を払い、次にどのような語を「出力」するべきか判断しているのです。

このアプローチをseq2seqにも適用してみましょう。エンコーダーネットワークは入力全体を受け取ってその内容を要約し、トピックを内部状態として保持します。こうすることによって、翻訳のプロセスのうち最初の部分は実質的に完了です。そしてデコーダーネットワークは以前の出力を現在の入力として受け取っているため、2つ目の部分も達成されます。**アテンション**（注意）という考え方は、我々の seq2seq へのアプローチにはまだ取り入れられていません。最後の構成要素として、アテンションを実装してみましょう。

現状のコードでは、ある時刻 t でのデコーダーネットワークへの入力は時刻 $t-1$ での出力だけです。デコーダーネットワークに元の文についての情報を与える際に、エンコーダーネットワークから出力されたすべてのデータにアクセスできるようにするという方針も考えられます。我々は今まで、この情報を完全に無視してきました。これらの出力は、エンコーダーネットワークが新たなトークンに遭遇するたびに内部状態を進化させてゆく様子を表しています。この方針での実装の概要を**図7-26**に示します。

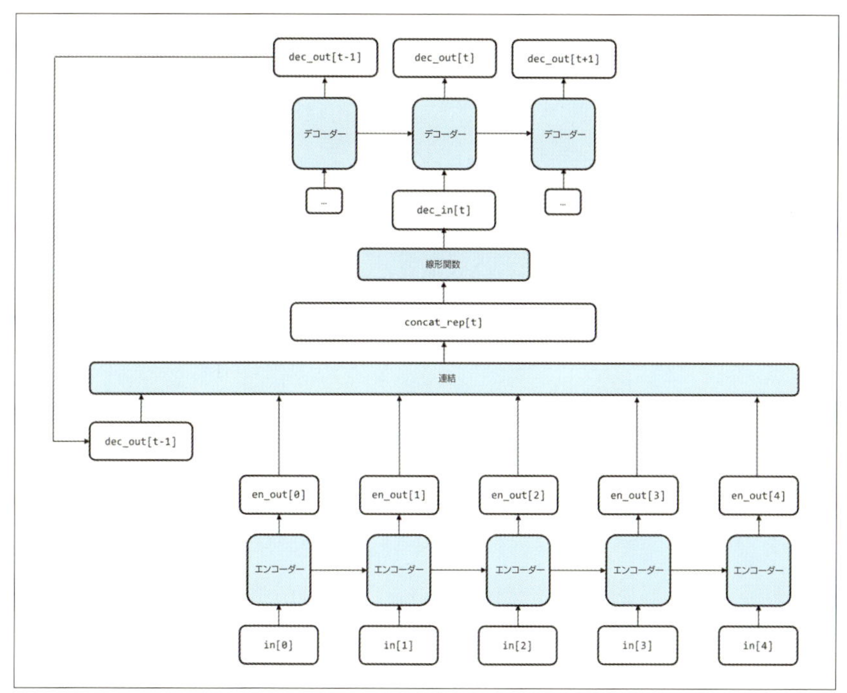

図7-26　seq2seq にアテンションの概念を追加する試み。入力の中で最も重要な部分を動的に選択するということができないため、失敗に終わる

しかし、このアプローチには致命的な欠陥があります。どの時点でも、デコーダーはエンコーダーネットワークからのすべての出力をまったく同じように扱ってしまうのです。これは人間による翻訳のプロセスとは明らかに異なります。翻訳している箇所に応じて、原文内の参照先も切り替わるべきです。つまり、単にデコーダーがすべての出力にアクセスできるだけでは不十分だということがわかりました。デコーダーネットワークが動的に、エンコーダーからの出力のうち特定の部分だけに注意を払えるようなしくみを作らなければなりません。

Bahdanauらによる提案[†12]にヒントを得て、連結の操作への入力を変更してみましょう。エンコーダーネットワークからの出力をそのまま使うのではなく、出力に対して重み付けの操作を行います。重みの基準としては、時刻 $t-1$ でのデコーダーネットワークの内部状態を利用します。

重み付けの操作を図に表したのが**図7-27**です。まず、エンコーダーからの出力のそれぞれについて重要度のスコアをスカラー（テンソルではなく、1つの値）として算出します。エンコーダーの出力と、時刻 $t-1$ でのデコーダーの内部状態とのドット積を計算することによってこのスコアを求められます。スコアはソフトマックス関数を使って正規化されます。そしてこれらの正規化されたスコアとエンコーダーの出力を個別に乗算し、連結します。ここでのポイントは、エンコーダーからの出力に対する相対的なスコアが、時刻 t でのデコーダーにとってのそれぞれの出力の重要度を表すという点です。ソフトマックスからの出力を調べることによって、それぞれの期間で入力のうちどの部分が翻訳にとって重要だったかを可視化することも可能です。この点については後ほど再び触れます。

以上のようなアテンションのしくみをseq2seqのアーキテクチャーに追加できたら、英仏翻訳を行うRNNのための準備は完了です。ちなみに、アテンションは翻訳以外にもさまざまな課題に適用できます。例えば音声からテキストへの変換では、書き起こしている対象の部分の音声へと動的に注意を払うようなアルゴリズムが考えられます。同様に、画像の説明文を生成するためのアルゴリズムでもアテンションは有用です。説明しようとしている部分の画像に注目できるようになります。入出力の特定の箇所の間に強い相関関係があるなら、アテンションを利用して性能を大幅に向上できるかもしれません。

---

†12 Bahdanau, Dzmitry, Kyunghyun Cho, and Yoshua Bengio. "Neural Machine Translation by Jointly Learning to Align and Translate." *arXiv preprint arXiv*:1409.0473 (2014).

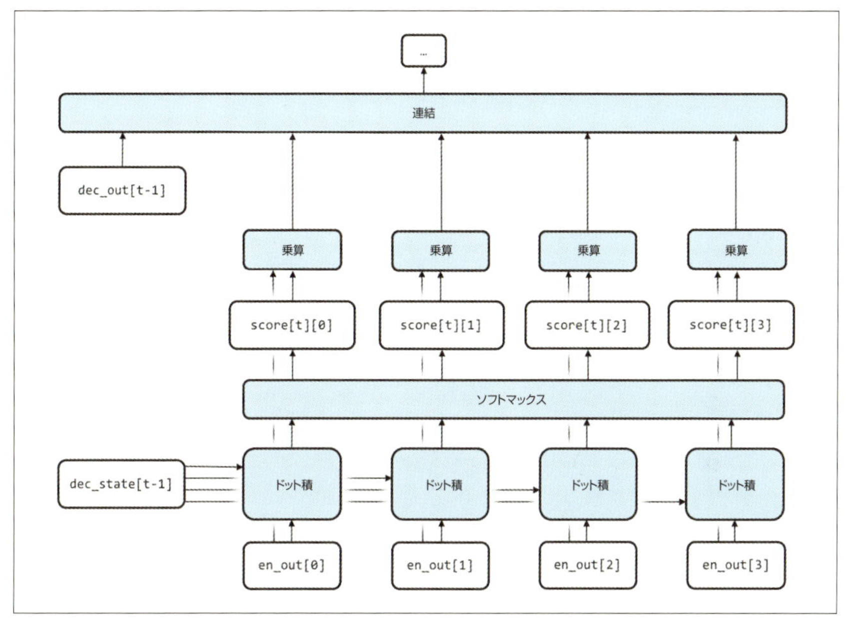

図7-27 最初の試みへの修正。直前の期間でのデコーダーネットワークの内部状態に基づいて、アテンションの対象を動的に選択する

7.14 ニューラル翻訳ネットワークの分析

エンコーダーとデコーダーからなる seq2seq の基本的なアーキテクチャーを元にして、さまざまな進歩や新しいテクニックを加えたのが最先端のニューラル翻訳ネットワークです。紹介したばかりのアテンションも、こうした進歩の中の重要な1つです。ここからは、ニューラルネットワークを使った完全な機械翻訳システムの実装を分析します。データの処理やモデルの作成と訓練を行い、そしてこのモデルを使って英文をフランス語に変換します。TensorFlow に含まれている機械翻訳のチュートリアルを簡略化したコード[†13]を使い、説明を進めてゆきます。

ニューラル機械翻訳システムを訓練して利用する処理のパイプラインは、ほとんどの機械学習のケースと同等です。データを集めて準備し、モデルを作成して訓練を行い、訓練の進捗を評価し、そして最後にこのモデルを使って何らかの有益な情報を予

†13 訳注：本書で紹介するコードは TensorFlow ver.0.7 のものをベースに修正を加えたものです。ベースとなったコードは https://github.com/tensorflow/tensorflow/tree/r0.7/tensorflow/models/rnn/translate から入手できます。

測あるいは推論します。それぞれのステップについて、順に見てゆきましょう。

まず、WMT'15のリポジトリからデータを取得します。ここには、翻訳システムの訓練のために多数のコーパスが収録されています。我々が必要としているのは、英語をフランス語に対応付けるためのデータです。異なる言語間で翻訳を行うには、何もない状態から新しいデータを使ってモデルを訓練する必要があります。データに対して前処理を行い、訓練や推論が容易な形式へと変換します。この前処理には、英仏双方の文で、不要なデータの除去やトークン化の処理を含みます。ここで行われる具体的な処理は以下のとおりです。後ほど、それぞれの実装を紹介することにします。

最初のステップは**トークン化**です。文やフレーズを解析し、モデルにとって扱いやすい形式にします。英語やフランス語の文を元に、構成要素としてのトークンへと分割します。例えば単語レベルのトークン化では、"I read."という文から ["I", "read", "."] という配列が生成されます。フランス語の"Je lis."という文からは、["Je", "lis", "."] という配列が生成されるでしょう。文字レベルのトークン化では、文から個々の文字あるいは2文字の組が生成されます。出力はそれぞれ、["I", " ", "r", "e", "a", "d", "."] そして ["I ", "re", "ad", "."] のようになります。どちらのレベルのトークン化にも、特定の分野への適性や長所そして短所があります。単語レベルでは、モデルから出力されるデータが辞書に含まれていることを保証できます。ただし辞書が大きくなりすぎ、デコードの際に効率的に語を選べない可能性があります。これは実際によく知られている問題であり、以降の議論の中で再び取り上げることにします。一方、文字レベルのトークン化を行うデコーダーでは、意味のある出力が行われないかもしれません。しかし、ここでの辞書は単なる表示可能なASCII文字の集合にすぎず、デコーダーはこのとても小さな辞書から効率的に語を選択できます。本書では単語レベルのトークン化を行いますが、文字レベルのトークン化も実験して効果を確認してみることをお勧めします。デコーダーの処理が末端に到達したということを明示するために、特別なEOS（ここでは「シーケンスの終わり」の意）文字をすべての出力シーケンスの末尾に追加する必要があります。文全体を翻訳するとは限らないので、通常の句読点をEOS文字として扱うことはできません。入力シーケンスについては、EOS文字は必要ない点に留意してください。ネットワークには整形済みのデータを与えるため、EOS文字を使ってシーケンスの終わりを明示する必要はありません。

続いての最適化では、**バケット化**と呼ばれる概念を使って原文と訳文のシーケンスの表現形式を変更します。この手法は、機械翻訳をはじめとするseq2seqの課題でよく使われます。異なる長さの文やフレーズを、モデルが効率的に扱えるようになります。まずは訓練データを渡す際の安直な方法を紹介し、そこでの問題を明らかにしたいと思います。エンコーダーやデコーダーにデータを渡す際には通常、原文と訳文でシーケンスの長さが異なります。原文のシーケンスの長さをX、訳文のシーケンスの長さをYとします。すべての(X, Y)の組について異なるseq2seqのネットワークが必要とも考えられますが、これは明らかに無駄が多く非効率です。**図7-28**のように、一定の長さになるまで**パディング**を行えば状況はやや改善されます。ここでは、単語レベルのトークン化が行われていることと、訳文のシーケンスの末尾にはEOSトークンを付加することが想定されています。

I	read	.	<PAD>	<PAD>	<PAD>	<PAD>
Je	lis	.	<EOS>	<PAD>	<PAD>	<PAD>
See	you	in	a	little	while	.
A	tout	a	l'heure	<EOS>	<PAD>	<PAD>
			...			

図7-28 シーケンスにパディングを行う安直な方針

このようにすることで、原文と訳文の長さごとに異なるseq2seqモデルを作成する必要がなくなります。しかし、別の問題が発生することになります。とても長いシーケンスが1つでもあった場合、他のすべてのシーケンスをその長さに合わせてパディングしなければなりません。短いシーケンスにも長いシーケンスと同量の計算資源が要求されることになり、無駄が多いだけでなく処理速度にも大きな影響が及びます。コーパス中の文を分割して一定の上限を超えないようにするという対策も考えられますが、対応する翻訳文をどのように分割するべきかは明らかではありません。そこで、バケット化を取り入れることにしてみましょう。

バケット化とは、エンコーダーとデコーダーの対を似たサイズのバケット（入れ物）に入れて、それぞれのバケットで最長のものと同じ長さになるまでパディングを行うという処理です。例えば[(5, 10), (10, 15), (20, 25), (30, 40)]という4つのバケットを用意したとします。ここでのタプルは、原文と訳文のシーケンスそれぞれでの最大の長さを表します。先ほどの例にあった["I", "read", "."]と["Je", "lis", ".", "EOS"]というシーケンスの組は、1つ目のバケットに入れることができます。原文が5トークンより小さく、訳文も10トークンより小さいためです。["See", "you", "in", "a", "little", "while"]と["A", "tout", "a", "l'heure", "EOS]という組は2つ目のバケットに入ります。**図7-29**のようなバケット化の結果、極端な長さのシーケンスから影響を受けずにパディングを行えるようになります。

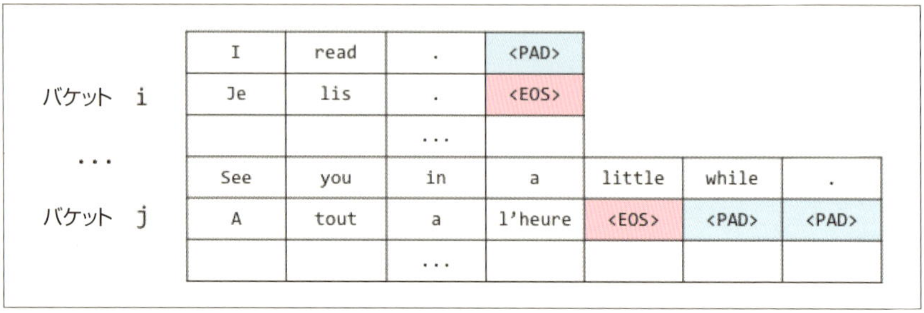

	I	read	.	<PAD>			
バケット i	Je	lis	.	<EOS>			
			...				
...	See	you	in	a	little	while	.
バケット j	A	tout	a	l'heure	<EOS>	<PAD>	<PAD>
			...				

図7-29 バケット化を行った場合の、シーケンスに対するパディング

バケット化を行うと、訓練やテストにかかる時間をかなり短縮できます。しかも、同じバケットに入れられたシーケンスは同じ長さであることを利用して、データを1つにまとめるといった最適化をコードに対して行えます。その結果、さらにGPUの効率が高まります。

シーケンスへのパディングとともに、訳文のシーケンスに対して**GOトークン**というもう1つのトークンを加える必要があります。このGOトークンは、デコーダーに対してデコードの開始を指示するという役割を持ちます。デコーダーが処理を引き継いでデコードを始めてほしい箇所で、このトークンが使われます。

データを準備する際に、原文のシーケンスを逆順に反転するという処理も行われます。ある研究者が逆順への変換によって性能が向上するということを発見して以来、ニューラルネットワークの機械翻訳のモデルを訓練する際にはこのテクニックが一般的に使われるようになりました。場当たり的な側面もありますが、理にかなった手法です。固定サイズのニューロンの内部状態として表せる情報は限られており、文の先頭を処理している間にエンコードされた情報は後で上書きされてしまうかもしれません。多くの言語で、文の先頭部分は末尾の部分よりも翻訳の難易度が高くなっています。この意味でも、文を逆順にすれば文頭部分に最終的な状態の決定権を与えることができ、翻訳の精度を向上できます。以上すべての操作が行われたシーケンスの例を**図7-30**に示します。

これらのテクニックを知った上で、実装の詳細を見ていきましょう。処理は`get_batch`というメソッドで行われます。データと訓練のループの中で選ばれた`bucket_id`を受け取り、バッチ1回分の訓練データを収集します。生成される原文

	<PAD>	<PAD>	.	read	I		
バケット i	<GO>	Je	lis	.	<EOS>		
			...				
...	.	while	little	in	a	you	See
バケット j	<GO>	A	tout	a	l'heure	<EOS>	<PAD>
			...				

図7-30 最終的なシーケンス。バケット化とパディング、反転、GO トークンの追加が行われた

と訳文のシーケンスには、パディングや反転などの処理が適用されています。

seq2seq/seq2seq_model.py（抜粋）

```
  def get_batch(self, data, bucket_id):
    """Get a random batch of data from the specified bucket, ...
    ...
    """
    encoder_size, decoder_size = self.buckets[bucket_id]
    encoder_inputs, decoder_inputs = [], []
```

まず、エンコーダーとデコーダーが受け取る入力のプレースホルダを宣言します。

seq2seq/seq2seq_model.py（抜粋）

```
    for _ in range(self.batch_size):
      encoder_input, decoder_input = random.choice(data[
        bucket_id])

      # Encoder inputs are padded and then reversed.
      encoder_pad = [data_utils.PAD_ID] * (
        encoder_size - len(encoder_input)
      )
      encoder_inputs.append(list(reversed(encoder_input + encoder_pad)))

      # Decoder inputs get an extra "GO" symbol,
      # and are then padded.
      decoder_pad_size = decoder_size - len(decoder_input) - 1
      decoder_inputs.append(
        [data_utils.GO_ID]
        + decoder_input
        + [data_utils.PAD_ID] * decoder_pad_size
      )
```

指定されたバッチのサイズに応じて、エンコーダーとデコーダーのシーケンスを収集します。

seq2seq/seq2seq_model.py（抜粋）

```
      # Now we create batch-major vectors from the data selected
      # above.
    batch_encoder_inputs, batch_decoder_inputs, batch_weights = \
        [], [], []

    # Batch encoder inputs are just re-indexed encoder_inputs.
    for length_idx in range(encoder_size):
      batch_encoder_inputs.append(
        np.array([
            encoder_inputs[batch_idx][length_idx]
            for batch_idx in range(self.batch_size)
          ],
          dtype=np.int32)
        )

    # Batch decoder inputs are re-indexed decoder_inputs,
    # we create weights.
    for length_idx in range(decoder_size):
      batch_decoder_inputs.append(
        np.array([
            decoder_inputs[batch_idx][length_idx]
            for batch_idx in range(self.batch_size)
          ],
          dtype=np.int32
        )
      )
```

追加の処理として、ベクトルをバッチ優先（テンソルの中で、バッチサイズが最初の次元になること）にします。そして、先ほど定義したプレースホルダを正しい形状に変更します。

seq2seq/seq2seq_model.py（抜粋）

```
      # Create target_weights to be 0 for targets that
      # are padding.
      batch_weight = np.ones(self.batch_size, dtype=np.float32)
      for batch_idx in range(self.batch_size):
        # We set weight to 0 if the corresponding target is
        # a PAD symbol.
        # The corresponding target is decoder_input shifted
        # by 1 forward.
        if length_idx < decoder_size - 1:
          target = decoder_inputs[batch_idx][length_idx + 1]
        if (
          length_idx == decoder_size - 1
          or target == data_utils.PAD_ID
        ):
```

```
        batch_weight[batch_idx] = 0.0
      batch_weights.append(batch_weight)
    return batch_encoder_inputs, batch_decoder_inputs, batch_weights
```

PAD トークンに対応する訳文の重みをゼロにするという処理も行われています。

データの準備は完了しました。モデルの作成と訓練を始めましょう。まずはモデルが存在すると仮定して、訓練とテストのコードについて解説します。そのほうが、処理のパイプラインの概要をよりよく理解できるでしょう。続いて、seq2seq のモデルを詳しく紹介します。いつものように、訓練での最初のステップはデータの読み込みです。

seq2seq/translate.py（抜粋）

```
def train():
  """Train a en->fr translation model using WMT data."""
  # Prepare WMT data.
  print("Preparing WMT data in %s" % FLAGS.data_dir)
  en_train, fr_train, en_dev, fr_dev, _, _ = \
    data_utils.prepare_wmt_data(
      FLAGS.data_dir,
      FLAGS.en_vocab_size,
      FLAGS.fr_vocab_size
    )
```

TensorFlow のセッションをインスタンス化したら、モデルを作成します。train メソッドで指定されている入出力の要件を満たしているなら、任意のアーキテクチャーを利用できます。

seq2seq/translate.py（抜粋）

```
  with tf.Session() as sess:
    # Create model.
    print("Creating %d layers of %d units." % (
      FLAGS.num_layers,
      FLAGS.size
    ))
    model = create_model(sess, False)
```

後で get_batch を使ってデータを取得する時のために、さまざまなユーティリティ関数を使ってデータを処理しバケットに格納します。ゼロから 1 までの実数がセットされた配列を作成します。この配列は、バケットのサイズで正規化されており、大まかにバケットを選択する際の確率を表します。get_batch でバケットを選択する際に、この確率が参照されます[†14]。

seq2seq/translate.py（抜粋）

```
# Read data into buckets and compute their sizes.
print (
  "Reading development and training data (limit: %d)."
  % FLAGS.max_train_data_size
)
dev_set = read_data(en_dev, fr_dev)
train_set = read_data(
  en_train,
  fr_train,
  FLAGS.max_train_data_size
)
train_bucket_sizes = [
  len(train_set[b]) for b in xrange(len(_buckets))
]
train_total_size = float(sum(train_bucket_sizes))

# A bucket scale is a list of increasing numbers
# from 0 to 1 that we'll use to select a bucket.
# Length of [scale[i], scale[i+1]] is proportional to
# the size if i-th training bucket, as used later.
train_buckets_scale = [
  sum(train_bucket_sizes[:i + 1]) / train_total_size
  for i in xrange(len(train_bucket_sizes))
]
```

データを用意できたら、訓練のためのメインのループに入ります。current_stepやprevious_lossesなどのループ変数を、ゼロや空の値で初期化します。whileループの繰り返しごとにbucket_idを1つ選択し、get_batchを使って一連のデータを取得し、データとともにモデルを**進めます**。

seq2seq/translate.py（抜粋）

```
# This is the training loop.
step_time, loss = 0.0, 0.0
current_step = 0
previous_losses = []
while True:
  # Choose a bucket according to data distribution.
  # We pick a random number
  # in [0, 1] and use the corresponding interval
```

†14 訳注：検証データはdevelopment dataと呼ばれることもあります。以降のコードでdevから始まる変数があったら、それは検証データを指します。

```
# in train_buckets_scale.
random_number_01 = np.random.random_sample()
bucket_id = min([
  i for i in xrange(len(train_buckets_scale))
  if train_buckets_scale[i] > random_number_01
])

# Get a batch and make a step.
start_time = time.time()
encoder_inputs, decoder_inputs, target_weights = \
  model.get_batch(train_set, bucket_id)
_, step_loss, _ = model.step(
  sess,
  encoder_inputs,
  decoder_inputs,
  target_weights,
  bucket_id,
  False
)
```

予測時に発生した損失を測定し、その他の指標値とともに記憶しておきます。

seq2seq/translate.py（抜粋）

```
time_elapsed = time.time() - start_time
step_time += time_elapsed / FLAGS.steps_per_checkpoint
loss += step_loss / FLAGS.steps_per_checkpoint
current_step += 1
```

グローバル変数が示すとおりの処理も必要です。まず、直前の処理での統計情報（損失、学習率、モデルの精度を表すパープレキシティ†15）を表示します。損失が低下していない場合には、モデルが極小値に陥っている可能性があります。この状況から脱出するためには、学習率を調整して大きな移動が起こらないようにします。この段階で、モデルのコピーを重みやアクティベーションも合わせてディスクに保存します。

seq2seq/translate.py（抜粋）

```
# Once in a while, we save checkpoint, print statistics,
# and run evals.
if current_step % FLAGS.steps_per_checkpoint == 0:
  # Print statistics for the previous epoch.
  perplexity = (
```

†15　訳注：パープレキシティは、言語モデルの予測性能を表す指標の1つです。言語モデルを指定した時の選択肢の数に相当する量で、小さいほど性能が良いと評価されます。

```
    math.exp(float(loss)) if loss < 300
    else float("inf")
  )
  print (
    "global step %d learning rate %.4f"
    "step-time %.2f perplexity "
    "%.2f" % (
      model.global_step.eval(),
      model.learning_rate.eval(),
      step_time,
      perplexity
    )
  )
  # Decrease learning rate if no improvement was seen over
  # last 3 times.
  if (
    len(previous_losses) > 2
    and loss > max(previous_losses[-3:])
  ):
    sess.run(model.learning_rate_decay_op)

  previous_losses.append(loss)
  # Save checkpoint and zero timer and loss.
  checkpoint_path = os.path.join(
    FLAGS.train_dir,
    "translate.ckpt"
  )
  model.saver.save(
    sess,
    checkpoint_path,
    global_step=model.global_step
  )
  step_time, loss = 0.0, 0.0
```

仕上げに、残しておいた検証データを使ってモデルの性能を測定します。この測定を通じてモデルの汎化能力を確認し、改善の有無やその程度を調べます。get_batchを再び使ってデータを取得しますが、今回は検証データからのbucket_idだけを使います。また、モデルを進める際に重みの更新は行われません。メインの訓練のループと異なり、stepの最後の引数としてTrueが指定されているためです。stepでの処理については後ほど解説します。そして、検証での損失を表示します。

seq2seq/translate.py（抜粋）

```
  # Run evals on development set and print their perplexity.
  for bucket_id in xrange(len(_buckets)):
    if len(dev_set[bucket_id]) == 0:
```

```
            print("  eval: empty bucket %d" % (bucket_id))
            continue
          encoder_inputs, decoder_inputs, target_weights = \
            model.get_batch(dev_set, bucket_id)
          _, eval_loss, _ = model.step(
            sess,
            encoder_inputs,
            decoder_inputs,
            target_weights,
            bucket_id,
            True
          )
          eval_ppx = (
            math.exp(float(eval_loss)) if eval_loss < 300
            else float("inf")
          )
          print(
            "  eval: bucket %d perplexity %.2f"
            % (bucket_id, eval_ppx)
          )
        sys.stdout.flush()
```

我々のモデルには、もう 1 つ利用法が考えられます。それは 1 回限りの予測です。我々や他の利用者が新しい文をモデルに翻訳させるというものです。これには decode メソッドが使われます。行われるのは検証データに対する評価のループと基本的に同一ですが、出力された埋め込み表現を人間が読めるトークンへと変換するという点が異なります。以下はこのメソッドの紹介です。

異なる種類の処理が行われるため、TensorFlow のセッションを改めてインスタンス化する必要があります。そしてモデルを再生成するか、以前にチェックポイントとして保存したモデルを読み込みます。

seq2seq/translate.py（抜粋）

```
def decode():
  with tf.Session() as sess:
    # Create model and load parameters.
    model = create_model(sess, True)
```

並行して新しい文を処理する必要はないので、バッチのサイズを 1 にしています。データ自体ではなく、入力と出力のボキャブラリーだけを読み込んでいます。

seq2seq/translate.py（抜粋）

```
    model.batch_size = 1  # We decode one sentence at a time.
```

```
    # Load vocabularies.
    en_vocab_path = os.path.join(
      FLAGS.data_dir,
      "vocab%d.en" % FLAGS.en_vocab_size
    )
    fr_vocab_path = os.path.join(
      FLAGS.data_dir,
      "vocab%d.fr" % FLAGS.fr_vocab_size
    )
    en_vocab, _ = data_utils.initialize_vocabulary(
      en_vocab_path
    )
    _, rev_fr_vocab = data_utils.initialize_vocabulary(
      fr_vocab_path
    )
```

利用者が文を入力できるように、標準入力からデータを受け取ります。

seq2seq/translate.py（抜粋）

```
    # Decode from standard input.
    sys.stdout.write("> ")
    sys.stdout.flush()
    sentence = sys.stdin.readline()
```

空でない入力を受け取ったら、トークン化を行います。一定の長さを超えている場合には、切り詰めます。

seq2seq/translate.py（抜粋）

```
    while sentence:
      # Get token-ids for the input sentence.
      token_ids = data_utils.sentence_to_token_ids(
        tf.compat.as_bytes(sentence),
        en_vocab
      )
      # Which bucket does it belong to?
      bucket_id = len(_buckets) - 1
      for i, bucket in enumerate(_buckets):
        if bucket[0] >= len(token_ids):
          bucket_id = i
          break
        else:
          logging.warning("Sentence truncated: %s", sentence)
```

`get_batch`はデータを取得せず、`step`での利用のために適切な形状への変換を行います。

seq2seq/translate.py（抜粋）

```
# Get a 1-element batch to feed the sentence to the model.
encoder_inputs, decoder_inputs, target_weights = \
  model.get_batch(
    {bucket_id: [(token_ids, [])]},
    bucket_id
  )
```

モデルを進めて、output_logits を取得します。今までは損失の値が必要でしたが、今回は出力トークンの正規化前の対数確率を求めます。出力のボキャブラリーを使ってこれをデコードし、最初の EOS トークン以降を削除します。デコード結果のフランス語の文または語句を表示し、利用者からの次の入力を待ちます。

seq2seq/translate.py（抜粋）

```
# Get output logits for the sentence.
_, _, output_logits = model.step(
  sess,
  encoder_inputs,
  decoder_inputs,
  target_weights,
  bucket_id,
  True
)
# This is a greedy decoder - outputs are just argmaxes
# of output_logits.
outputs = [
  int(np.argmax(logit, axis=1))
  for logit in output_logits
]
# If there is an EOS symbol in outputs, cut them
# at that point.
if data_utils.EOS_ID in outputs:
  outputs = outputs[:outputs.index(data_utils.EOS_ID)]
# Print out French sentence corresponding to outputs.
print(" ".join([
  tf.compat.as_str(rev_fr_vocab[output])
  for output in outputs
]))
print("> ", end="")
sys.stdout.flush()
sentence = sys.stdin.readline()
```

モデルの訓練と利用についての概要は以上です。モデル自体の詳細については大部分を省略しましたが、場合によってはこれでも十分でしょう。ここからは、step メソッドの詳細について議論してゆきます。この関数は、モデルの損失関数を推定し、重みを更新し、モデルの計算グラフを作成します。順に説明してゆきましょう。

step メソッドはたくさんの引数を受け取ります。TensorFlow のセッション、エンコーダーへの入力として渡されるベクトルのリスト、デコーダーへの入力、ターゲットの重み、訓練中に選択された bucket_id の値、そして真偽値フラグ forward_only です。このフラグは、勾配に基づく最適化を行って重みを更新するか否かを表します。True が指定された場合、任意の文をデコードでき、用意されていた検証データを使って性能を測定できます。

seq2seq/seq2seq_model.py（抜粋）

```
def step(self, session, encoder_inputs, decoder_inputs,
         target_weights, bucket_id, forward_only):
```

すべてのベクトルが適切なサイズであることをチェックし、入力と出力に値を格納します。入力には step メソッドに渡された情報がすべて含まれており、サンプル当たりの損失全体を計算するのに十分です。

seq2seq/seq2seq_model.py（抜粋）

```
    # Check if the sizes match.
    encoder_size, decoder_size = self.buckets[bucket_id]
    if len(encoder_inputs) != encoder_size:
      raise ValueError(
        "Encoder length must be equal to the one in bucket,"
        " %d != %d." % (len(encoder_inputs), encoder_size)
      )
    if len(decoder_inputs) != decoder_size:
      raise ValueError(
        "Decoder length must be equal to the one in bucket,"
        " %d != %d." % (len(decoder_inputs),decoder_size)
      )
    if len(target_weights) != decoder_size:
      raise ValueError(
        "Weights length must be equal to the one in bucket,"
        " %d != %d." % (len(target_weights),decoder_size)
      )

    # Input feed: encoder inputs, decoder inputs, target_weights,
    # as provided.
    input_feed = {}
    for l in xrange(encoder_size):
      input_feed[self.encoder_inputs[l].name] = encoder_inputs[l]
    for l in xrange(decoder_size):
      input_feed[self.decoder_inputs[l].name] = decoder_inputs[l]
      input_feed[self.target_weights[l].name] = target_weights[l]
```

```
    # Since our targets are decoder inputs shifted by one,
    # we need one more.
    last_target = self.decoder_inputs[decoder_size].name
    input_feed[last_target] = np.zeros(
      [self.batch_size],
      dtype=np.int32
    )
```

損失が計算されてネットワーク内を逆伝播する必要がある場合には、確率的勾配降下法を使ってバッチごとの勾配のノルムと損失を計算する操作を出力に含めます。

seq2seq/seq2seq_model.py（抜粋）

```
    # Output feed: depends on whether we do a backward step or not.
    if not forward_only:
      output_feed = [
        self.updates[bucket_id],  # Update Op that SGD
        self.gradient_norms[bucket_id],  # Gradient norm
        self.losses[bucket_id]  # Loss for this batch
      ]
    else:
      output_feed = [self.losses[bucket_id]]  # Loss for this batch
      for l in xrange(decoder_size):  # Output logits.
        output_feed.append(self.outputs[bucket_id][l])
```

session.run にはこれら 2 つのデータが渡されます。forward_only フラグの値に応じて、勾配のノルムと損失（統計情報の出力のため）か出力データ（デコードのため）のいずれかが返されます。

seq2seq/seq2seq_model.py（抜粋）

```
    outputs = session.run(output_feed, input_feed)
    if not forward_only:
      # Gradient norm, loss, None
      return outputs[1], outputs[2], None
    else:
      # None, loss, outputs
      return None, outputs[0], outputs[1:]
```

次に、モデル本体について学びましょう。モデルのコンストラクタは、抽象化された構成要素を使ってグラフをセットアップします。まずは、このコンストラクタを呼び出している create_model メソッドについて簡単に解説し、続いてコンストラクタの詳細を明らかにします。

create_model メソッドでの処理はとてもシンプルです。利用者が指定した値やデフォルト値（英語とフランス語のボキャブラリーのサイズ、バッチのサイズなど）を使い、コンストラクタ seq2seq_model.Seq2SeqModel を呼び出してモデルを生成します。ここで注目したいのが use_fp16 フラグです。これが指定されていると、numpy の配列の要素で精度の低いデータ型が使われるようになります。若干の精度の低下と引き換えに、処理速度を上げることができます。しかも、損失や勾配の表現には 16 ビットでも十分なことが多く、32 ビットの場合に迫る精度を得られます。モデルは次のようにして作成します。

seq2seq/translate.py（抜粋）

```
def create_model(session, forward_only):
  """Create translation model
  and initialize or load parameters in session.
  """
  dtype = tf.float16 if FLAGS.use_fp16 else tf.float32
  model = seq2seq_model.Seq2SeqModel(
    FLAGS.en_vocab_size,
    FLAGS.fr_vocab_size,
    _buckets,
    FLAGS.size,
    FLAGS.num_layers,
    FLAGS.max_gradient_norm,
    FLAGS.batch_size,
    FLAGS.learning_rate,
    FLAGS.learning_rate_decay_factor,
    forward_only=forward_only,
    dtype=dtype
  )
```

モデルを実行する前に、以前の訓練でモデルのチェックポイントを作成しているかどうか確認します。作成されている場合、そのモデルとパラメーターがモデルの変数に読み込まれて実行されます。訓練を途中で中断しても、後で再開できるようにしています。そうでない場合は新たにモデルが生成され、メインのオブジェクトとして返されます。

seq2seq/translate.py（抜粋）

```
  ckpt = tf.train.get_checkpoint_state(FLAGS.train_dir)
  if ckpt and tf.train.checkpoint_exists(ckpt.model_checkpoint_path):
    print(
      "Reading model parameters from %s" % ckpt.model_checkpoint_path
    )
    model.saver.restore(session, ckpt.model_checkpoint_path)
  else:
```

```
        print("Created model with fresh parameters.")
        session.run(tf.global_variables_initializer())
    return model
```

ここからは、コンストラクタ seq2seq_model.Seq2SeqModel について見ていきます。このコンストラクタは計算グラフの全体を作成し、必要に応じて低階層の構成要素を呼び出します。詳細を示す前に、トップダウン形式でコードを紹介します。その後、重要な計算グラフについて解説します。

create_model に渡された引数がコンストラクタにそのまま渡されます。また、クラスレベルのフィールドがいくつか作られます。

seq2seq/seq2seq_model.py（抜粋）

```
class Seq2SeqModel(object):
  """Sequence-to-sequence model with attention ...
  ...
  """
  def __init__(
    self,
    source_vocab_size,
    target_vocab_size,
    buckets,
    size,
    num_layers,
    max_gradient_norm,
    batch_size,
    learning_rate,
    learning_rate_decay_factor,
    use_lstm=False,
    num_samples=512,
    forward_only=False,
    dtype=tf.float32
  ):
    """Create the model.
    ...
    """
    self.source_vocab_size = source_vocab_size
    self.target_vocab_size = target_vocab_size
    self.buckets = buckets
    self.batch_size = batch_size
    self.learning_rate = tf.Variable(
      float(learning_rate),
      trainable=False,
      dtype=dtype
    )
    self.learning_rate_decay_op = self.learning_rate.assign(
```

```
      self.learning_rate * learning_rate_decay_factor
    )
    self.global_step = tf.Variable(0, trainable=False)
```

続いて、サンプリングされたソフトマックスと出力の重みです。基本的な seq2seq のモデルと比べて、出力のボキャブラリーが大きくても効率的にデコードでき、出力のロジットは正しい空間に射影できます。

seq2seq/seq2seq_model.py（抜粋）

```
    # If we use sampled softmax, we need an output projection.
    output_projection = None
    softmax_loss_function = None
    # Sampled softmax only makes sense if we sample less than
    # vocabulary size.
    if num_samples > 0 and num_samples < self.target_vocab_size:
      w_t = tf.get_variable(
        "proj_w",
        [self.target_vocab_size, size],
        dtype=dtype
      )
      w = tf.transpose(w_t)
      b = tf.get_variable(
        "proj_b",
        [self.target_vocab_size],
        dtype=dtype
      )
      output_projection = (w, b)

      def sampled_loss(inputs, labels):
        labels = tf.reshape(labels, [-1, 1])
        # We need to compute the sampled_softmax_loss using
        # 32bit floats to avoid numerical instabilities.
        local_w_t = tf.cast(w_t, tf.float32)
        local_b = tf.cast(b, tf.float32)
        local_inputs = tf.cast(inputs, tf.float32)
        return tf.cast(tf.nn.sampled_softmax_loss(
            weights=local_w_t,
            biases=local_b,
            labels=labels,
            inputs=local_inputs,
            num_sampled=num_samples,
            num_classes=self.target_vocab_size
          ),
          dtype=dtype
        )
      softmax_loss_function = sampled_loss
```

フラグの値に応じて、内部で利用するRNNのセル（GRU、LSTM、複数層のLSTM）を選択します。実際のシステムでは層が1つのLSTMが使われることはありませんが、高速に訓練でき、デバッグのサイクルを短縮できます。

seq2seq/seq2seq_model.py（抜粋）

```
# Create the internal multi-layer cell for our RNN.
single_cell = tf.nn.rnn_cell.GRUCell(size)
if use_lstm:
  single_cell = tf.nn.rnn_cell.BasicLSTMCell(size)
cell = single_cell
if num_layers > 1:
  cell = tf.nn.rnn_cell.MultiRNNCell(
    [single_cell] * num_layers
  )
```

再帰的な関数 `seq2seq_f` は、後で紹介する `seq2seq.embedding_attention_seq2seq` と組み合わせて利用します。

seq2seq/seq2seq_model.py（抜粋）

```
# The seq2seq function: we use embedding for the
# input and attention.
def seq2seq_f(encoder_inputs, decoder_inputs, do_decode):
  return seq2seq.embedding_attention_seq2seq(
    encoder_inputs,
    decoder_inputs,
    cell,
    num_encoder_symbols=source_vocab_size,
    num_decoder_symbols=target_vocab_size,
    embedding_size=size,
    output_projection=output_projection,
    feed_previous=do_decode,
    dtype=dtype
  )
```

入力とターゲットのプレースホルダは以下のように定義されます。

seq2seq/seq2seq_model.py（抜粋）

```
# Feeds for inputs.
self.encoder_inputs = []
self.decoder_inputs = []
self.target_weights = []

for i in xrange(buckets[-1][0]):  # Last bucket isthe biggest one.
  self.encoder_inputs.append(tf.placeholder(
    tf.int32,
```

```
        shape=[None],
        name="encoder{0}".format(i)
      ))
    for i in xrange(buckets[-1][1] + 1):
      self.decoder_inputs.append(tf.placeholder(
        tf.int32,
        shape=[None],
        name="decoder{0}".format(i)
      ))
      self.target_weights.append(tf.placeholder(
        dtype,
        shape=[None],
        name="weight{0}".format(i)
      ))

    # Our targets are decoder inputs shifted by one.
    targets = [
      self.decoder_inputs[i + 1]
      for i in xrange(len(self.decoder_inputs) - 1)
    ]
```

seq2seq.model_with_bucketsを使い、出力と損失を計算します。この関数では、バケットに適したseq2seqのモデルが作られます。サンプルのシーケンス全体の平均か、ロジットのシーケンスに対する重み付き交差エントロピー誤差のいずれかとして損失が計算されます。

seq2seq/seq2seq_model.py（抜粋）

```
    # Training outputs and losses.
    if forward_only:
      self.outputs, self.losses = seq2seq.model_with_buckets(
        self.encoder_inputs,
        self.decoder_inputs,
        targets,
        self.target_weights,
        buckets,
        lambda x, y: seq2seq_f(x, y, True),
        softmax_loss_function=softmax_loss_function
      )
      # If we use output projection, we need to project outputs
      # for decoding.
      if output_projection is not None:
        for b in xrange(len(buckets)):
          self.outputs[b] = [
            tf.matmul(output, output_projection[0])
            + output_projection[1]
            for output in self.outputs[b]
```

```
            ]
        else:
          self.outputs, self.losses = seq2seq.model_with_buckets(
            self.encoder_inputs,
            self.decoder_inputs,
            targets,
            self.target_weights,
            buckets,
            lambda x, y: seq2seq_f(x, y, False),
            softmax_loss_function=softmax_loss_function
          )
```

モデルのパラメーターは訓練可能であり、ここで勾配降下法を使って更新します。今回は、単純な確率的勾配降下法を**勾配クリッピング**（gradient clipping）とともに利用しています。もちろん任意のオプティマイザーを利用してもよく、精度や訓練の速度を向上できるでしょう。更新の後に、すべての変数を保存します。

seq2seq/seq2seq_model.py（抜粋）

```
        # Gradients and SGD update operation for training the model.
        params = tf.trainable_variables()
        if not forward_only:
          self.gradient_norms = []
          self.updates = []
          opt = tf.train.GradientDescentOptimizer(
            self.learning_rate
          )
          for b in xrange(len(buckets)):
            gradients = tf.gradients(self.losses[b], params)
            clipped_gradients, norm = tf.clip_by_global_norm(
              gradients,
              max_gradient_norm
            )
            self.gradient_norms.append(norm)
            self.updates.append(opt.apply_gradients(
              zip(clipped_gradients, params),
              global_step=self.global_step
            ))

        self.saver = tf.train.Saver(tf.global_variables())
```

計算グラフの概要を踏まえて、ここからはモデルを構成する最も基礎的な要素の解説に進みます。`seq2seq.embedding_attention_seq2seq` の詳細について見てゆきましょう。

このモデルを初期化する際は、フラグなどの引数を渡します。中でも重要なのが

feed_previous です。ここに True が指定されていると、デコーダーは時刻 t に出力されたロジットを時刻 $t+1$ での入力として利用します。その結果、今までに処理してきたすべてのトークンに基づいて次のトークンがデコードされることになります。このように、次の出力が過去のすべての出力から影響を受けることを**自己回帰デコード**と呼びます。

seq2seq.py（抜粋）

```
def embedding_attention_seq2seq(
  encoder_inputs,
  decoder_inputs,
  cell,
  num_encoder_symbols,
  num_decoder_symbols,
  embedding_size,
  output_projection=None,
  feed_previous=False,
  dtype=None,
  scope=None,
  initial_state_attention=False
):
```

まず、エンコーダーをラップしたオブジェクトを作成します。

seq2seq.py（抜粋）

```
  with variable_scope.variable_scope(
    scope or "embedding_attention_seq2seq",
    dtype=dtype
  ) as scope:
    dtype = scope.dtype
    encoder_cell = tf.contrib.rnn.EmbeddingWrapper(
      cell,
      embedding_classes=num_encoder_symbols,
      embedding_size=embedding_size
    )
    encoder_outputs, encoder_state = rnn.static_rnn(
      encoder_cell,
      encoder_inputs,
      dtype=dtype
    )
```

次のコードでは、アテンションの対象を表現するためにエンコーダーからの出力を連結しています。こうすることによって、分布としてこれらの内部状態にアテンションを与えられます。

seq2seq.py（抜粋）

```
    # First calculate a concatenation of encoder outputs
    # to put attention on.
    top_states = [
      array_ops.reshape(e, [-1, 1, cell.output_size])
      for e in encoder_outputs
    ]
    attention_states = array_ops.concat(top_states, 1)
```

次に、デコーダーを生成します。output_projection フラグが指定されていない場合、セルは出力の射影を行えるようにラップされます。

seq2seq.py（抜粋）

```
    output_size = None
    if output_projection is None:
      cell = rnn_cell.OutputProjectionWrapper(
        cell,
        num_decoder_symbols
      )
      output_size = num_decoder_symbols
```

続いて、embedding_attention_decoder を使って出力と内部状態を算出します。

seq2seq.py（抜粋）

```
    if isinstance(feed_previous, bool):
      return embedding_attention_decoder(
        decoder_inputs,
        encoder_state,
        attention_states,
        cell,
        num_decoder_symbols,
        embedding_size,
        output_size=output_size,
        output_projection=output_projection,
        feed_previous=feed_previous,
        initial_state_attention=initial_state_attention
      )
```

embedding_attention_decoder は、attention_decoder の改良版です（アテンションについては以前説明しました）。入力は学習によって得られた埋め込み空間へと射影されます。多くの場合、これにより性能を向上できます。埋め込みを含む RNN のセルでの処理を表すループの関数（loop_function）が、ここで実行されます。

seq2seq.py（抜粋）

```
def embedding_attention_decoder(
  decoder_inputs,
  initial_state,
  attention_states,
  cell,
  num_symbols,
  embedding_size,
  output_size=None,
  output_projection=None,
  feed_previous=False,
  update_embedding_for_previous=True,
  dtype=None,
  scope=None,
  initial_state_attention=False
):
  """RNN decoder with embedding and attention and ...
  ...
  """
  if output_size is None:
    output_size = cell.output_size
  if output_projection is not None:
    proj_biases = ops.convert_to_tensor(
      output_projection[1],
      dtype=dtype
    )
    proj_biases.get_shape().assert_is_compatible_with(
      [num_symbols]
    )

  with variable_scope.variable_scope(
    scope or "embedding_attention_decoder",
    dtype=dtype
  ) as scope:

    embedding = variable_scope.get_variable(
      "embedding",
      [num_symbols, embedding_size]
    )
    loop_function = _extract_argmax_and_embed(
      embedding,
      output_projection,
      update_embedding_for_previous
    ) if feed_previous else None
    emb_inp = [
      embedding_ops.embedding_lookup(embedding, i)
      for i in decoder_inputs
    ]
```

```
    return attention_decoder(
      emb_inp,
      initial_state,
      attention_states,
      cell,
      output_size=output_size,
      loop_function=loop_function,
      initial_state_attention=initial_state_attention
    )
```

attention_decoderについても解説しておきましょう。名前のとおり、このデコーダーの主な機能は、エンコーダーがエンコードの際に生成した内部状態に対してアテンションの重みを計算することです。値に対するチェックを終えたら、内部にある特徴の形状を適切に変更します。

seq2seq.py（抜粋）

```
def attention_decoder(
  decoder_inputs,
  initial_state,
  attention_states,
  cell,
  output_size=None,
  loop_function=None,
  dtype=None,
  scope=None,
  initial_state_attention=False
):
  """RNN decoder with attention for the sequence-to-sequence ...
  ...
  """
  if not decoder_inputs:
    raise ValueError(
      "Must provide at least 1 input to attention decoder."
    )
  if attention_states.get_shape()[2].value is None:
    raise ValueError(
      "Shape[2] of attention_states must be known:"
      "%s" % attention_states.get_shape()
    )
  if output_size is None:
    output_size = cell.output_size

  with variable_scope.variable_scope(
    scope or "attention_decoder",
    dtype=dtype
  ) as scope:
```

```
    dtype = scope.dtype

    # Needed for reshaping
    batch_size = array_ops.shape(decoder_inputs[0])[0]
    attn_length = attention_states.get_shape()[1].value
    if attn_length is None:
      attn_length = array_ops.shape(attention_states)[1]
    attn_size = attention_states.get_shape()[2].value

    # To calculate W1 * h_t we use a 1-by-1 convolution,
    # need to reshape before.
    hidden = array_ops.reshape(
      attention_states,
      [-1, attn_length, 1, attn_size]
    )
    hidden_features = []
    v = []
    attention_vec_size = attn_size  # Size of query vectors for
↪    attention.
    k = variable_scope.get_variable(
      "AttnW_0",
      [1, 1, attn_size, attention_vec_size]
    )
    hidden_features.append(nn_ops.conv2d(
      hidden,
      k,
      [1, 1, 1, 1],
      "SAME"
    ))
    v.append(
      variable_scope.get_variable(
        "AttnV_0",
        [attention_vec_size]
      )
    )

    state = initial_state
```

attention メソッドは以下のようになります。クエリベクトルを受け取り、内部状態に対するアテンションの重みを表すベクトルを返します。前に説明したものと同じアテンションが実装されています。

seq2seq.py（抜粋）

```
    def attention(query):
      """Put attention masks on hidden using hidden_features
      and query.
      """
```

```
    # Results of attention reads will be stored here.
    ds = []
    # If the query is a tuple, flatten it.
    if nest.is_sequence(query):
      query_list = nest.flatten(query)
      # Check that ndims == 2 if specified.
      for q in query_list:
        ndims = q.get_shape().ndims
        if ndims:
          assert ndims == 2
      query = array_ops.concat(query_list, 1)
    with variable_scope.variable_scope("Attention_0"):
      y = Linear(query, attention_vec_size, True)(query)
      y = array_ops.reshape(y, [-1, 1, 1,attention_vec_size])
      # Attention mask is a softmax of v^T * tanh(...).
      s = math_ops.reduce_sum(
        v[0] * math_ops.tanh(
          hidden_features[0] + y
        ),
        [2, 3]
      )
      a = nn_ops.softmax(s)
      # Now calculate the attention-weighted vector d.
      d = math_ops.reduce_sum(
        array_ops.reshape(
          a,
          [-1, attn_length, 1, 1]
        ) * hidden,
        [1, 2]
      )
      ds.append(array_ops.reshape(d, [-1, attn_size]))
    return ds
```

この関数を使い、出力される内部状態について先頭からアテンションを計算します。

seq2seq.py（抜粋）

```
  outputs = []
  prev = None
  batch_attn_size = array_ops.stack([batch_size, attn_size])
  attns = [array_ops.zeros(batch_attn_size, dtype=dtype)]
  # Ensure the second shape of attention vectors is set.
  for a in attns:
    a.set_shape([None, attn_size])
  if initial_state_attention:
    attns = attention(initial_state)
```

入力の残りの部分について、ループを実行します。まず、現在の期間の入力が正しいサイズであることを確認します。RNNのセルとクエリを実行し、これらを連結して同様に出力へと渡します。

seq2seq.py（抜粋）

```
        for i, inp in enumerate(decoder_inputs):
          if i > 0:
            variable_scope.get_variable_scope().reuse_variables()
          # If loop_function is set, we use it instead of decoder_inputs.
          if loop_function is not None and prev is not None:
            with variable_scope.variable_scope("loop_function",
              reuse=True):
              inp = loop_function(prev, i)
          # Merge input and previous attentions into one vector of
          # the right size.
          input_size = inp.get_shape().with_rank(2)[1]
          if input_size.value is None:
            raise ValueError(
              "Could not infer input size from input: %s" % inp.name
            )
          inputs = [inp] + attns
          x = Linear(inputs, input_size, True)(inputs)
          # Run the RNN.
          cell_output, state = cell(x, state)
          # Run the attention mechanism.
          if i == 0 and initial_state_attention:
            with variable_scope.variable_scope(
              variable_scope.get_variable_scope(),
              reuse=True
            ):
              attns = attention(state)
          else:
            attns = attention(state)

          with variable_scope.variable_scope(
            "AttnOutputProjection"
          ):
            inputs = [cell_output] + attns
            output = Linear(inputs, output_size, True)(inputs)
          if loop_function is not None:
            prev = output
          outputs.append(output)

      return outputs, state
```

以上で、ニューラルネットワークに基づくかなり洗練された機械翻訳システムの完成です。実運用の際には、環境ごとに固有の調整が行われ、最高水準の性能を得るために巨大な計算機環境で訓練が行われます。

今回のモデルを、8基のNVIDIA Tesla M40 GPU上で4日間訓練した結果を紹介します。**図7-31**と**図7-32**は、パープレキシティと学習率の変化を示しています。

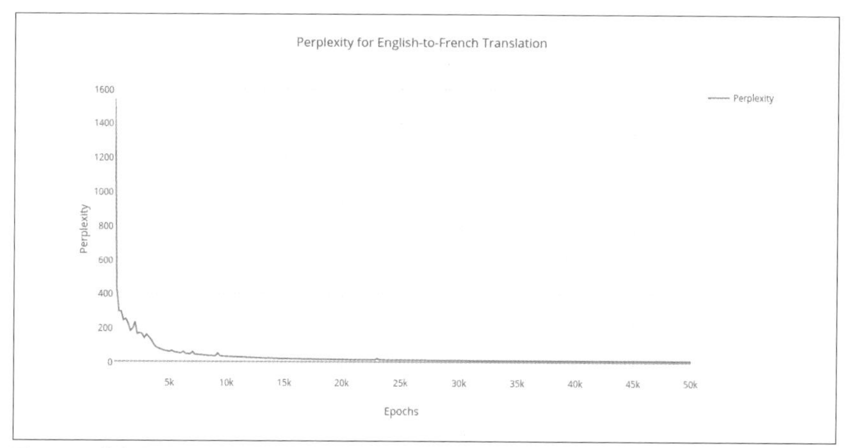

図7-31 訓練データについてのパープレキシティの変化。5万エポック後に、パープレキシティはおよそ6から4へと低下している。ニューラルネットワークの機械翻訳システムとしては、なかなか良いスコアである

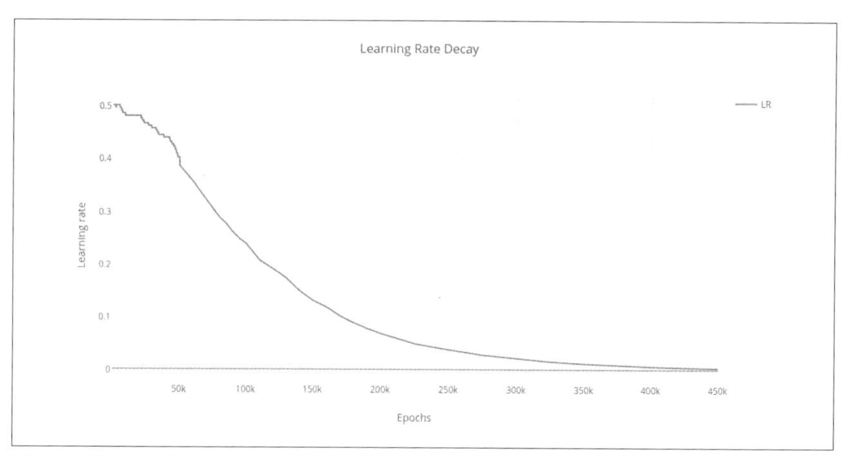

図7-32 学習率の変化。パープレキシティとは異なり、学習率はゼロへと漸減してゆく。訓練の終了までにモデルが安定した状態に近づいていたことがわかる

アテンションのモデルをより明確に示すために、英文をフランス語に翻訳する際にエンコーダーのLSTMが算出したアテンションを可視化してみます。具体的に

は、文を連続するベクトルへと圧縮するためにエンコーダーの LSTM がセルの状態を更新する際、時刻ごとに内部状態を計算していることがわかります。デコーダーの LSTM は、これらの状態の凸和を計算しており、この和をアテンションとみなすことができます。特定の状態の重みが大きいなら、その期間に入力されたトークンへのアテンションが大きいということを意味します。

可視化の結果が**図7-33**です。翻訳対象の英文が上端に示され、翻訳結果のフランス語文が左端に示されています。四角形の色が明るければ明るいほど、ある行を訳していた際に該当の語へのアテンションが大きかったということになります。この図はアテンションのマップを表しています。(i, j) 番目の要素は、フランス語文の i 番目のトークンを翻訳する際に英文の j 番目のトークンに対して与えられたアテンションの量を表します。

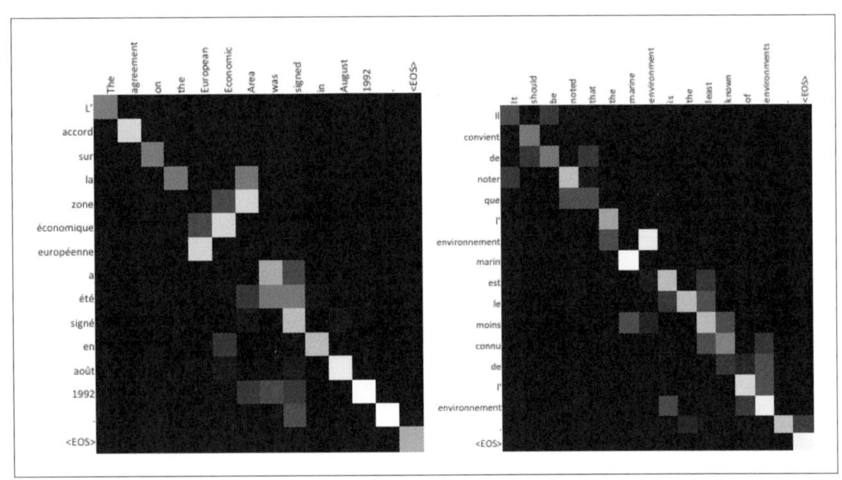

図7-33　デコーダーがエンコーダーの内部状態にアテンションを与える際の、凸和の重みを可視化したもの。明るさはアテンションの強さを表す

アテンションのしくみがかなりうまく機能していることが、この図からわかります。モデルによる予測を妨げるノイズもわずかにありますが、多くのアテンションは正しい位置に向けられています。ネットワークに層を追加すれば、さらに明快なアテンションを生成できます。この図で注目するべき点として、英文での European Economic Area がフランス語では zone économique européenne のように語順が反転しているのですが、アテンションの重みにもこの反転が現れています。左から右へとスムーズには訳せないような言語では、こうしたパターンがより多く現れるで

しょう。

とても基本的なアーキテクチャーの１つを、理解し実装できました。ここからは、さらに新しいRNN関連のトピックを学び、より洗練された学習に取り組みます。

7.15　まとめ

この章では、シーケンス分析の世界に深く踏み込みました。フィードフォワードネットワークをハックしてシーケンスを扱う方法を分析し、RNNをしっかり理解しました。また、アテンションのしくみが言語の翻訳や音声の書き起こしなどに幅広く適用できることを示しました。

8章 メモリ強化ニューラルネットワーク

Mostafa Samir[†1]

ここまでに、RNN が機械翻訳などの複雑な課題を効率的に解決できることを学んできました。しかし実際には、我々はまだ RNN のポテンシャルを十分には活用できていません。「7 章　シーケンス分析のモデル」で、RNN が理論上は任意の関数を表現できるということに触れました。このことをより正確に言うなら、RNN は**チューリング完全**です。つまり、適切な接続とパラメーターを与えれば、RNN は計算可能なすべての問題（基本的には、コンピューターアルゴリズムを使って解決できるすべての問題）を学習によって解くことができます。言い換えれば、チューリングマシンです。

8.1 ニューラルチューリングマシン

このような普遍性を達成することは理論上は可能ですが、実際にはきわめて困難です。RNN の接続やパラメーターを決定するための探索空間が膨大で、勾配降下法を使って適切な解を発見するのが難しいからです。しかし、この章で紹介する最先端のアプローチを使えば、RNN のポテンシャルの一端に触れることができるようになります。

例として、以下のシンプルな読解問題について考えてみましょう。

```
Mary travelled to the hallway. She grabbed the milk glass there.
Then she travelled to the office, where she found an apple and grabbed it.
```

†1　https://mostafa-samir.github.io/

メアリーは廊下に向かいました。彼女はそこで牛乳の入ったグラスを手に取りました。
そして彼女はオフィスに向かい、リンゴを見つけて手に取りました。

How many objects is Mary carrying?
メアリーは物を何個持っていますか?

答えは簡単で、「2個」です。しかし、この簡単な答えを出すまでに我々の脳は何を行っているのでしょうか。簡単なプログラムを使ってこの問題を解くとしたら、次のようなアプローチがとられるかもしれません。

```
1. counter のためのメモリ領域を割り当てる
2. counter をゼロで初期化する
3. 文中のそれぞれの語 word について
    3.1. もし word が"grabbed"なら
        3.1.1. counter の値を 1 つ増やす
4. counter の値を返す
```

実際に、我々の脳はこのようなプログラムによく似たやり方を取り入れています。文を読み始めると、プログラムと同じように我々も記憶のための領域を用意し、そこに情報を蓄積してゆきます。最初の文を読み終わると、メアリーの位置(廊下)を記憶します。2つ目の文では、メアリーが持っている物(この時点では、牛乳入りのグラス)が記憶されます。3つ目では、最初に記憶されたメアリーの位置がオフィスへと更新されます。4つ目の文では、2番目の記憶つまり持ち物が牛乳とリンゴに更新されます。そして質問の文に到達すると、2番目の記憶の参照先が速やかに取得され、そこにある情報が数え上げられます。もちろん、その結果は2です。神経科学や認知心理学の世界では、このような情報の一時的な格納や操作のしくみを**作業記憶**と呼びます。これから紹介する研究は、この作業記憶の考え方に着想を得ています。

2014年に、Google DeepMindのGravesらが作業記憶を初めて研究に取り入れ、Neural Turing Machines(https://arxiv.org/abs/1410.5401)という論文を発表しました。ここで、タイトルと同名の**NTM**(Neural Turing Machine)と呼ばれるニューラルネットワークの新しいアーキテクチャーが提唱されました。NTMはコントローラーの役割を持つニューラルネットワーク(通常はRNN)と、脳の作業記憶に似た外部の記憶領域から構成されます。作業記憶のモデルと一般的なコンピューターのモデルが似ていることを示すために、**図8-1**を用意しました。NTMでの外部記憶はRAMに相当し、入出力バスの代わりに読み書きヘッドが使われます。また、CPUの代わりになるのがコントローラーのネットワークです。ただしCPUのように単にプログラムを渡されるのではなく、コントローラーはプログラムを学習します。

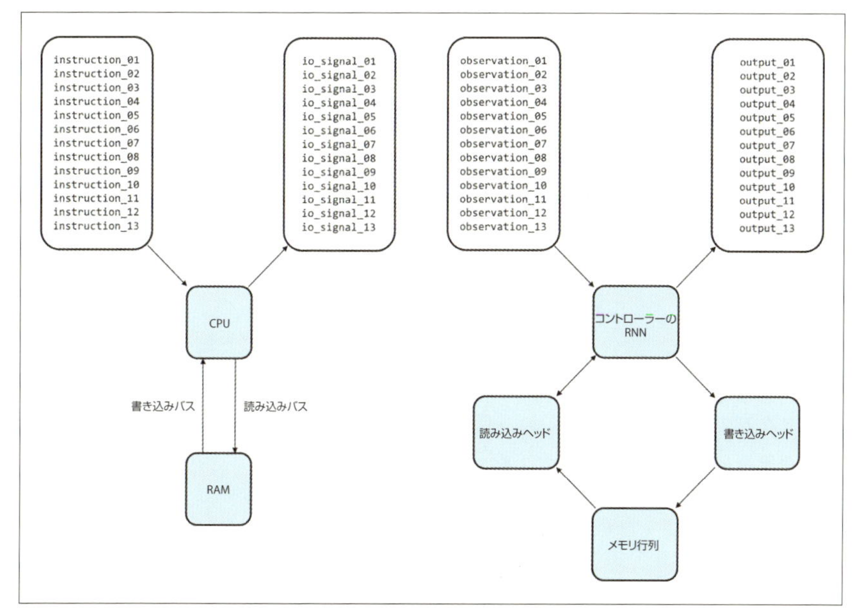

図8-1　今日のコンピューターではプログラムが渡される（左）が、NTM はプログラムを学習する（右）。この例では NTM の読み書きのヘッドは 1 つずつだが、複数個あってもよい

RNN のチューリング完全性という観点から、NTM について考えてみましょう。データの一時的な保管場所として RNN に外部記憶を加えると、探索空間の多くを枝刈りすることが可能になります。情報の処理と格納という 2 つの目的で RNN を利用する必要がなくなるためです。ここでの RNN は、外部に保管されている情報を処理するだけでかまいません。このように、探索空間が枝刈りされることによって、メモリによる強化以前には考えられなかったさまざまな可能性が生まれます。実際に NTM では、入力シーケンスを受け取った後でのコピーや、n-gram のモデルの擬似的な再現、優先度付きの並べ替えなどが可能です。この章ではさらに、勾配ベースの探索だけで先ほどの読解問題のための学習を行えるようになることを示します。

8.2 アテンションベースのメモリアクセス

勾配ベースの探索手法を使って NTM の訓練を行うためには、アーキテクチャー全体で微分が可能でなければなりません。入力を処理するモデルのパラメーターに応じて、出力の勾配を計算する必要があります。このような性質は**エンドツーエンドの微分可能性**と呼ばれます。入力から出力までのすべてで微分を行えるという意味です。コンピューターがRAMにアクセスするのと同じように（つまり、離散的なアドレスの値を使って）NTMがメモリにアクセスするなら、アドレスの離散性のせいで出力の勾配が不連続になります。その結果、勾配ベースの手法を使った訓練が不可能になってしまいます。メモリ内の特定の位置に着目でき、しかも連続的にメモリにアクセスできるようなやり方が求められます。そしてこれをまさに実現してくれるのが、アテンションのしくみです。

離散的なアドレスを生成する代わりに、ここではそれぞれのヘッドがアテンションのベクトルを生成します。このベクトルはメモリ上の位置の数と同サイズで、ソフトマックスによって正規化されます。これを使い、すべてのメモリ上の位置に対して曖昧にアクセスします。ベクトルの値は、対応する位置に対してどの程度着目するかを表します。どの程度の確率でアクセスするかとも言えます。Nが位置の数を、Wが位置のサイズを表すとします。NTMのメモリを表す$N \times W$の行列について、時刻tでの状態をM_tで表します。ここからベクトルを読み込むために、サイズがNのアテンションのベクトルw_tを生成します。読み込み結果のベクトルは、次のような乗算を使って求められます。

$$\mathbf{r}_t = M_t^\top w_t$$

$^\top$は行列の転置を表します。**図8-2**はこの手順の例を表しています。ある位置へのアテンションを使って、そこにあるコンテンツとほぼ同じ情報を持つベクトルを取得できます。

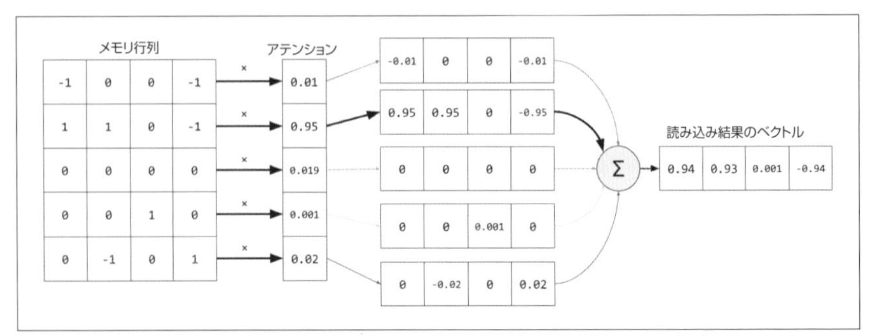

図8-2 アテンションを使った曖昧な読み取りの例。注目の対象の位置とほぼ同じ情報を取得できる

同様のアテンションに基づく重み付けが、書き込みヘッドでも行われます。重みのベクトル w_t が生成され、特定の情報をメモリから消去するために使われます。消去の指示は、コントローラーから消去ベクトル e_t という形で行われます。ここには W 個の要素があり、何を消去して何を残すかがゼロから 1 までの値として表現されています。そして、消去されたメモリ行列に対して新しい情報を書き込む際にも同じ重みが使われます。コントローラーは、W 個の値からなる書き込みベクトル v_t を使って書き込みを指示します。

$$M_t = M_{t-1} \circ (E - w_t e_t^\top) + w_t \mathrm{v}_t^\top$$

E はすべての要素が 1 の行列、$\circ$ は要素ごとの乗算を表します。読み込みの場合と同様に、重みのベクトル w_t は消去（1 つ目の項）や書き込み（2 つ目）の際に注目するべき対象を表しています。

8.3 NTM でのメモリのアドレス管理

NTM では、アテンションの重みを使って連続的にメモリにアクセスしていることがわかりました。しかし、これらの重みがどのように生成され、メモリのアドレスがどのように管理されるかについてはまだ説明していません。NTM がメモリに対して何をするように期待されているのかを理解し、NTM が再現しようとしているのはチューリングマシンだということを踏まえると、要件が浮かび上がります。特定の値が含まれているメモリ上の位置にアクセスできることと、その位置から前または後に移動できることです。

1 つ目の要件を実現するのが**コンテンツベースのアドレシング**です。ここでは、コントローラーは探している値 k_t を送出します。これはキーと呼ばれます。それぞれの位置に格納されている情報との類似度を計算し、最も類似しているものに対してアテンションを与えます。このような重み付けは以下の式を使って計算できます。

$$\mathcal{C}(M, k, \beta) = \frac{\exp(\beta \mathcal{D}(M, k))}{\sum_{i=0}^{N} \exp(\beta \mathcal{D}(M[i], k))}$$

$\mathcal{D}$ は何らかの類似度の計算手法（コサイン類似度など）を表します。上の数式は、類似度のスコアに対する正規化されたソフトマックスそのものです。β というパラメーターは、必要に応じてアテンションの重みを減衰させるために使われます。これはキー強度と呼ばれます。このパラメーターが意図しているのは、タスクによってはコントローラーの送出するキーがメモリ上のどの情報にも類似しないような状況が起こりうることへの対処です。この場合、アテンションの重みがほぼ均一になってしまいます。**図8-3**では、コントローラーがキー強度を使って均一なアテンションを減衰させ、最も可能性の高い1ヶ所に集中するようになる様子を表しています。そしてコントローラーは、それぞれのキーとともに送出するべきキー強度の値を学習します。

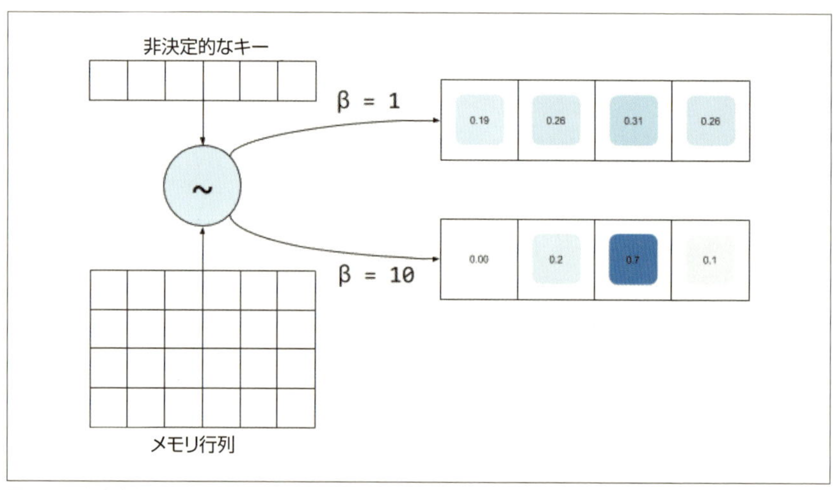

図8-3　非決定的なキーと何もしないキー強度（$\beta = 1$）の組み合わせは、ほぼ均一なアテンションのベクトルをもたらす。キー強度を増加させることによって、最も可能性の高い位置にアテンションを集中させることができる

メモリ上を前後に行き来するためには、まず自分がどこにいるかを知っている必要があります。このような情報は、直前のアクセスの重み w_{t-1} の中に含まれています。受け取ったばかりの新しいコンテンツベースの重み w_t^c †2とともに、現在の位置を保持する必要があります。このために、ゼロと1の間のスカラー値 g_t を使って2つの重みの間を補間します。

$$w_t^g = g_t w_t^c + (1 - g_t) w_{t-1}$$

g_t は**補間ゲート**と呼ばれます。コントローラーがこの値も送出し、現時刻に利用

†2　訳注：w_t^c は、前述の $\mathcal{C}$ を使って、$w_t^c = \mathcal{C}(M_t, k_t, \beta_t)$ と表すことができます。本文中では言及していませんが、キー強度 β も時刻ごとに計算される量なので、添字が付いて β_t となります。

したい情報が指定されます。補間ゲートの値が1に近ければ、コンテンツの探索結果として得られたアドレスが尊重されます。一方ゼロに近い場合は、現在の位置についての情報がそのまま使われ、コンテンツベースのアドレスは無視される傾向になります。例えば、連続した位置へのアクセスが重要だったり現在の位置の情報が必須だったりする場合に、補間ゲートの値がゼロになるようにコントローラーは学習するでしょう。コントローラーが送出するこの種の値を**ゲートを経た重み**と呼び、w_t^g という記号で表します。

メモリを利用するには、現在のゲートを経た重みを受け取り、注目先を別の位置に動かすしくみが必要です。これは、ゲートを経た重みと、コントローラーの送出する**シフトの重み** s_t を畳み込むことで実現できます。シフトの重みとは、サイズが $n+1$ のアテンションのベクトルをソフトマックスで正規化したものです。ここでの n は偶数であり、ゲートを経た重みで注目されている位置から移動できる数を表します。例えば、シフトの重みのサイズが3の場合、2通りの移動（前後にそれぞれ1つ）が可能です。**図8-4**では、ゲートを経た重みで注目された位置からシフトの重みを使って移動する様子を表しています。「5章　畳み込みニューラルネットワーク」では画像と特徴マップを畳み込みましたが、今回も似たような方法でシフトの重みを使ってゲートを経た重みを畳み込み、その結果として移動が発生します。シフトの重みがゲートを経た重みの範囲を超えてしまう場合の処理については、新たに追加する必要があります。以前のようなパディングの代わりに、ローテーション付きの畳み込みが行われます。図の中央で示すように、あふれた重みはゲートを経た重みの反対側に適用されます。この操作は要素ごとに、次の数式で表現されます。

$$\widetilde{w}_t[i] = \sum_{j=0}^{|s_t|} w_t^g \left[\left(i + \frac{|s_t| - 1}{2} - j \right) \mod N \right] s_t[j]$$

シフトの操作を取り入れた結果、ヘッドの重みがメモリ内を前後へ自由に移動できるようになりました。ただし、シフトの重みが十分に明確ではない場合には問題が考えられます。畳み込み演算の性質上、明確でないシフトの重み（**図8-4**の右側）は元のゲートを経た重みを周囲に分散させ、移動後の重みが弱まってしまいます。このような効果への対策として、移動後の重みに対して最後に明確化という処理を追加します。コントローラーは最後のスカラー値 $\gamma_t \geqq 1$ を送出し、次のようにして移動後の重みを強めます。

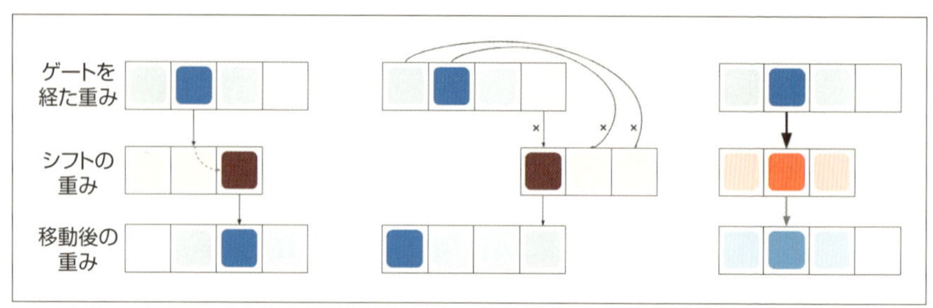

図8-4 (左) 右方向に着目しているシフトの重みによって、ゲートを経た重みが1つ右に移動した。(中) 左方向に着目しているシフトの重みによって、ゲートを経た重みが左に移動し、ローテーションが発生した。(右) 明確でないシフトはゲートを経た重みの注目先を変えないが、重みを弱める

$$w_t = \frac{\widetilde{w}_t^{\gamma_t}}{\sum_{i=0}^{N} \widetilde{w}_t[i]^{\gamma_t}}$$

補間から明確化までの一連の処理は、NTMでの2つ目のアドレスのしくみとして**位置ベースのアドレシング**と呼ばれます。2つのしくみを組み合わせることで、NTMはメモリを使ってさまざまな問題解決のための学習を行えるようになります。NTMの実際のふるまいを理解するために、**図8-5**のようなコピーの問題を取り上げます。このタスクでは、モデルはランダムなバイナリのベクトルからなるシーケンスを処理します。ベクトルの末尾には、終端を示すシンボルが追加されています。そして、入力と同じシーケンスが出力へとコピーされるようなモデルを学習します。

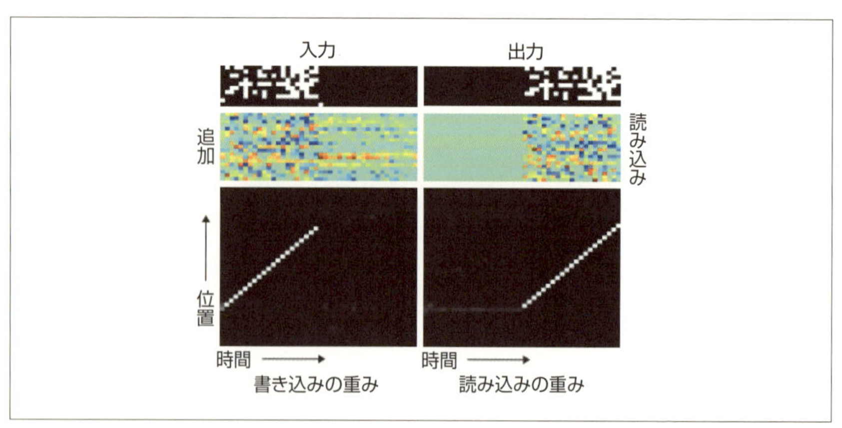

図8-5 コピーの処理のために訓練されたNTMの可視化。(左) 上から順に、モデルの入力、書き込みベクトル、メモリ上の位置に対する書き込みの重みの変化。(右) 同様に、モデルの出力、読み込みベクトル、メモリ上の位置に対する読み込みの重みの変化。出典:Alex Graves ほか "Neural Turing Machines" (2014) https://arxiv.org/abs/1410.5401

入力を読み込む際には、まずその内容が順にメモリ上の連続した位置へと書き込まれます。出力の際にはまず最初に書き込まれたベクトルに戻り、次に読む場所へと移動を繰り返しながら、以前に書き込まれた入力のシーケンスを返します。NTM が提案された論文では、他の課題のために訓練された NTM についても可視化が行われています。チェックしてみるとよいでしょう。これらの可視化から、NTM のアーキテクチャーがアドレシングのしくみを使ってさまざまな課題を学習し解決する能力があることがわかります。

本書では、NTM の実装については省略します。この章の残りの部分では、NTM の欠点について検討し、これらを解消する DNC（微分可能なニューラルコンピューター、Differentiable Neural Computer）という新しいアーキテクチャーを紹介します。そして DNC を実装し、先ほど紹介したシンプルな読解問題を解いてみます。

8.4 微分可能なニューラルコンピューター

NTM は強力ですが、メモリのしくみに関していくつか制限があります。まず、書き込まれたデータが重なったり干渉したりするのを防ぐ方法がありません。アテンションによって緩く指定されたメモリ上の位置すべてに対して、新しいデータを書き込むという「微分可能な」書き込みの性質が原因です。多くの場合、アテンションのしくみでは 1 ヶ所だけに強く注目するように学習が行われるため、NTM ではほぼ干渉のないふるまいへと収束してゆきます。しかし、干渉がないという保証はできません。

また、一度書き込みが行われたメモリ上の位置は再利用できません。そこに書き込まれたデータが使われなくなっても、新しいデータは書き込めません。メモリ上の位置を解放したり再利用したりできないというのが、NTM のアーキテクチャーが抱える 2 つ目の制限です。この制限のせいで、新しく書き込まれるデータが隣接しがちです。先ほどのコピーの例からも、この性質を見て取れます。書き出そうとしているデータについての一時的な情報を記録する場合、NTM にとっては連続的な書き込みが唯一の方法です。連続するデータを書いている間に書き込みヘッドが別の位置にジャンプしてしまうと、読み込みヘッドはジャンプ前後のデータをつなげることができません。これが 3 つ目の制限です。

2016 年 10 月に、Google DeepMind の Graves らは Nature 誌で Hybrid computing using a neural network with dynamic external memory（http://go.nature.com/2peM8m2）という論文を発表しました。この論文では、メモ

リ強化型の新しいニューラルアーキテクチャーとしてDNCが提案されました。NTMが改善され、先ほど述べた制限の克服が試みられています。NTMと同様にDNCでも、外部のメモリとのやり取りのためにコントローラーが用意されます。メモリにはサイズがWの語がN個含まれます。これらによる$N \times W$の行列をMと呼ぶことにします。コントローラーはサイズがXのベクトルと、前のステップでメモリから読み込まれたR個のベクトル（サイズはW）とを受け取ります。このRは読み込みヘッドの数に対応します。コントローラーはニューラルネットワークを使ってこれらを処理し、次の2つの情報を返します。

- メモリへの問い合わせ（読み書き）に必要な情報がすべて含まれる**インタフェースベクトル**
- サイズがYの**プレ出力ベクトル**

外部メモリはインタフェースベクトルを受け取り、1つの書き込みヘッドを使って必要な書き込みの操作を行い、そしてR個の新しいベクトルを読み込みます。読み込まれたベクトルはコントローラーに返され、プレ出力ベクトルと組み合わされてサイズがYの最終的な出力ベクトルが生成されます。

以上の操作をまとめたのが**図8-6**です。NTMとは異なり、DNCではメモリ以外のデータ構造も保持され、メモリの状態の管理に使われます。このデータ構造と賢いアテンションのしくみを通じて、DNCはNTMの制限を解消しています。

アーキテクチャー全体を微分可能にするために、DNCでは重みのベクトルを通じてメモリにアクセスします。このベクトルのサイズはNで、各要素はヘッドがメモリ上の位置にどの程度注目するべきかを表します。読み込みヘッド$\mathrm{w}_t^{r,1}, \ldots, \mathrm{w}_t^{r,R}$のために、$R$個の重みが用意されます。ここでの$t$は時刻を表します。書き込みヘッドは1つなので、書き込みの重みはw_t^wだけです。これらの重みを元に、以下のようにメモリ行列を更新します。

$$M_t = M_{t-1} \circ (E - \mathrm{w}_t^w e_t^\top) + \mathrm{w}_t^w \mathrm{v}_t^\top$$

e_tとv_tはそれぞれ、NTMでも使われた**消去ベクトル**と**書き込みベクトル**を表します。これらはコントローラーから渡されるインタフェースベクトルに含まれており、メモリに対して何を消去し何を書き込むべきかが指定されます。

更新されたメモリ行列M_tを得られたら、新しい読み込みベクトル$\mathrm{r}_t^1, \mathrm{r}_t^2, \ldots, \mathrm{r}_t^R$

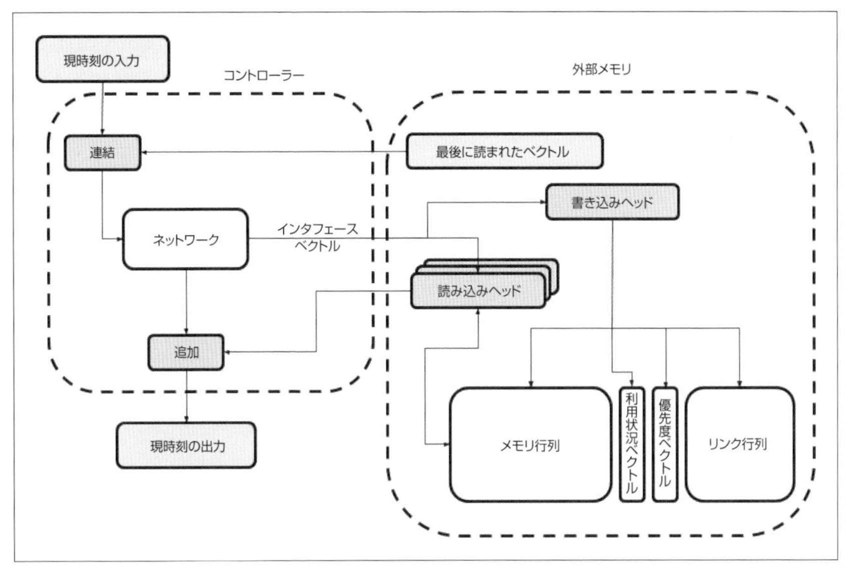

図8-6 DNC のアーキテクチャーと操作の概要。外部メモリにデータ構造が追加されている点と、メモリにアクセスするためのアテンションのしくみが NTM と異なる

でデータを読み出します。読み込みでの重みは次のように算出されます。

$$\mathrm{r}_t^i = M_t^\top \mathrm{w}_t^{r,i}$$

ここまでの説明では、NTM がメモリを読み書きする方法と何ら変わりはありません。この後すぐに、DNC がアクセスの重みを取得するためのアテンションのしくみについて議論します。ここからは両者の違いが明らかになってきます。両者ともにコンテンツベースのアドレシングつまり $\mathcal{C}(M, k, \beta)$ を利用していますが、DNC にはより効果的にアテンションを与えるためのしくみが用意されています。

8.5 DNC での干渉のない書き込み

NTM が持つ制限の 1 つ目として、書き込み時に干渉が起きないことを保証できないという点をあげました。直感的な対策として考えられるのが、NTM による学習を待たずともメモリ上の 1 つの空き領域に強く注目できるようなアーキテクチャーにすることです。どの位置が空いているかを管理するために、**利用状況ベクトル**という新しいデータ構造を用意します。

利用状況ベクトル u_t のサイズは N で、対応する位置のメモリがどの程度使われているかをゼロから1までの値として各要素に保持します。ゼロは完全に空いていることを表し、1は完全に使われていることを表します。

初期状態の利用状況ベクトルはすべてゼロになっています（$\mathrm{u}_0 = \mathbf{0}$）。時間の経過ごとに、利用状況が更新されてゆきます。この情報を利用すれば、どの位置での利用状況が最も低いかすぐにわかります。その位置に対して、最も強い重みが与えられることになります。まず利用状況ベクトルをソートし、利用状況の昇順に並べ替えられた位置のインデックスのリストを取得します。このリストは**空きリスト**と呼ばれ、ϕ_t と表記することにします。空きリストを使って、**割り当ての重み** a_t という中間的な重みを算出します。割り当ての重みは、新しいデータに対してメモリ上のどの位置を割り当てるか決定するために使われます。算出には以下の式が使われます。

$$\mathrm{a}_t[\phi_t[j]] = (1 - \mathrm{u}_t[\phi_t[j]]) \prod_{i=1}^{j-1} \mathrm{u}_t[\phi_t[i]] \quad \text{ここで} \ j \in 1, \ldots, N$$

わかりにくい数式だと思われたかもしれません。具体的な値の例を使うと、理解が容易になるでしょう。仮に、$\mathrm{u}_t = [1, 0.7, 0.2, 0.4]$ とします。途中計算については省略しますが、$\mathrm{a}_t = [0, 0.024, 0.8, 0.12]$ のように割り当ての重みが算出されます。この計算のプロセスを通じて、上の数式のしくみが理解できるようになるはずです。まず、$1 - \mathrm{u}_t[\phi_t[j]]$ によって位置への重みが空き具合に比例するようになります。また、$\prod_{i=1}^{j-1} \mathrm{u}_t[\phi_t[j]]$ はゼロから1までの値を乗算していくので、空きリストをたどるにつれてどんどん小さくなります。よって、最も使われていない位置から最も使われている位置へと進んでゆくと、乗算によって位置の重みはさらに減少します。そして、最も使われていない位置の重みが最も大きくなり、最も使われている位置の重みが最も小さくなります。つまり、おのずと1つの位置に注目できると保証されるため、モデルが注目先をうまく学習してくれるように祈る必要はありません。信頼性が高まり、訓練時間も短縮されます。

次に、コンテンツベースのアドレシングのしくみ $\mathrm{c}_t^w = \mathcal{C}(M_{t-1}, k_t^w, \beta_t^w)$ を使って探索の重み c_t^w を取得します。ここで k_t^w と β_t^w はそれぞれ、インタフェースベクトルを介して受け取った探索のキーと探索の強度を表します。この重みと割り当ての重み a_t を組み合わせて、最終的な書き込みの重みを以下のように組み立てます。

$$\mathrm{w}_t^w = g_t^w[g_t^a \mathrm{a}_t + (1 - g_t^a)\mathrm{c}_t^w]$$

g_t^w と g_t^a はそれぞれ書き込みゲートと割り当てゲートと呼ばれ、ゼロから 1 までの値を取ります。これらの値も、インタフェースベクトルを通じてコントローラーから与えられます。書き込みゲートは、そもそも書き込みが行われるかどうかを決定します。割り当てゲートは、割り当ての重みを使って新しい位置に書き込むか、それとも探索の重みで指定された既存の位置で値を書き換えるかを決定します。

8.6 DNC でのメモリの再利用

割り当ての重みの計算中に、すべての位置が利用中（つまり、$\mathrm{u}_t = \mathbf{1}$）だった場合について考えてみましょう。割り当ての重みはすべてゼロで、新しいデータをメモリに割り当てられません。このような場合には、メモリを解放して再利用する必要があります。

どの位置が解放できてどこが解放できないかを知るために、サイズが N の**保持ベクトル** ψ_t というデータを用意します。それぞれの位置について、解放せずに保持しておくべき程度が表現されます。このベクトルの各要素はゼロから 1 までの値です。ゼロは該当する位置が解放可能であることを表し、1 は保持が必要なことを表します。次のようにして算出されます。

$$\psi_t = \prod_{i=1}^{R}(\mathbf{1} - f_t^i \mathrm{w}_{t-1}^{r,i})$$

読み込みの重み $\mathrm{w}_{t-1}^{r,i}$ は、直前にそれぞれの読み込みヘッドが読み込んだ量を表します。ある位置が解放されるべき割合は、この重みに比例するというのが上の式の基本的な意図です。ただし、読み込んだデータが以降でも必要とされるかもしれません。読み込んですぐに解放してしまうというのはあまり望ましくありません。そこで、読み込み後の位置をいつ解放するべきかをコントローラーが決定できるように、ゼロから 1 までの値を R 個（$f_t^1, \ldots, f_t^R$）送出することにします。これを解放ゲートと呼びます。この値は、該当する位置が読み込まれたばかりだという事実の下で、どの程度解放が行われるべきかを表しています。望ましいふるまいを行えるようになるために、コントローラーは解放ゲートをどのように使うかを学習します。

保持ベクトルを算出できたら、これを使って以下のように利用状況ベクトルを更新し、解放や保持の状況を反映させます。

$$\mathrm{u}_t = (\mathrm{u}_{t-1} + \mathrm{w}_{t-1}^{w} - \mathrm{u}_{t-1} \circ \mathrm{w}_{t-1}^{w}) \circ \psi_t$$

この式は次のように読み下せます。ある位置が保持されており（$\psi_t \approx \mathbf{1}$ の場合)、かつすでに利用されているか書き込まれたばかり（$\mathrm{u}_{t-1} + \mathrm{w}^w_{t-1}$ として表されます）の場合に、その位置は利用されているとみなされます。要素ごとの積 $\mathrm{u}_{t-1} \circ \mathrm{w}^w_{t-1}$ を減算しているのは、利用状況と書き込みの重みの和が1を超えたとしても、式全体で表される利用状況の値をゼロから1の間に収めるためです。

割り当ての計算の前にこのような更新を行うことによって、今後の新しいデータのためにメモリの空き領域を用意できます。限られたメモリの効率的な利用と再利用ができるということは、NTM が抱えていた2つ目の問題点の解決にもつながります。

8.7 書き込みの時系列的リンク

DNC での動的なメモリ管理のしくみを使うと、メモリの割り当てが要求されるたびに最も利用されていない位置が返されます。新しく書き込まれる位置と前回の位置との間に、関係はありません。このようなメモリアクセスのしくみでは、NTM のようにデータの連続性を利用して時系列的な関係を表現することは不可能です。書き込まれたデータの順序を、明示的に記録しておく必要があります。

DNC では、このような記録のために2つのデータ構造がメモリ行列や利用状況ベクトルに加えて定義されています。1つは、**優先度ベクトル** p_t というサイズ N のベクトルです。メモリ上のそれぞれの位置についての確率分布を表しており、該当する位置が最後に書き込まれた位置である確率を表します。初期値はゼロ（$\mathrm{p}_0 = \mathbf{0}$）で、次のようなステップに基づいて更新されます。

$$\mathrm{p}_t = \left(1 - \sum_{i=1}^{N} \mathrm{w}^w_t[i]\right) \mathrm{p}_{t-1} + \mathrm{w}^w_t$$

まず書き込みの重みの値を合計し、直前の書き込みの量に比例したリセット係数を算出します。この値を使って、以前の優先度の値がリセットされます。そして書き込みの重みの値が追加され、書き込みの重みが大きい位置つまり直前に書き込まれた位置が優先度ベクトルでも大きな値を獲得します。

2つ目のデータ構造は**リンク行列** L_t です。これは $N \times N$ の行列であり、その各要素 $\mathrm{L}_t[i, j]$ にもゼロから1までの値がセットされます。それぞれの値は、位置 j への書き込みの後に位置 i への書き込みが行われた確率を表します。ここでも、すべての要素について初期値はゼロです。直前に書き込まれたデータを上書きしてしまうのを防ぐために、対角線上の要素も常にゼロとします（$\mathrm{L}_t[i,i]=0$）。その他の要素については、以下のようにして更新されます。

$$\mathrm{L}_t[i,j]=(1-\mathrm{w}_t^w[i]-\mathrm{w}_t^w[j])\mathrm{L}_{t-1}[i,j]+\mathrm{w}_t^w[i]\mathrm{p}_{t-1}[j]$$

今までに見てきたのと同様のパターンで、ここでも更新が行われています。まず、位置 i,j への書き込みに比例した係数を使ってリンクの値がリセットされます。そして、i での書き込みの重みと j での優先度との相関（ここでは積として表されます）を使い、リンクの値が更新されます。この結果、NTMでの3つ目の制限も解消されます。書き込みヘッドがメモリ上を動き回っても、時系列的な情報を維持できるようになりました。

8.8 DNCの読み込みヘッドを理解する

書き込みヘッドがメモリ行列や関連するデータ構造を更新したら、次は読み込みヘッドの出番です。読み込みヘッドへの要件はシンプルです。メモリ上の値を探索できることと、データの時系列的な順序に基づいて前後に移動できることだけです。探索の機能は、コンテンツベースのアドレシングを使って簡単に実現できます。$k_t^{r,1},\ldots,k_t^{r,R}$ と $\beta_t^{r,1},\ldots,\beta_t^{r,R}$ をそれぞれ読み込みのキーと強度の集合（サイズは R。インタフェースベクトルを介してコントローラーから受け取ります）とすると、i 番目の読み込みヘッドについての中間的な重みは $\mathrm{c}_t^{r,i}=\mathcal{C}(M_t,k_t^{r,i},\beta_t^{r,i})$ と表現できます。

前後への移動のためには、直前に読み込んだ場所を起点として重みを1ステップずつ移動できるようにする必要があります。順方向の移動については、リンク行列に直前の読み込みの重みを乗算することによって実現できます。乗算を行うと、直前に読み込みが行われた位置から直前の書き込みの位置（リンク行列で指定されます）へと重みが移動します。また、順方向への中間的な重みが生成されます。i 番目の読み込みヘッドについて、この重みは $\mathrm{f}_t^i=\mathrm{L}_t\mathrm{w}_{t-1}^{r,i}$ のように算出されます。逆方向への中間的な重みについては、リンク行列の転置行列に直前の読み込みの重みを乗算して $\mathrm{b}_t^i=\mathrm{L}_{t-1}^\top\mathrm{w}_{t-1}^{r,i}$ のように算出できます。

それぞれの読み込みについて、以下のようにして新しい重みを算出できます。

$$\mathrm{w}_t^{r,i}=\pi_t^i[1]\mathrm{b}_t^i+\pi_t^i[2]\mathrm{c}_t^{r,i}+\pi_t^i[3]\mathrm{f}_t^i$$

ここでの $\pi_t^1, \ldots, \pi_t^R$ は**読み込みモード**と呼ばれます。これらはそれぞれ、インタフェースベクトルを通じてコントローラーから受け取る3要素に対するソフトマックスです。3つの値は、読み込みヘッドが逆方向移動と探索そして順方向移動のそれぞれに対してどの程度重点を置くべきかを表しています。コントローラーは読み込みモードを学習し、データの読み方をメモリに対して指示します。

8.9 コントローラーのネットワーク

DNCでの外部メモリの働きがわかったので、すべてのメモリ操作を司るコントローラーのしくみについて考えてみましょう。コントローラーによる操作はシンプルで、その内部にあるのは（リカレントあるいはフィードフォワードの）ニューラルネットワークです。入力のステップと、直前のステップでの読み込みベクトルとを入力として受け取り、ベクトルを出力します。その大きさは、我々が選択するアーキテクチャーによって異なります。このベクトルを $\mathcal{N}(\chi_t)$ と呼ぶことにします。$\mathcal{N}$ はニューラルネットワークによって計算される任意の関数を表します。χ_t は、入力のステップと直前の読み込みベクトルとを連結して $\chi_t = [x_t; \mathrm{r}_{t-1}^1; \ldots; \mathrm{r}_{t-1}^R]$ のように表せます。このように読み込みベクトルを連結させることは、通常のLSTMでの内部状態と同様の役割を果たしています。つまり、過去の出力に基づいた調整です。

ニューラルネットワークから出力されるベクトルには、2つの情報が含まれます。1つはインタフェースベクトル ζ_t です。ここまでにも見てきたように、インタフェースベクトルにはメモリの操作を行うために必要な情報がすべて含まれています。**図8-7**のように、ζ_t はここまでに登場したそれぞれの要素を連結したものとして表現できます。

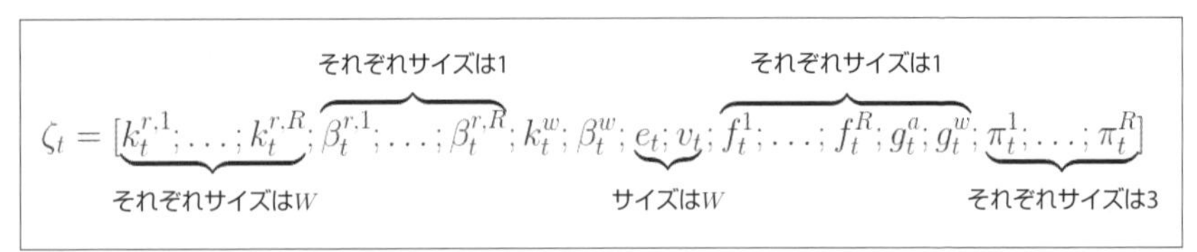

図8-7 インタフェースベクトルの構成要素

それぞれの要素のサイズを合計して、ζ_t を1つの巨大なベクトル（サイズは $R \times W + 3W + 5R + 3$）と考えることもできます。ネットワークからの出力でこのベクトルを受け取るために、学習可能な $|\mathcal{N}| \times (R \times W + 3W + 5R + 3)$ の重みの

行列 W_ζ を用意します。$|\mathcal{N}|$ はネットワークからの出力のサイズを表しており、次のような関係があります。

$$\zeta_t = W_\zeta \mathcal{N}(\chi_t)$$

ベクトル ζ_t をメモリに渡す前に、それぞれの要素の値が適切になるようにしなければいけません。例えば、すべてのゲートと消去ベクトルは値がゼロから 1 でなければなりません。この要件を満たすために、それぞれの値をシグモイド関数に渡します。

$$e_t = \sigma(e_t),\ f_t^i = \sigma(f_t^i),\ g_t^a = \sigma(g_t^a),\ g_t^w = \sigma(g_t^w)\ \text{ここで}\ \sigma(z) = \frac{1}{1+e^{-z}}$$

また、探索の強度はすべて 1 以上でなければなりません。そこで、これらの値は oneplus 関数に渡します。

$$\beta_t^{r,i} = \text{oneplus}(\beta_t^{r,i}),\ \beta_t^w = \text{oneplus}(\beta_t^w)\ \text{ここで}\ \text{oneplus}(z) = 1 + \log(1+e^z)$$

そして、読み込みモードはソフトマックス分布に基づいていなければなりません。

$$\pi_t^i = \text{softmax}(\pi_t^i)\ \text{ここで}\ \text{softmax}(z) = \frac{e^z}{\sum_j e^{z_j}}$$

これらの変換を経て、インタフェースベクトルをメモリに渡せるようになりました。この情報がメモリの操作をガイドしてくれますが、ニューラルネットワークから**プレ出力ベクトル** v_t と呼ばれる第 2 の情報も取得する必要があります。これは最終的な出力ベクトルと同じサイズですが、最終的な出力そのものではありません。もう 1 つの学習可能な $|\mathcal{N}| \times Y$ の重みの行列 W_y を使い、次のようにしてプレ出力ベクトルを取得します。

$$v_t = W_y \mathcal{N}(\chi_t)$$

プレ出力ベクトルを使うと、ネットワークからの出力だけでなく最近の読み込みベクトル r_t も考慮して最終的な出力を調整できます。第 3 の学習可能な $(R \times W) \times Y$ の重みの行列 W_r を使い、最終的な出力は以下のように算出できます。

$$y_t = v_t + W_r[\mathrm{r}_t^1; \ldots; \mathrm{r}_t^R]$$

コントローラーがメモリについて知っていることは、語のサイズ W だけです。それでも訓練済みのコントローラーは、より多くの位置を持った大きなメモリにも、再訓練なしに対応することができます。また、DNC では特定のニューラルネットワークの構造や損失関数が強制されることはありません。そのため、さまざまなタスクや学習問題に DNC を適用できます。

8.10 DNC の動作の可視化

DNC の動作の様子を確認してみましょう。シンプルなタスクについて訓練を行えば、重みやパラメーターの値を理解可能な形で可視化できます。NTM の解説でも利用したコピーの課題を、少し修正して今回も利用します。

バイナリのベクトルからなるシーケンスを1つだけコピーするのではなく、今回は一連のシーケンスをコピーします。**図8-8** の (a) は1つのシーケンスからなる入力を表します。DNC はこのような入力を受け取って同じシーケンスを出力すると、メモリをリセットしてプログラムを終了してしまいます。これではメモリ管理の様子を確認することは不可能です。そこで、同図 (b) のように複数のシーケンスによる連なりを1つの入力として扱うことにします。

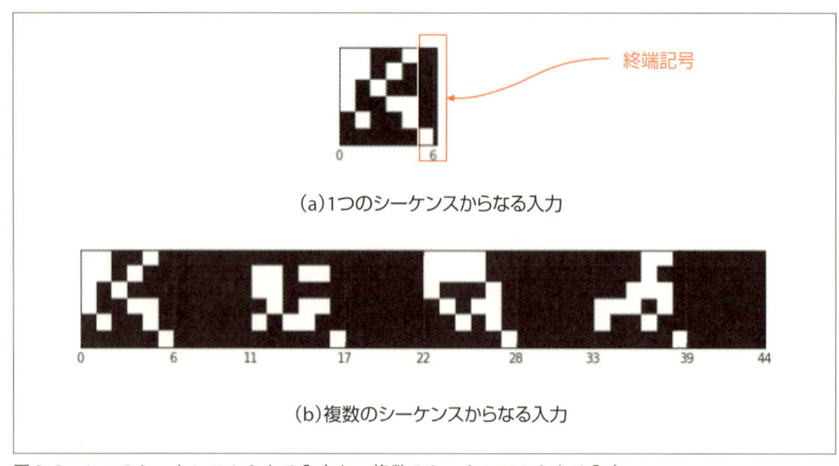

図8-8　1つのシーケンスからなる入力と、複数のシーケンスからなる入力

図8-9 は、訓練を経た DNC での操作を可視化したものです。入力は4つのシーケンスから構成され、それぞれのシーケンスには5つのバイナリベクトルと終端記号が

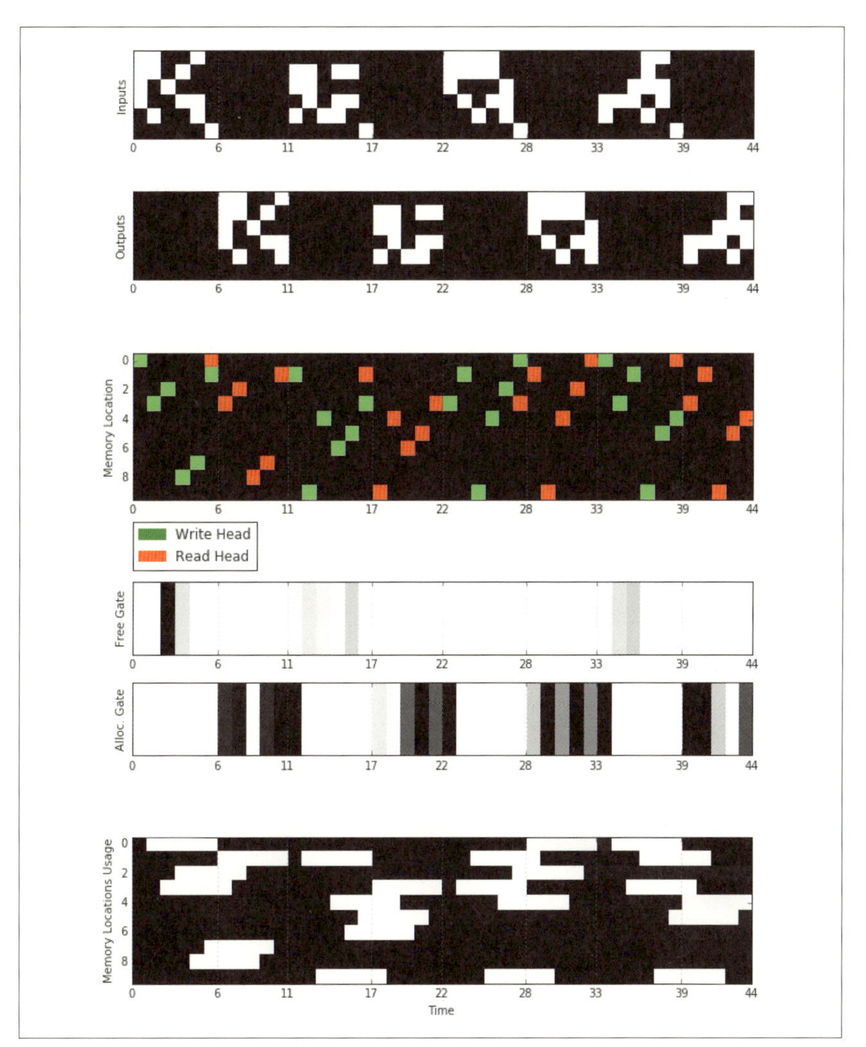

図8-9 コピーの課題でのDNCによる操作を可視化したもの

含まれます。ここで使われているDNCにはメモリ上の位置が10個しか用意されていないため、入力に含まれる20個のベクトルをすべて保持するのは不可能です。コントローラーとしてフィードフォワードネットワークを利用し、内部状態にデータが保持されていないことを保証します。また、わかりやすさのため読み込みヘッドは1つだけとします。こうした制約により、DNCはメモリを解放して再利用する方法を学習しないと入力全体をコピーできません。そして学習は成功します。

この可視化から、シーケンスに含まれる5つのベクトルがそれぞれメモリ上の1つの位置に書き込まれていることがわかります。終端記号に到達するとすぐに、読み込みヘッドは書き込みとまったく同じ順序で読み込みを始めます。それぞれのシーケンスについての書き込みと読み込みのたびに、割り当てゲートと解放ゲートが交互に活性化されています。図の最下段にある利用状況ベクトルの可視化からは、書き込みの直後にその位置の利用状況が1になり、読み込みの直後にはゼロになって解放や再利用が可能になることを読み取れます。

この可視化は、Mostafa Samirが作成したDNCのオープンソース実装[†3]に含まれています。ここからは、よりシンプルなDNCを実装して読解問題を解くための重要なヒントを紹介します。

8.11 TensorFlowを使ったDNCの実装

DNCのアーキテクチャーを実装するために必要なのは、基本的にはここまでに解説してきた数式をプログラムに置き換えることだけです。コード全文については本書のリポジトリを参照していただくことにして、ここではトリッキーな部分に着目し、必要に応じてTensorFlowに関する新しい使い方を解説します。

実装のメインとなるファイルはmem_ops.pyです。このファイルに、アテンションやアクセスのしくみがすべて記述されています。コントローラーはこのファイルをインポートして利用しています。ややトリッキーな実装として、リンク行列の更新と割り当ての重みの計算という2ヶ所があげられます。いずれも、forループを使えば安直な実装が可能です。しかし、計算グラフの中でループを使うというのは一般的には勧められません。まずはリンク行列の更新について、ループを使った実装を見てみましょう。

lt_loop_vs_vectorize.py（抜粋）

```
def Lt(L, wwt, p, N):
  L_t = tf.zeros([N,N], tf.float32)
  for i in range(N):
    for j in range(N):
      if i == j:
          continue
      _mask = np.zeros([N,N], np.float32);
```

†3 https://github.com/Mostafa-Samir/DNC-tensorflow

```
            _mask[i,j] = 1.0
            mask = tf.convert_to_tensor(_mask)

            link_t = (1 - wwt[i] - wwt[j]) * L[i,j] + wwt[i] * p[j]
            L_t += mask * link_t

    return L_t
```

TensorFlow ではテンソルのスライスへの代入を行えないため、マスキングというトリックを利用しています。このような実装で問題になるのは、TensorFlow では**シンボリック**なプログラミングが必要とされるという点です。API を呼び出すだけでは操作は実行されず、操作を表すシンボルとして計算グラフの中にノードが定義されるだけです。計算グラフが完成した後で、そこに実際の値が渡されて計算が実行されます。この点を踏まえると、大部分の繰り返しでは**図8-10**のようにループ本体を表すノード集合が計算グラフに追加されるということがわかります。メモリ上の位置が N 個あるとすると、同じノード集合が $N^2 - N$ 回も繰り返し現れることになります。それぞれが RAM 上の領域を消費し、処理が終わるまで次のノード集合に進めません。N の値が小さければ、問題はあまり深刻ではありません。例えば 5 個の場合、ノード集合の数は 20 です。しかし $N = 256$ の場合、ノード集合は 65,280 個にも上ります。メモリ使用量と実行時間の両面で、これは破滅的です。

この問題への解決策の 1 つに、**ベクトル化**というものがあります。個々の要素への配列演算を書き換え、配列全体への一括処理にするという考え方です。リンク行列の更新については、次のような書き換えが可能です。

$$\mathrm{L}_t = [(1 - \mathrm{w}_t^w \oplus \mathrm{w}_t^w) \circ \mathrm{L}_{t-1} + \mathrm{w}_t^w \mathrm{p}_{t-1}] \circ (1 - I)$$

I は単位行列を表し、$\mathrm{w}_t^w \mathrm{p}_{t-1}$ は直積を表します。また、ベクトル化のために、ペアごとの加算を表す新しい演算子 $\oplus$ を導入します。定義は以下のようにシンプルです。

$$u \oplus v = \begin{pmatrix} u_1 + v_1 & \dots & u_1 + v_n \\ \vdots & \ddots & \vdots \\ u_n + v_1 & \dots & u_n + v_n \end{pmatrix}$$

この演算子を利用することによって多少のメモリ消費が発生しますが、ループを使った実装ほど深刻ではありません。ベクトル化の結果、以下のようにメモリと時間の両面で効率的な実装にできました。

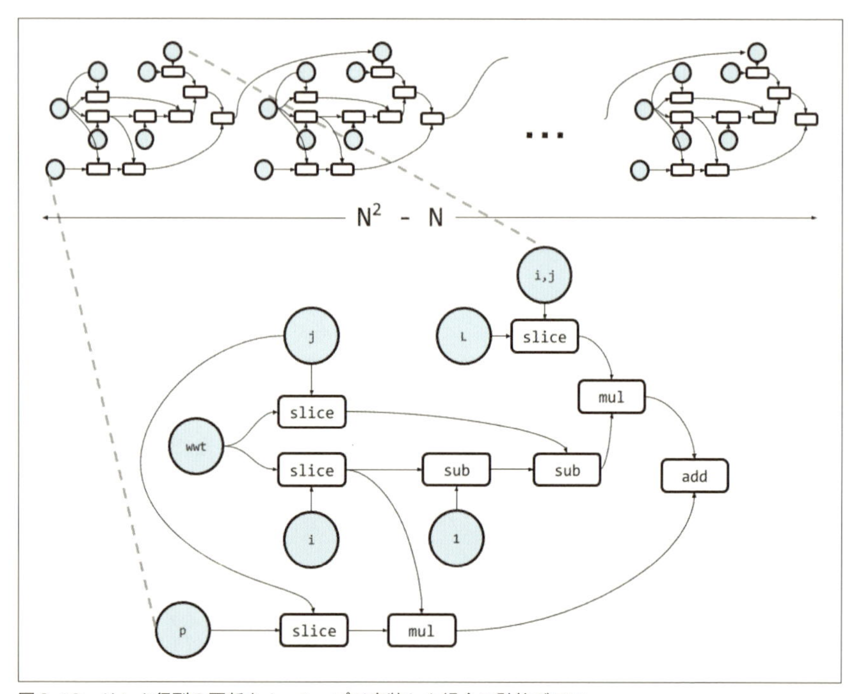

図8-10 リンク行列の更新を for ループで実装した場合の計算グラフ

dnc/mem_ops.py（抜粋）

```
def Lt(L, wwt, p, N):
    """
    returns the updated link matrix given the previous one along with
    the updated write weightings and the previous precedence vector
    """
    def pairwise_add(v):
        """
        returns the matrix of pairwise-adding the elements of v to
        themselves
        """
        n = v.get_shape().as_list()[0]
        # a NxN matrix of duplicates of u along the columns
        V = tf.concat([v] * n, 1)
        return V + tf.transpose(V)

    # expand dimensions of wwt and p to make
    # matmul behave as outer product
    wwt = tf.expand_dims(wwt, 1)
    p = tf.expand_dims(p, 0)
```

```
    I = tf.constant(np.identity(N, dtype=np.float32))
    return ((1 - pairwise_add(wwt)) * L + tf.matmul(wwt, p)) * (1 - I)
```

割り当ての重みの計算についても、同様の処理が可能です。重みのベクトルの各要素に対して規則を1つずつ適用する代わりに、いくつかのベクトル全体に適用可能な操作へと分解した規則を適用します。

1. 利用状況ベクトルを並べ替えて空きリストを生成する際に、並べ替えられた利用状況ベクトル自体も保持します。
2. 並べ替えられた利用状況ベクトルを累積乗算したベクトルを算出します。このベクトルの各要素は、以前に要素ごとに算出した積の項に対応します。
3. 累積乗算ベクトルと、並べ替えられた利用状況のベクトルを1から減算したものとの積を計算します。その結果、割り当ての重みを（メモリ上の位置の順ではなく）並べ替えたベクトルを得られます。
4. このベクトルの各要素について、値を空きリストでの対応する位置に代入します。以上で、必要としていた割り当ての重みを計算できました。

以上のプロセスを、具体的な数値の例とともに表したのが**図8-11**です。

ステップ1での並べ替えとステップ4での再代入にはループが必要ではないかと思われたかもしれません。しかしTensorFlowには、Pythonのループを使わずにこれらの処理を行うシンボリックな操作が用意されています。

並べ替えには`tf.nn.top_k`を利用します。この操作はテンソルと数値kを受け取り、降順に並べ替えられた上位k個の値とこれらの値のインデックスとを返します。昇順に並べ替えられた利用状況ベクトルを取得するために、まず利用状況を-1倍してから並べ替えを行い、上位N個を取得します。得られたベクトルをさらに-1倍し、符号を元に戻します。

dnc/mem_ops.py（抜粋）

```
    sorted_ut, free_list = tf.nn.top_k(-1 * ut, N)
    sorted_ut *= -1
```

再代入については、`TensorArray`（テンソルの配列）というTensorFlowの新しいデータ構造を利用します。これはPythonのリストをシンボリックに扱えるようにしたものだと考えるとよいでしょう。まず、サイズがNの空の`TensorArray`を生成し、正しい順序の重みを格納するコンテナとして準備します。そして

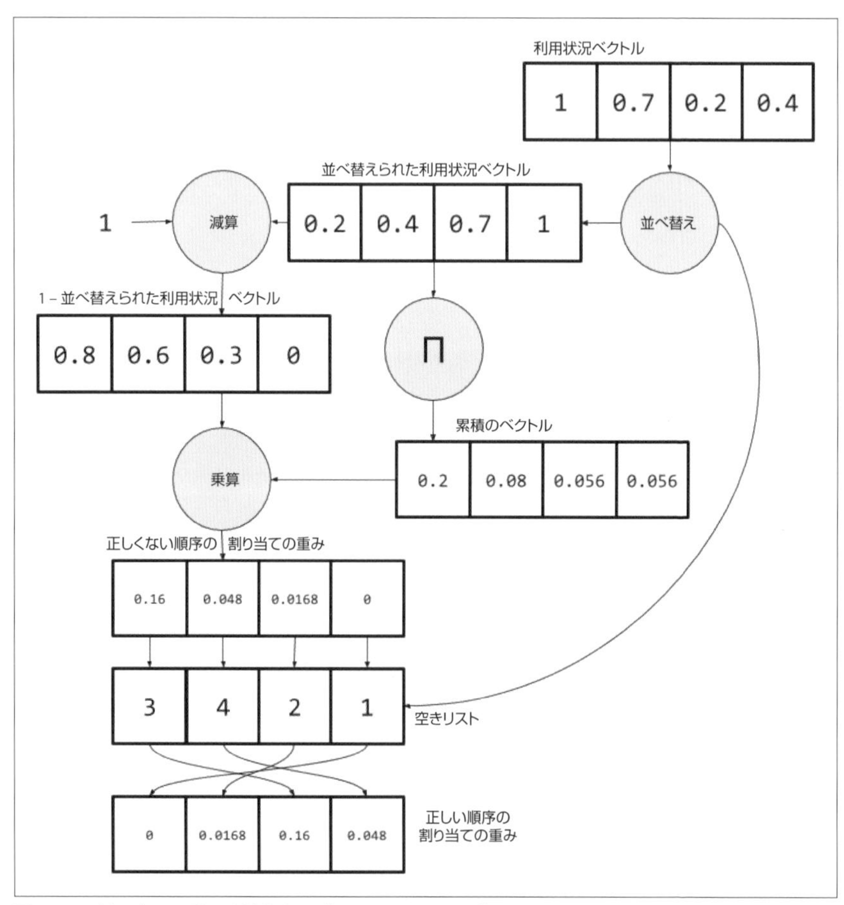

図8-11　割り当ての重みを計算するプロセスのベクトル化

scatter(indices, values) というインスタンスメソッドを使い、重みを正しい位置に代入します。1つ目の引数はインデックスのリストで、それぞれの値を代入したい位置を表します。2つ目はテンソルで、その最初の次元に沿って値が分配されます。今回の例では、1つ目の引数が空きリストで、2つ目が正しくない順序の割り当ての重みです。重みが正しい位置に代入された配列を得られたら、インスタンスメソッド stack を使って配列全体を Tensor オブジェクトに変換します。

dnc/mem_ops.py（抜粋）

```
empty_at_container = tf.TensorArray(tf.float32, N)
full_at_container = empty_at_container.scatter(
```

```
        free_list,
        out_of_location_at
    )

    return full_at_container.stack()
```

ループが必要な処理はもう1つあります。それは、コントローラー自体のループです。入力シーケンスのそれぞれのステップで行われる処理のために、ループが実行されています。ベクトル化は要素ごとの処理に対してだけ機能するので、コントローラーのループはベクトル化できません。しかし、TensorFlowにはPythonのforループやこれに伴う処理速度への多大な影響を回避するための手法が用意されています。これは**シンボリックループ**と呼ばれ、基本的な考え方は他のシンボリックな操作の多くと同様です。実際のループを計算グラフへと展開する代わりに、実行時にループとして解釈されるノードが計算グラフに追加されます。

シンボリックループはtf.while_loop(cond, body, loop_vars)を使って定義します。引数loop_varsは、ループの繰り返しのたびに渡されるテンソルまたはテンソル配列（ループ変数）の初期値のリストです。このリストは入れ子にもできます。残り2つの引数は呼び出し可能オブジェクト（関数またはラムダ式）で、繰り返しのたびにループ変数のリストが渡されて実行されます。引数condはループの継続条件を表します。このオブジェクトがTrueを返す間は、ループの実行は継続されます。そしてbodyは繰り返される処理の本体を表します。この処理の中でループ変数が変更され、次回の繰り返しのために返されます。ループ変数を変更する際に、テンソルの形状を変化させることはできません。ループ全体が終了すると、ループ変数のリストが最終的な値とともに返されます。

シンボリックループについて理解するために、簡単な利用例を紹介します。あるベクトルを受け取って、その累積値を返したいとします。tf.while_loopを使うと、コードは以下のようになります。

while_loop.py

```
import tensorflow as tf


values = tf.random_normal([10])

index = tf.constant(0)
values_array = tf.TensorArray(tf.float32, 10)
cumsum_value = tf.constant(0.)
cumsum_array = tf.TensorArray(tf.float32, 10)
```

```
values_array = values_array.unstack(values)


def loop_body(index, values_array, cumsum_value, cumsum_array):
  current_value = values_array.read(index)
  cumsum_value += current_value
  cumsum_array = cumsum_array.write(index, cumsum_value)
  index += 1

  return (index, values_array, cumsum_value, cumsum_array)

_, _, _, final_cumsum = tf.while_loop(
  cond= lambda index, *_: index < 10,
  body= loop_body,
  loop_vars= (index, values_array, cumsum_value, cumsum_array)
)

cumsum_vector = final_cumsum.stack()

with tf.Session() as sess:
  print(sess.run(cumsum_vector))
```

テンソルの配列に対して unstack(values) が呼び出され、配列の1つ目の次元に沿ってテンソルの値が展開されます。ループの本体（loop_body）では、まずread(index) メソッドを使って配列中の特定の位置の値が取り出されています。そして現時点での値の合計を算出し、write(index, value) を使って累積値の配列に代入します。ループによる繰り返しを終了したら、完成した累積値の配列をテンソルに変換します。以上のコードと同様のパターンを使って、DNC での入力シーケンスの各ステップに対する処理も記述できます。

8.12 DNC に読解させる

7章で、n-gram のモデルについて触れた際に、文章を読み込んで質問に答えられる AI ほどの複雑さはありません、と言いました。しかし、我々はそのようなシステムを構築できる段階へと到達しました。なぜならば、それはまさに DNC に bAbI データセットを与えた際のふるまいと同じだからです。

bAbI データセットとは、文章と関連する質問、そしてその答えからなるデータセットが20個まとめられたものです。20個のデータセットはそれぞれ異なるタスクに対応しており、固有の論理思考や推論が必要です。我々が利用したバージョンでは、タスクごとに訓練用の質問が1万個とテスト用の質問が1千個用意されていました。例えば以下の文章（以前に紹介したのと同じデータセットに含まれています）は、**列挙**というタスクに分類されます。文章の中に含まれているオブジェクトのリストまたは集合について答える問題です。

```
1 Mary took the milk there.                1 メアリーでそこで牛乳を手にしました。
2 Mary went to the office.                 2 メアリーはオフィスに行きました。
3 What is Mary carrying?  milk 1           3 メアリーは何を持っていますか?
4 Mary took the apple there.               4 メアリーはそこでリンゴを手にしました。
5 Sandra journeyed to the bedroom.         5 サンドラはベッドルームに向かいました。
6 What is Mary carrying?  milk,apple 1 4   6 メアリーは何を持っていますか?
```

データセットに含まれるそれぞれの文章では、文ごとに1から始まる番号が付けられています。問題文の末尾には疑問符が必ず記述され、その直後に答えが続きます。答えが2語以上の場合には、それぞれの語はカンマで区切られます。答えに続いて、その根拠となる文の番号がヒントとして記述されます。

タスクの難易度を上げるために、ヒントを与えずに文章だけを元にして答えを推測させることにします。DNC の論文と同様に、データセットに対していくつかの前処理を行います。入力シーケンスの中から数字をすべて削除し、疑問符とピリオド以外の記号も削除します。すべての単語を小文字に変換し、答えはダッシュ（-）で置き換えます。最終的に、159種の重複のないレキシコン（語と記号）が集まりました。これらを1つのワンホット表現として、サイズが159のベクトルにエンコードします。埋め込みは行わず、レキシコンをそのまま用います。訓練用の質問20万件をすべて結合してモデルを訓練し、その後でテスト用の質問を使ってタスクごとにモデルをテストします。これらの処理はリポジトリ内のファイル `preprocess.py` に記述されています。

モデルを訓練する際には、エンコードされた訓練データの中からランダムに文章を取り出し、LSTM のコントローラーを持つ DNC に渡します。答えが含まれているステップについては、出力されたシーケンスと期待されるシーケンスに対して交差エントロピー誤差のソフトマックスを計算し、損失を求めます。重みのベクトルが用意され、答えが含まれるステップには1、その他のステップにはゼロがそれぞれセットされています。このベクトルを使い、答えのないステップを無視します。以上の手順は `train_babi.py` で実装されています。

訓練が終わったら、残りのテスト用の質問を使ってモデルの性能をテストします。指標として、それぞれのタスクの中での誤答率を採用します。答えとは、出力の中でソフトマックス値が最も大きいものです。つまり、これが最も答えとして可能性が高いということになります。答えの語がすべて正しかった場合に、その質問への回答は正しいと判定されます。あるタスクの中で5パーセント以上の質問に誤答した場合、モデルは不合格とみなされます。このようなテストの手順が`test_babi.py`に含まれています。

訓練をおよそ50万回行った（注：長い時間がかかります）結果、ほとんどのタスクでかなりの成績を収められるようになりました。ある位置から別の位置に向かう方法が求められる**経路探索**などのタスクでは、良い成績を示せませんでした。**表8-1**は、我々のモデルでの成績とDNCの論文で紹介されている平均値とを比較したものです。

表8-1　論文での平均値との比較

タスク	成績（誤答率）	論文での平均値
single supporting fact（1つの根拠）	0.00%	9.0 ± 12.6%
two supporting facts（2つの根拠）	11.88%	39.2 ± 20.5%
three supporting facts（3つの根拠）	27.80%	39.6 ± 16.4%
two arg relations（2者の関係）	1.40%	0.4 ± 0.7%
three arg relations（3者の関係）	1.70%	1.5 ± 1.0%
yes no questions（yesかnoの質問）	0.50%	6.9 ± 7.5%
counting（計数）	4.90%	9.8 ± 7.0%
lists sets（列挙）	2.10%	5.5 ± 5.9%
simple negation（単純否定）	0.80%	7.7 ± 8.3%
indefinite knowledge（不定の知識）	1.70%	9.6 ± 11.4%
basic coreference（基本的な共通の参照）	0.10%	3.3 ± 5.7%
conjunction（接続詞）	0.00%	5.0 ± 6.3%
compound coreference（合成された共通の参照）	0.40%	3.1 ± 3.6%
time reasoning（時間の推論）	11.80%	11.0 ± 7.5%
basic deduction（基本的な演繹）	45.44%	27.2 ± 20.1%
basic induction（基本的な帰納）	56.43%	53.6 ± 1.9%
positional reasoning（位置の推論）	39.02%	32.4 ± 8.0%
size reasoning（大きさの推論）	8.68%	4.2 ± 1.8%
path finding（経路探索）	98.21%	64.6 ± 37.4%
agents motivations（行為の動機）	2.71%	0.0 ± 0.1%
平均誤答率	15.78%	16.7 ± 7.6%
不合格数（誤答率5%以上）	8	11.2 ± 5.4

8.13　まとめ

この章では、ディープラーニングに関する最新の研究としてNTMとDNCを取り上げました。モデルを実装し、複雑な読解問題も解けることを示しました。

最終章となる9章では、強化学習と呼ばれるまったく別の問題領域について解説します。問題を理解し、ここまでに学んできたディープラーニングの技法を使って解決するための基礎となるアルゴリズムを構築します。

9章 深層強化学習

Nicholas Locascio[†1]

この章では、強化学習という種類の機械学習について議論します。ここでは、インタラクションとフィードバックを通じて学習が進みます。外界を知覚し解釈するだけでなく、対話的に行動を起こしてゆくようなエージェントを作成するためには、強化学習が非常に重要です。深層ニューラルネットワークを強化学習に組み込む方法や、最近の話題や進歩について紹介します。

9.1 Atariのゲームを習得した深層強化学習

深層ニューラルネットワークを強化学習に適用するという考え方は、2014年に大きな進歩を遂げました。ロンドンのDeepMindというスタートアップ企業が発表した深層ニューラルネットワークが、世界を驚かせました。彼らが学習させたネットワークは、Atariのゲームを超人的な技でプレイしたのです。**深層Qネットワーク**(DQN、Deep Q-Network)と呼ばれたこのネットワークは、強化学習と深層ニューラルネットワークの組み合わせによる初の大規模な成功例でした。驚くべきことに、DQNはアーキテクチャーをまったく変更することなく49種類ものゲームを学習できました(**図9-1**)。もちろん、ゲームのルールや目標そしてプレイの構造はすべて異なります。このような学習を実現するために、DeepMindは強化学習でのさまざまな古典的手法を組み合わせただけでなく、DQNの成功にとって鍵となる新しいテクニックも生み出しました。後ほど、Nature誌に掲載された論文Human-level control through deep reinforcement learning[†2]に沿ってDQNを実装します。ま

†1 http://nicklocascio.com/
†2 Mnih, Volodymyr, et al. "Human-level control through deep reinforcement learning." *Nature* 518.7540 (2015): 529-533.

ずは、強化学習とは何なのか考えてみることにしましょう。

図9-1 「ブロックくずし」をプレイする深層強化学習のエージェント。この章で作成する、OpenAI Gym[†3]の DQN エージェントの画像

9.2 強化学習とは

強化学習を一言で表すなら、環境とのインタラクションを通じた学習です。学習のプロセスには**エージェント**と**環境**そして**報酬シグナル**という 3 つの構成要素が含まれます。エージェントは環境の中で行動を選択し、その行動に応じて報酬が与えられます。行動を選択する際の基準となるのが**方策**です。エージェントはより多くの報酬を求めて、環境とのインタラクションのための最適な方策を学習します（**図9-2**）。

今までに紹介してきた学習と強化学習との間には違いがあります。従来の教師あり

†3 Brockman, Greg, et al. "OpenAI Gym." *arXiv preprint arXiv*:1606.01540 (2016). https://gym.openai.com/

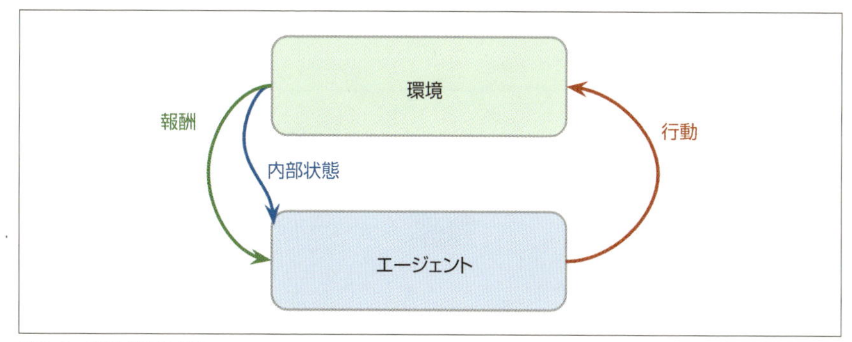

図9-2 強化学習の概念

学習ではデータとラベルが与えられた上で、ラベルのないデータについてラベルを予測します。教師なし学習ではデータだけが与えられ、その中にある構造を発見します。一方強化学習では、データもラベルも与えられません。環境からエージェントに与えられる報酬が、学習へのシグナルになります。

強化学習は知的エージェントを作成するための汎用的なフレームワークとして利用できるので、人工知能コミュニティーの多くの人々を興奮させています。環境と報酬を提供するだけで、エージェントは報酬の合計を最大化させるような環境とのインタラクションを学習します。このような学習は人類の進化の過程にも似ています。無数の画像を使って訓練することで、犬と猫をきわめて高い精度で区別するモデルを作れるかもしれません。しかし、こういったアプローチは子供の頃に学校で習ったものとは異なります。我々は環境とのインタラクションを通じて判断を行い、物事を学んできました。

強化学習はさまざまな最先端の技術に取り入れられています。車の自動運転、ロボットの制御、ゲームのプレイ、空調の制御、広告の最適な配置、株取引の戦略などで強化学習が活用されています。

簡単な例として、ポールバランシングと呼ばれる強化学習と制御の問題を紹介します。台車の上に棒（ポール）の先がちょうつがいで取り付けられており、棒は左右に振れるようになっています。エージェントはこの台車を左右に操作できます。棒がまっすぐ立つと環境から報酬を得られ、倒れるとペナルティーが与えられます（**図9-3**）。

図9-3 棒をまっすぐ立てるという、シンプルな強化学習のエージェント。この章で作成する、OpenAI Gym の方策勾配エージェントの画像

9.3 マルコフ決定過程（MDP）

ポールバランシングには以下のような重要な要素が含まれています。これを定式化したものが**マルコフ決定過程**（MDP、Markov Decision Process）です。

状態

台車は x 軸上の任意の位置に存在できます。同様に、棒も任意の角度で立っています。

行動

エージェントは台車を左か右に動かすという行動をとれます。

状態遷移

エージェントが行動すると、環境が変化します。台車は動き、棒の角度と速さも変わります。

報酬

棒がうまく立つと、エージェントは正の報酬を受け取ります。棒が倒れると、負の報酬が与えられます。

MDP は以下のように定義できます。

- S —— あり得る状態の有限集合

- A —— 行動の有限集合
- $P(r, s' \mid s, a)$ —— 状態遷移の関数
- R —— 報酬の関数

与えられた環境での意思決定をモデル化する際に、MDP は数学的なフレームワークを提供してくれます（図9-4）。

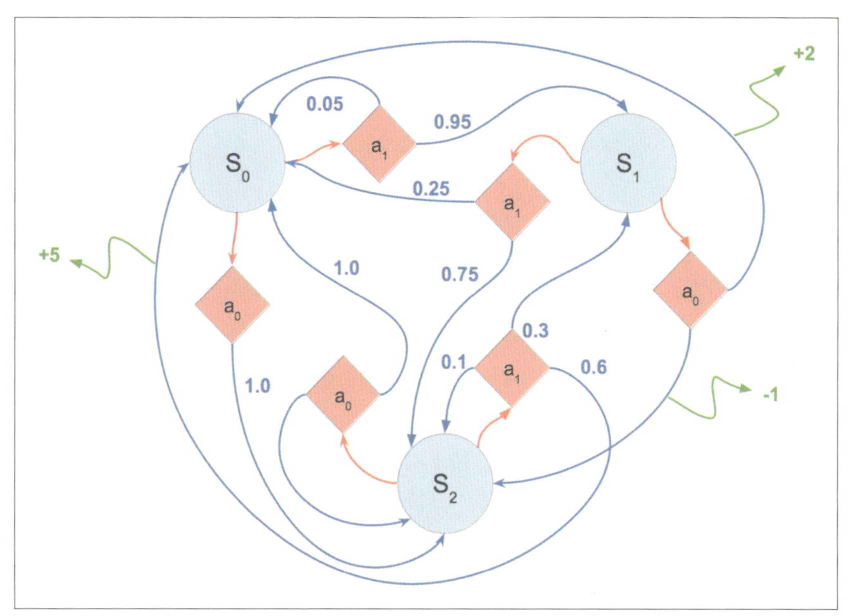

図9-4　MDP の例。青の円は環境内での状態を表す。赤のひし形は実行可能な行動を表す。ひし形から円に向かう線は状態遷移に対応する。これらの線に付属している数値は、状態遷移が発生する確率を表す。そして緑の矢印の先にある数値は、対応する状態遷移が発生した場合の報酬を表す

MDP フレームワークの中でエージェントが行動すると、**エピソード**が生成されます。状態と行動そして報酬からタプルが作られ、このタプルを連続させたものがエピソードです。環境が最終的な状態に到達するまで、エピソードは続きます。例えば Atari のゲームで「ゲームオーバー」の画面が表示されたり、ポールバランシングで棒が横倒しになったりするまで続きます。エピソード内での変数は次のように表記されます。

$$(s_0, a_0, r_0), (s_1, a_1, r_1), \ldots, (s_n, a_n, r_n)$$

ポールバランシングでは、環境内の状態は台車の位置と棒の角度からなるタプルとして $(x_{cart}, \theta_{pole})$ のように表現できます。

9.3.1 方策

MDPでの目的は、エージェントにとって最適の**方策**を発見することです。方策とは、現在の状態に基づいたエージェントの行動方法を表します。数学的には、方策 π は、s という状態の下で a という行動を選ぶ関数として表現されます。

以下のように利得の期待値を最大化できるような方策を発見するのが目的です。

$$\max_{\pi} E[R_i \mid \pi]$$

R で表されるのが、それぞれのエピソードでの利得です。この意味を厳密に定義してみましょう。

9.3.2 利得

利得とは、今後得られる報酬に対する考え方を表しています。最適な行動を選ぶには、行動による直接的な効果だけでなく長期的な影響も考慮する必要があります。直接的には負の報酬を得るが、長期的には大きな正の報酬が得られるというケースも考えられます。例えば、高度に応じた報酬を得る登山エージェントについて考えてみます。山頂に至る最適な経路の中では、下り坂を通る必要があるかもしれません。

したがって、エージェントは利得を最適化しなければなりません。これには、行動による長期的な結果を考慮する必要があります。例えばゲームPongでは、ボールが相手ゴールを通過するとエージェントは報酬を得られます。しかし、この報酬を発生させるための行動（得点につながるようなボールを打てるように、ラケットを配置するという入力）は実際に報酬を得るよりもずっと前に行う必要があります。行動の結果としての報酬は、遅れて発生します。

それぞれの時刻について、直後の報酬だけでなく将来の報酬も考慮して**利得**を算出します。これを使い、遅れて発生する報酬を全体としての報酬シグナルに組み込みます。時刻 T までエピソードが続くとして、ある時刻 t における利得を計算する方法として、まずは次のような単純な累積報酬和が考えられます。

$$R_t = \sum_{k=0}^{T} r_{t+k}$$

各ステップでの利得 $R = \{R_0, R_1, \ldots R_i, \ldots R_n\}$ は、以下のコードを使って求められます。

```
def calculate_naive_returns(rewards):
  # Calculates a list of naive returns given a list of rewards.
  total_returns = np.zeros(len(rewards))
  total_return = 0.0
  for t in range(len(rewards)):
    total_return = total_return + rewards[t]
    total_returns[t] = total_return
  return total_returns
```

このような単純なアプローチでも将来の報酬を考慮でき、エージェントは全体としての最適な方策を学習できます。このアプローチでは、将来の報酬と直近の報酬を同じ価値だとされています。しかし、このようにすべての報酬を等価と考えることには問題があります。期間が無限であるとすると、上の式は無限大へと発散してしまいます。何らかの方法で上限を定める必要があります。また、すべての期間を等しく扱うともう１つ問題が発生します。エージェントが遠い将来での報酬のために最適化を行ってしまい、緊急性や適時性といった概念を考慮せずに方策が学習される可能性があります。

そこで、将来の報酬に対して少し低い価値を与えることにします。その結果、エージェントは早期に報酬を得られるように学習することになります。この方針を実現するために**割引累積報酬**（discounted future return）というものを使います。

9.3.3 割引累積報酬

報酬の割り引きを表現するために、割引率 γ を用意します。この係数を期間の数だけ累乗し、将来の報酬に対して乗算します。その結果、正の報酬を得るために多数の行動を必要とするようなエージェントに対して、ペナルティーを与えることができます。割り引きされた報酬は、エージェントに対して早期に報酬を受け取れるようにバイアスを与えます。これは良い方策の学習にとって望ましいことです。ここでの利得は次のように表現できます。

$$R_t = \sum_{k=0}^{T} \gamma^k r_{t+k}$$

割引率 γ は、割り引きの程度をゼロから１の間の数値として表すハイパーパラメーターです。この値が大きければ割り引きは少ししか行われず、小さければ多くの割り引きが行われることになります。一般的には 0.99 から 0.97 という値が使われます。
割引累積報酬を実装したコードは、次のようになります。

policy_gradient_cartpole.py（抜粋）

```
def discount_rewards(rewards, gamma=0.98):
  discounted_returns = [0 for _ in rewards]
  discounted_returns[-1] = rewards[-1]
  for t in range(len(rewards)-2, -1, -1): # iterate backwards
    discounted_returns[t] = rewards[t] + discounted_returns[t+1]*gamma
  return discounted_returns
```

9.4 探索と利用

強化学習の本質は試行錯誤です。ここでは、失敗を恐れるエージェントはきわめて不都合です。**図9-5** のような迷路のシナリオについて考えてみましょう。エージェントは最大の報酬を得るためにネズミを操作します。青の水飲み場に到達すると、ネズミは +1 の報酬を獲得します。赤の容器には毒が入っており、ここに到達すると −10 という報酬が与えられます。また、チーズが描かれたマスでは +100 の報酬が得られます。いずれかの報酬を得ると、その時点でエピソードは終了します。ここでの最適な方策は、ネズミをチーズのマスまで移動させることです。

あるエージェントが試みた最初のエピソードでは、ネズミは上に進み続け、罠にかかって −10 の報酬を得ます。次のエピソードでは、負の報酬を避けるためにネズミは右に進み、水飲み場に到達して手早く +1 の報酬を得ます。これら 2 つのエピソードを通じて、ネズミは良い方策を発見できたかのようにも思えます。以降のエピソードでもネズミはこの方策に従って行動し、+1 という正の報酬を確実に獲得し続けました。このエージェントは、常に現在のモデルで最善とされる行動を選択し続ける貪欲な戦略で動いています。その結果、**局所解**に陥った方策が学習されてしまいました。

こういった状況を回避するために、モデルが勧めた経路から離れて環境の中を**探索**（explore）するほうがよいこともあります。このような行動は、モデルにとっては必ずしも最善ではありません。ここまでの学習結果を**利用**（exploit）して右に動き確実に +1 の報酬を得るのではなく、より良い方策を求めて不確実な領域に向かって探索を行うのです。探索が過剰な場合、最適化に失敗して報酬に到達できません。一方、探索が不足している場合には、局所解から脱出できません。**探索と利用のバランス**は、成功を収める方策にとって重要です。

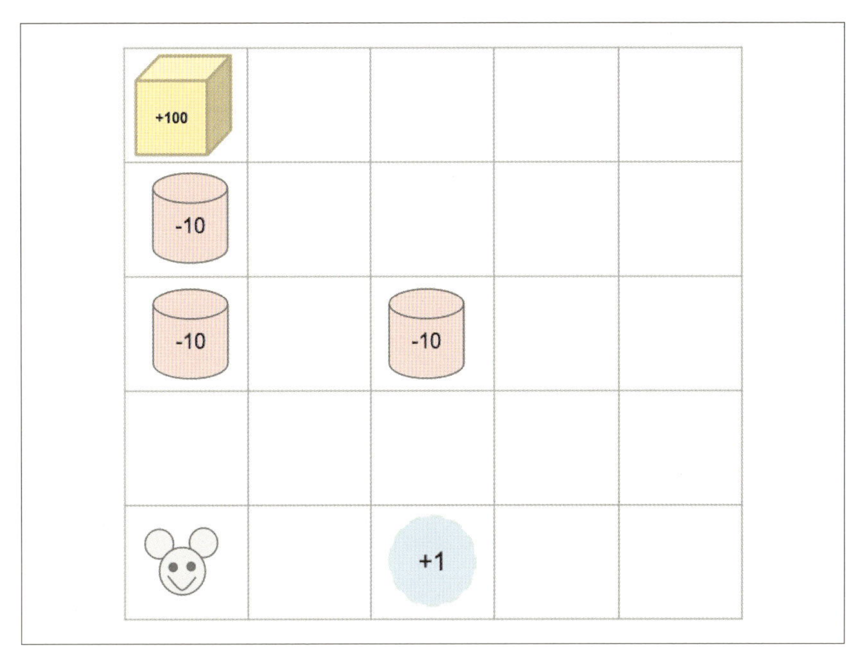

図9-5 苦境に置かれたネズミの迷路

9.4.1 ε-貪欲法

探索と利用のバランスをとるための手法の1つに、**ε-貪欲法**というものがあります。期間ごとに、最も推奨される行動かランダムな行動のいずれかを選択するという、シンプルな戦略です。ここでランダムな行動が選択される確率を、εで表します。

以下のコードはε-貪欲法の実装例です。

policy_gradient_cartpole.py（抜粋）

```
def epsilon_greedy_action(action_distribution, epsilon=1e-1):
  if random.random() < epsilon:
    return np.argmax(np.random.random(action_distribution.shape))
  else:
    return np.argmax(action_distribution)
```

9.4.2 ε-貪欲法の改良

強化学習のモデルを訓練する初期段階では、まだ環境についての知識がほとんどありません。そこで、初めのうちは探索の割合を高めたいということがよくあります。環境への理解が深まり、ある程度の方策を学習できたら、エージェントをより強く信頼して方策を洗練してゆくようにします。つまり、εの値を固定せず、徐々に変化させるのです。最初は大きな値に設定し、訓練が進むにつれて一定の割合で減少させます。例えば1万回のシナリオの中で、εを1から0.01へと変化させるといった設定で学習を行います。実装は次のようになります。

policy_gradient_cartpole.py（抜粋）

```
def epsilon_greedy_action_annealed(
  action_distribution,
  percentage,
  epsilon_start=1.0,
  epsilon_end=1e-2
):
  annealed_epsilon = epsilon_start*(1.0-percentage) +
↪   epsilon_end*percentage
  if random.random() < annealed_epsilon:
    return np.argmax(np.random.random(action_distribution.shape))
  else:
    return np.argmax(action_distribution)
```

9.5 方策学習と価値学習

ここまでに強化学習のための構成を定義し、割引累積報酬や探索と利用のトレードオフについて学んできました。ただし、報酬を最大化するようエージェントを指導する方法についてはまだ触れていません。このためのアプローチは大きく2つに分類できます。1つは**方策学習**、もう1つが**価値学習**です。方策学習では報酬を最大化する方策を直接的に学習し、価値学習では状態と行動の組すべてについての価値を学習します。自転車の乗り方の学習を例にとって考えてみましょう。方策学習では、左に倒れそうなら右のペダルを踏み込んで軌道修正を図るといったアプローチがとられます。一方、価値学習では、自転車の向きとそこで可能な行動についてスコアが割り当てられます。まずは方策学習について見てゆくことにします。

9.5.1 方策勾配を使った方策学習

一般的な教師あり学習では、確率的勾配降下法を使ってパラメーターを更新し、ネットワークからの出力と実際のラベルから計算される損失を最小化します。最適化しようとしているのは次のような値です。

$$\arg\min_{\theta} -\sum_{i} \log p(y_i \mid x_i; \theta)$$

強化学習には実際のラベルといったものはなく、報酬シグナルだけを利用できます。このような状況でも、**方策勾配**という考え方を利用すると確率的勾配降下法に基づいた重みの最適化が可能です[†4]。エージェントが行う行動と、そこから得られる報酬を利用します。高い報酬につながる良い行動を推奨し、低い報酬をもたらす悪い行動を避けるようにモデルを訓練します。次のような最適化問題を解くことが目標になります。

$$\arg\min_{\theta} -\sum_{i} R_i \log p(y_i \mid x_i; \theta)$$

y_i は時刻 i にエージェントがとった行動を表し、R_i は割引累積報酬などの利得を表します。損失関数の値が利得に応じて変化するので、負の利得をもたらすような行動は大きな損失になります。しかも、モデルがこのような悪い判断に自信を持っている場合には、さらに大きなペナルティーが与えられます。行動についての対数確率も考慮されているためです。このような損失関数に確率的勾配降下法を適用し、損失を最小化して良い方策を学習します。

9.6　ポールバランシングへの方策勾配の適用

これから方策勾配のエージェントを実装し、古典的な強化学習の課題の1つであるポールバランシングの解決を試みます。学習のための環境は OpenAI Gym を使って用意します。

9.6.1　OpenAI Gym

OpenAI Gym とは、強化学習のエージェントを開発するための Python のツールキットです。さまざまな環境へのアクセスのために、使いやすい API が提供されています。よく使われる 100 以上の強化学習の環境について、オープンソースの実装が含まれます。環境のシミュレーションに関する事柄はすべて OpenAI Gym が受け持ってくれるので、我々はエージェントや学習のアルゴリズムに専念でき、効率的に

†4　Sutton, Richard S., et al. "Policy Gradient Methods for Reinforcement Learning with Function Approximation." NIPS. Vol. 99. 1999.

開発を進めることができます。また、環境が標準化されることによって、他の研究者との間で性能を比較評価するのが容易になりました。ここからは OpenAI Gym に含まれるポールバランシングの環境を活用し、この環境にアクセスするエージェントを実装します。

9.6.2　エージェントの作成

OpenAI Gym の環境を利用するエージェントとして、PGAgent というクラスを定義します。モデルのアーキテクチャーや重み、そしてハイパーパラメーターが、ここに含まれます。

policy_gradient_cartpole.py（抜粋）

```
class PGAgent(object):

  def __init__(
    self,
    session,
    state_size,
    num_actions,
    hidden_size,
    learning_rate=1e-3,
    explore_exploit_setting="epsilon_greedy_annealed_1.0->0.001"
  ):
    self.session = session
    self.state_size = state_size
    self.num_actions = num_actions
    self.hidden_size = hidden_size
    self.learning_rate = learning_rate
    self.explore_exploit_setting = explore_exploit_setting

    self.build_model()
    self.build_training()

  def build_model(self):
    with tf.variable_scope("pg-model"):
      self.state = tf.placeholder(
        shape=[None, self.state_size],
        dtype=tf.float32
      )
      self.h0 = slim.fully_connected(self.state, self.hidden_size)
      self.h1 = slim.fully_connected(self.h0, self.hidden_size)
      self.output = slim.fully_connected(
        self.h1,
        self.num_actions,
        activation_fn=tf.nn.softmax
```

```
    )

  def build_training(self):
    self.action_input = tf.placeholder(tf.int32, shape=[None])
    self.return_input = tf.placeholder(tf.float32, shape=[None])

    # Select the logits related to the action taken
    self.output_index_for_actions = (
      tf.range(0, tf.shape(self.output)[0]) * tf.shape(self.output)[1]
    ) + self.action_input
    self.logits_for_actions = tf.gather(
      tf.reshape(self.output, [-1]),
      self.output_index_for_actions
    )

    self.loss = - tf.reduce_mean(
      tf.log(self.logits_for_actions) * self.return_input
    )

    self.optimizer =
↪    tf.train.AdamOptimizer(learning_rate=self.learning_rate)
    self.train_step = self.optimizer.minimize(self.loss)

  def sample_action_from_distribution(
      self, action_distribution,
      epsilon_percentage
  ):
    # Choose an action based on the action probability
    # distribution and an explore vs exploit
    if self.explore_exploit_setting == "greedy":
      action = greedy_action(action_distribution)
    elif self.explore_exploit_setting == "epsilon_greedy_0.05":
      action = epsilon_greedy_action(action_distribution, 0.05)
    elif self.explore_exploit_setting == "epsilon_greedy_0.25":
      action = epsilon_greedy_action(action_distribution, 0.25)
    elif self.explore_exploit_setting == "epsilon_greedy_0.50":
      action = epsilon_greedy_action(action_distribution, 0.50)
    elif self.explore_exploit_setting == "epsilon_greedy_0.90":
      action = epsilon_greedy_action(action_distribution, 0.90)
    elif self.explore_exploit_setting ==
↪    "epsilon_greedy_annealed_1.0->0.001":
      action = epsilon_greedy_action_annealed(
        action_distribution, epsilon_percentage, 1.0, 0.001
      )
    elif self.explore_exploit_setting ==
↪    "epsilon_greedy_annealed_0.5->0.001":
      action = epsilon_greedy_action_annealed(
        action_distribution, epsilon_percentage, 0.5, 0.001
```

```
      )
    elif self.explore_exploit_setting ==
↪    "epsilon_greedy_annealed_0.25->0.001":
      action = epsilon_greedy_action_annealed(
        action_distribution, epsilon_percentage, 0.25, 0.001
      )
    return action

  def predict_action(self, state, epsilon_percentage):
    action_distribution = self.session.run(
      self.output,
      feed_dict={self.state: [state]}
    )[0]
    action = self.sample_action_from_distribution(
      action_distribution,
      epsilon_percentage
    )
    return action
```

9.6.3 モデルとオプティマイザーの作成

重要な関数について、詳しく見てみましょう。build_modelでは、3層のニューラルネットワークとしてモデルのアーキテクチャーを定義しています。このモデルは2つのノードからなる層を返します。それぞれのノードは、モデルがとる行動の確率分布を表します。build_trainingには、方策勾配法のオプティマイザーが実装されています。先ほど述べたように損失を表現し、それぞれの行動に対する予測の確率とその行動の利得を掛け合わせます。そしてこの結果を合計し、ミニバッチを構成します。損失関数を定義できたら、tf.train.AdamOptimizerを使って勾配に応じて重みを調整し、損失を最小化します。

9.6.4 行動の抽出

predict_action関数は、モデルの行動に関する確率分布の出力に基づいて行動を選択します。探索と利用のバランスをとるために、ε-貪欲法などさまざまなアルゴリズムに対応しています。

9.6.5 履歴の管理

複数のエピソードを実行して得られた勾配をまとめるために、状態と行動そして報酬からなるリストを管理します。以下のように、エピソードの履歴を記録します。

policy_gradient_cartpole.py（抜粋）

```
class EpisodeHistory(object):

  def __init__(self):
    self.states = []
    self.actions = []
    self.rewards = []
    self.state_primes = []
    self.discounted_returns = []

  def add_to_history(self, state, action, reward, state_prime):
    self.states.append(state)
    self.actions.append(action)
    self.rewards.append(reward)
    self.state_primes.append(state_prime)


class Memory(object):

  def __init__(self):
    self.states = []
    self.actions = []
    self.rewards = []
    self.state_primes = []
    self.discounted_returns = []

  def reset_memory(self):
    self.states = []
    self.actions = []
    self.rewards = []
    self.state_primes = []
    self.discounted_returns = []

  def add_episode(self, episode):
    self.states += episode.states
    self.actions += episode.actions
    self.rewards += episode.rewards
    self.discounted_returns += episode.discounted_returns
```

9.6.6 方策勾配法のメインの関数

以上のコードをまとめて、メインの関数を定義します。ポールバランシングのための OpenAI Gym の環境（CartPole-v0）を生成し、エージェントをインスタンス化してこの環境とのインタラクションや訓練を行わせます。

policy_gradient_cartpole.py（抜粋）

```
def main():
  # Configure Settings
  total_episodes = 5001
  total_steps_max = 10000
  epsilon_stop = 3000
  train_frequency = 8
  max_episode_length = 500
  render_start = -1
  should_render = False

  explore_exploit_setting = "epsilon_greedy_annealed_1.0->0.001"

  env = gym.make("CartPole-v0")
  state_size = env.observation_space.shape[0]  # 4 for CartPole-v0
  num_actions = env.action_space.n  # 2 for CartPole-v0

  with tf.Session() as session:
    agent = PGAgent(
      session=session,
      state_size=state_size,
      num_actions=num_actions,
      hidden_size=16,
      explore_exploit_setting=explore_exploit_setting,
      learning_rate=1e-3
    )
    session.run(tf.global_variables_initializer())

    episode_rewards = []
    batch_losses = []

    global_memory = Memory()
    steps = 0
    for i in tqdm.tqdm(range(total_episodes)):
      should_render = i % 1000 == 0
      state = env.reset()
      episode_reward = 0.0
      episode_history = EpisodeHistory()
      epsilon_percentage = float(min(i/float(epsilon_stop), 1.0))
      if should_render:
        print("Show the replay at episode {}!!".format(i))
      for j in range(max_episode_length):
        if should_render:
          env.render()
        action = agent.predict_action(state, epsilon_percentage)
        state_prime, reward, terminal, _ = env.step(action)
        episode_history.add_to_history(
          state,
```

```
        action,
        reward,
        state_prime
      )
      state = state_prime
      episode_reward += reward
      steps += 1
      if terminal:
        episode_history.discounted_returns = discount_rewards(
          episode_history.rewards
        )
        global_memory.add_episode(episode_history)

        if np.mod(i, train_frequency) == 0:
            feed_dict = {
              agent.return_input: np.array(
                global_memory.discounted_returns
              ),
              agent.action_input: np.array(global_memory.actions),
              agent.state: np.array(global_memory.states)
            }
            _, batch_loss = session.run(
              [agent.train_step, agent.loss],
              feed_dict=feed_dict
            )
            batch_losses.append(batch_loss)
            global_memory.reset_memory()

        episode_rewards.append(episode_reward)
        break

    if should_render:
        print("Total Reward: {}".format(episode_reward))
```

このコードを実行した結果、エージェントの訓練に成功し、常に棒を直立した状態に保てるようになりました。

9.6.7 ポールバランシングでのPGAgentの性能

図9-6は、訓練の各期間でエージェントが得た報酬の平均を表したグラフです。8種の抽出手法を試したところ、εを0.5から0.001へと変化させるε-貪欲法（凡例でepsilon_greedy_annealedから始まるもの）で最も良い結果を得られました。

グラフ全体を通じて、標準的なε-貪欲法（凡例でepsilon_greedyから始まるもの）の性能がとても低いことがわかります。この理由について考えてみましょう。εが0.9という高い値の場合、90パーセントの割合でランダムな行動が選択されます。

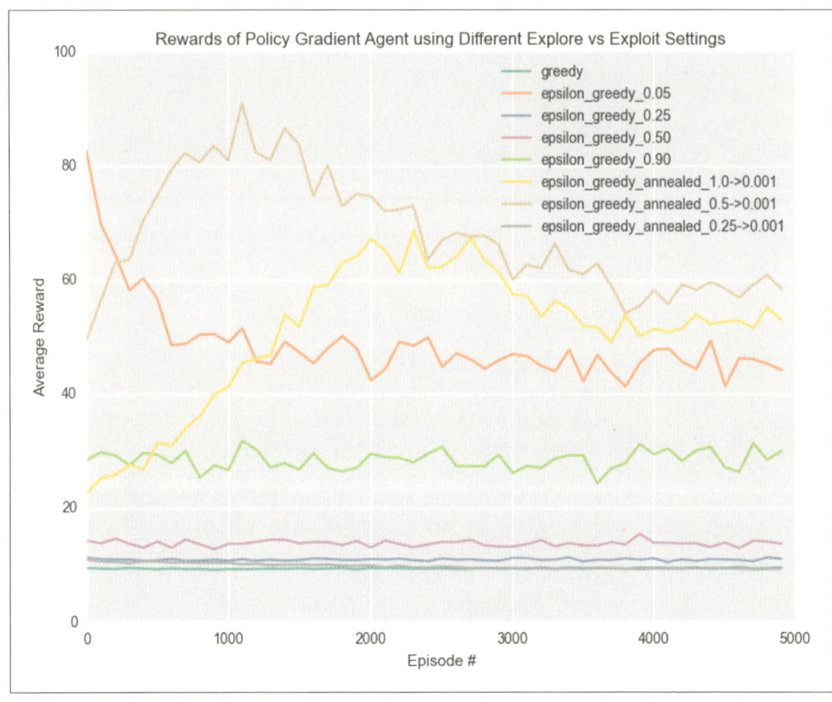

図9-6 探索と利用のバランスが、学習の速度や性能に影響する

完全に正しい行動を学習できたとしても、これが実際に行われるのは全体の10パーセントにすぎません。一方、εが0.05といった低い値の時は、モデルが最善だと考えている行動をほとんどの場合で信頼することになります。εを0.9にするよりはいくらか良いかもしれませんが、他の行動を探索する能力が低いため、局所解から抜け出すのが難しくなります。つまり、εの値が大きくても小さくても良い結果は得られません。大きければ探索が重視されすぎ、小さければ軽視されすぎます。このことからも、εを徐々に減少させてゆくのが効果的なアルゴリズムであるとわかります。初期に広く探索してその後は学習の成果を利用するという方針は、良い方策の選択にとって欠かせません。

9.7 Q学習と深層Qネットワーク

Q学習とは、価値学習のカテゴリーに属する強化学習の一種です。方策を直接学習するのではなく、状態と行動の価値を学習します。学習対象は、状態と行動の組が持

つ価値を表す **Q 関数**です。この Q 関数 $Q(s, a)$ は、状態 s の下で行動 a が実行された場合の割引累積報酬の最大値を算出します。

ある状態である行動をとり、その後（将来の報酬を最大化するための）最善の行動をとり続けた場合の長期的な報酬の期待値がこの Q 値です。定式的に表現すると次のようになります。

$$Q^*(s_t, a_t) = \max_{\pi} E\left[\sum_{i=t}^{T} \gamma^i r^i\right]$$

Q 値を知るにはどうすればよいかと思われたかもしれません。将来の行動を知っていなければならないため、行動の良さを評価するのは人間にとっても困難です。割引累積報酬の期待値は、長期的な方針に依存します。これは鶏と卵のどちらが先かという問題にも思えます。ある状態と行動の組について価値を判定するには、以後の最善の行動をすべて知っている必要があります。一方、最善の行動を知るためには状態と行動の価値が正確にわからなければなりません。

9.7.1　ベルマン方程式

このジレンマを解消するために、将来の Q 値の関数として Q 値を定義することにします。ここでの関係は**ベルマン方程式**と呼ばれます。ある行動 a による将来の報酬の最大値は、次の期間での行動 a' による将来の報酬の最大値と現在の報酬を加えたものになります。

$$Q^*(s_t, a_t) = E[r_t + \gamma \max_{a'} Q^*(s_{t+1}, a')]$$

この再帰的な定義によって、Q 値の関係を表現できました。

過去と将来の Q 値を結びつけられたということは、この式を通じて更新の規則も定まったということを意味します。将来の Q 値に基づいて、過去の Q 値を更新できます。そして好都合なことに、エピソードが終わる直前の最後の行動については正確な Q 値がわかります。この最後の状態では、次の行動が確実に次の報酬をもたらすことがわかっているため、Q 値は確実に定まります。これに対して更新の規則を適用し、Q 値を以前の期間へと伝播させてゆきます。

$$\widehat{Q_j} \to \widehat{Q_{j+1}} \to \widehat{Q_{j+2}} \to \ldots \to Q^*$$

このように Q 値を更新してゆく手順は**価値反復**と呼ばれます。

最初のQ値が完全に誤ったものであっても、まったく問題はありません。反復のたびに、将来の正しいQ値を使って現在の値が更新されてゆきます。反復の1回目では、最後のQ値が正しいものになります。これはエピソードが終了する直前の、最後の状態と行動から得られる報酬であるためです。続いて、最後から2番目のQ値がセットされます。次の反復では、最後の2つのQ値が正しいと保証できます。このようにして順次更新を行ってゆくと、最終的には最適なQ値への収束が保証されます。

9.7.2 価値の反復での問題点

価値の反復によって、状態と行動の組からQ値への対応付けが生成されます。これらを表にしたものは**Qテーブル**と呼ばれます。この表の大きさについて、少し考えてみましょう。価値の反復とは、すべての状態と行動からなる組み合わせの空間を隅々まで探索するプロセスです。例えば「ブロックくずし」では、100個のブロックの有無と50ヶ所のパドルの位置、250ヶ所のボールの位置そして3種の行動の組み合わせを考慮しなければなりません。人間の能力をはるかに超えた大きさの空間です。しかも、確率的な環境ではQテーブルはさらに大きくなり、無限大になることも考えられます。このような空間では、すべての状態と行動の組についてQ値を算出するのは非現実的です。明らかに、こういったアプローチが機能するとは考えられません。別の方法でのQ学習を考える必要があります。

9.7.3 Q関数の近似

Qテーブルの大きさのせいで、安直なアプローチではまともな問題は解けないことがわかりました。ここで、最適なQ関数への要件を緩和できないかという点について考えてみましょう。Q関数の近似を学習できるなら、モデルを使ってQ値を見積もれるでしょう。すべての状態と行動の組を試してQテーブルを埋めるのではなく、この表を近似する関数を学習し、未知の組にも汎化できるようにします。つまり、膨大な探索を行ってすべてのQ値を調べなくても、Q関数を学習できます。

9.7.4 深層Qネットワーク（DQN）

DeepMindが深層Qネットワーク（DQN）を開発した際には、以上のような点が動機になっています。DQNで使われる深層ニューラルネットワークは、画像（これが状態にあたるものです）を受け取り、考えられるすべての行動についてのQ値を見積もります。

9.7.5 DQNの訓練

我々も、Q関数を近似するネットワークを訓練することにします。モデルのパラメーターを使い、近似のQ関数を次のように表現します。

$$\widehat{Q_\theta}(s, a \mid \theta) \sim Q^*(s, a)$$

Q学習は価値学習のアルゴリズムだということを思い出しましょう。方策を直接学習するのではなく、それぞれの状態と行動の組が持つ価値を（良いものでも、そうでなくても）学習します。我々のモデルでのQ関数の近似つまり Q_θ を、割引累積報酬になるべく近づけるようにします。先ほど紹介したベルマン方程式を使うと、この割引累積報酬は次のように表現できます。

$$R_t^* = (r_t + \gamma \max_{a'} \widehat{Q}(s_{t+1}, a' \mid \theta))$$

我々にとっての目標は、Q値の近似と次のQ値との差を最小化することです。

$$\min_\theta \sum_{e \in E} \sum_{t=0}^{T} \left\{ \widehat{Q}(s_t, a_t \mid \theta) - R_t^* \right\}^2$$

ここで、E はエピソードの集合を表しています。

これを展開すると、以下のように最終的な目的の式を得られます。

$$\min_\theta \sum_{e \in E} \sum_{t=0}^{T} \left\{ \widehat{Q}(s_t, a_t \mid \theta) - (r_t + \gamma \max_{a'} \widehat{Q}(s_{t+1}, a' \mid \theta)) \right\}^2$$

この式は、モデルのパラメーターの関数として完全に微分可能です。確率的勾配降下法を使って勾配を計算し、損失を最小化できます。

9.7.6 学習の安定性

現在の期間と次の期間について、予測されたQ値を比較して損失関数を定義しました。そのため、損失はモデルのパラメーターに対して二重に依存していると言ってよいでしょう。パラメーターを更新するたびにQ値は変動を続け、この変動するQ値を使ってさらに更新が行われます。このような更新での高い相関は、パラメーターの振動や損失の発散を招き、学習を不安定なものにします。

この相関の問題を緩和するために、2つのハックを導入します。1つはターゲットQネットワーク、もう1つは体験の再現です。

9.7.7 ターゲットQネットワーク

自分自身のために1つのネットワークを頻繁に更新する代わりに、**ターゲットQネットワーク**という第2のネットワークを導入して依存の軽減を図ります。我々の損失関数は、Q関数のインスタンス $\widehat{Q}(s_t, a_t \mid \theta)$ と $\widehat{Q}(s_{t+1}, a' \mid \theta)$ から構成されます。1つ目は予測のネットワークとして表現し、2つ目はターゲットQネットワークから生成することにします。ターゲットQネットワークは予測のネットワークのコピーですが、パラメーターの更新を遅らせたものです。具体的には、数バッチごとにターゲットQネットワークを更新して、予測のネットワークと等しくなるようにします。その結果、Q値に求められていた安定性を獲得でき、良いQ関数を適切に学習できます。

9.7.8 体験の再現

学習に面倒な不安定性をもたらす原因として、直近の体験との高い相関があげられます。最近の体験を元にバッチを用意してDQNを訓練すると、状態と行動の組はすべて強く関連し合ったものになるでしょう。これは良いことではありません。バッチの勾配は全体の勾配を表しているべきです。データが全体の分布を正しく代表していないなら、バッチの勾配は真の勾配を正確には見積もれません。

したがって、バッチの中に見られるデータの相関を解消しなければなりません。ここでは**体験の再現**と呼ばれる手法が使われます。まず、エージェントによる体験がすべて1つの表に保持されます。バッチを作成する際には、これらの体験の中からランダムに抽出が行われます。体験は (s_i, a_i, r_i, s_{i+1}) のようなタプルとして表現されています。これら4つの値から損失関数を計算し、勾配を求めてネットワークを最適化します。

体験が格納されているのは、表と言うよりはキューのようなものです。訓練の初期にエージェントが得た体験は、長い訓練を経たエージェントの体験をよく表しているとは限りません。したがって、とても古い体験は表から削除するほうがよいのです。

9.7.9 Q関数から方策へ

Q学習は方策学習ではなく、価値学習のアルゴリズムです。環境内での行動の方策を、直接学習しているわけではありません。ここで、Q関数の値から方策を組み立てることは可能でしょうか。Q関数の良い近似を学習できたなら、すべての状態でのすべての行動について価値がわかります。以降の手順は簡単です。現在の状態でのすべての行動から、Q値が最大のものを選びます。そして新しい状態に移行し、同じ処理を繰り返します。Q関数が最適なものなら、そこから導かれた方策も最適になります。この点を踏まえると、最適な方策は次のように表現できます。

$$\pi(s;\theta) = \arg\max_{a'} \widehat{Q^*}(s, a';\theta)$$

以前に議論した、Q関数の推奨するものから外れた行動をランダムに選択して探索の幅を広げるようなテクニックとも組み合わせることが可能です。

9.7.10 DQNとマルコフ性の仮定

DQNはマルコフ決定過程であり、**マルコフ性の仮定**に依存しています。ここでは、次の状態 s_{i+1} は現在の状態 s_i と行動 a_i だけで決まり、以前の状態や行動から影響を受けることはないとされます。しかし多くのゲームでは、環境内のすべての状態を1つの画面だけから読み取ることは不可能で、マルコフ性の仮定は成立しません。例えばPongではボールの速度がゲームプレイの成功にとって重要ですが、これは単一の画面だけではわかりません。マルコフ性の仮定に従うと、モデルでの決定のプロセスをとてもシンプルで信頼性の高いものにできます。しかしその一方で、モデルの表現力が失われてしまっていることがよくあります。

9.7.11 DQNでのマルコフ性の仮定への対策

DQNではこの問題への解決策として、**状態の履歴**というしくみが使われています。1つの画面だけをゲームでの状態として扱うのではなく、過去の4画面も現在の状態に含めています。その結果、時間に依存した情報もDQNの中で利用できるようになりました。ただし、これはやや対症療法的です。後ほど、状態の連続性を扱うためのより良い方法について解説します。

9.7.12 DQNによる「ブロックくずし」のプレイ

ここまでに学んできたことをまとめて、「ブロックくずし」をプレイするDQNを実装してみましょう。まず、`DQNAgent`を定義します。

dqn_breakout.py（抜粋）

```
class DQNAgent(object):
  def __init__(
    self, session, num_actions, learning_rate=1e-3, history_length=4,
    screen_height=84, screen_width=84, gamma=0.99
  ):
    self.session = session
    self.num_actions = num_actions
    self.learning_rate = learning_rate
    self.history_length = history_length
    self.screen_height = screen_height
    self.screen_width = screen_width
    self.gamma = gamma
    self.build_prediction_network()
    self.build_target_network()
    self.build_training()

  def build_prediction_network(self):
    # print("build pred")
    with tf.variable_scope("pred_network"):
      self.s_t = tf.placeholder(
        "float32",
        shape=[None, self.history_length, self.screen_height,
↪ self.screen_width],
        name="state"
      )
      self.conv_0 = slim.conv2d(self.s_t, 32, 8, 4, scope="conv_0")
      self.conv_1 = slim.conv2d(self.conv_0, 64, 4, 2, scope="conv_1")
      self.conv_2 = slim.conv2d(self.conv_1, 64, 3, 1, scope="conv_2")
      shape = self.conv_2.get_shape().as_list()
      self.flattened = tf.reshape(
        self.conv_2, [-1, shape[1] * shape[2] * shape[3]]
      )
      self.fc_0 = slim.fully_connected(
        self.flattened, 512, scope="fc_0"
      )
      self.q_t = slim.fully_connected(
        self.fc_0, self.num_actions,
        activation_fn=None, scope="q_values"
      )
      self.q_action = tf.argmax(self.q_t, dimension=1)

  def build_target_network(self):
    # print("build target")
    with tf.variable_scope("target_network"):
      self.target_s_t = tf.placeholder(
        "float32",
```

```
          shape=[None, self.history_length, self.screen_height,
↪   self.screen_width],
          name="state"
        )
        self.target_conv_0 = slim.conv2d(
          self.target_s_t, 32, 8, 4, scope="conv_0"
        )
        self.target_conv_1 = slim.conv2d(
          self.target_conv_0, 64, 4, 2, scope="conv_1"
        )
        self.target_conv_2 = slim.conv2d(
          self.target_conv_1, 64, 3, 1, scope="conv_2"
        )
        shape = self.target_conv_2.get_shape().as_list()
        self.target_flattened = tf.reshape(
          self.target_conv_2, [-1, shape[1] * shape[2] * shape[3]]
        )
        self.target_fc_0 = slim.fully_connected(
          self.target_flattened, 512, scope="fc_0"
        )
        self.target_q = slim.fully_connected(
          self.target_fc_0, self.num_actions,
          activation_fn=None, scope="q_values"
        )
        self.target_q_action = tf.argmax(self.target_q, dimension=1)

  def update_target_q_weights(self):
    # print("update target weights")
    target_vars = tf.get_collection(
      tf.GraphKeys.GLOBAL_VARIABLES, scope="target_network"
    )
    pred_vars = tf.get_collection(
      tf.GraphKeys.GLOBAL_VARIABLES, scope="pred_network"
    )
    for target_var, pred_var in zip(target_vars, pred_vars):
      weight_input = tf.placeholder("float32", name="weight")
      target_var.assign(weight_input).eval(
        {weight_input: pred_var.eval()}
      )

  def sample_and_train_pred(self, replay_table, batch_size):
    s_t, action, reward, s_t_plus_1, terminal =
↪   replay_table.sample_batch(batch_size)
    q_t_plus_1 = self.target_q.eval({self.target_s_t: s_t_plus_1})
    terminal = np.array(terminal) + 0.
    max_q_t_plus_1 = np.max(q_t_plus_1, axis=1)
    target_q_t = (1. - terminal) * self.gamma * max_q_t_plus_1 + reward
    _, q_t, loss = self.session.run(
```

```
        [self.train_step, self.q_t, self.loss],
        {self.target_q_t: target_q_t, self.action: action, self.s_t: s_t}
      )
      return q_t

    def build_training(self):
      self.target_q_t = tf.placeholder(
        "float32", [None], name="target_q_t"
      )
      self.action = tf.placeholder("int64", [None], name="action")

      action_one_hot = tf.one_hot(
        self.action, self.num_actions, 1.0, 0.0, name="action_one_hot"
      )
      q_of_action = tf.reduce_sum(
        self.q_t * action_one_hot,
        reduction_indices=1, name="q_of_action"
      )

      self.delta = (self.target_q_t - q_of_action)
      self.loss = tf.reduce_mean(
        self.clip_error(self.delta), name="loss"
      )

      self.optimizer = tf.train.AdamOptimizer(
        learning_rate=self.learning_rate
      )
      self.train_step = self.optimizer.minimize(self.loss)

    def sample_action_from_distribution(
      self, action_distribution, epsilon_percentage
    ):
      # Choose an action based on the action probability
      # distribution
      action = epsilon_greedy_action_annealed(
        action_distribution, epsilon_percentage
      )
      return action

    def predict_action(self, state, epsilon_percentage):
      action_distribution = self.session.run(
        self.q_t, feed_dict={self.s_t: [state]}
      )[0]
      action = self.sample_action_from_distribution(
        action_distribution, epsilon_percentage
      )
      return action

    def process_state_into_stacked_frames(
```

```
        self, frame, past_frames, past_state=None
    ):
        full_state = np.zeros(
            (self.history_length, self.screen_width, self.screen_height)
        )
        if past_state is not None:
            for i in range(len(past_state) - 1):
                full_state[i, :, :] = past_state[i + 1, :, :]
            full_state[-1, :, :] = self.preprocess_frame(
                frame, (self.screen_width, self.screen_height)
            )
        else:
            all_frames = past_frames + [frame]
            for i, frame_f in enumerate(all_frames):
                full_state[i, :, :] = self.preprocess_frame(
                    frame_f, (self.screen_width, self.screen_height)
                )
        return full_state

    def to_grayscale(self, x):
        return np.dot(x[..., :3], [0.299, 0.587, 0.114])

    def clip_error(self, x):
        try:
            return tf.select(tf.abs(x) < 1.0, 0.5 * tf.square(x), tf.abs(x) -
↪ 0.5)
        except:
            return tf.where(tf.abs(x) < 1.0, 0.5 * tf.square(x), tf.abs(x) -
↪ 0.5)

    def preprocess_frame(self, im, shape):
        cropped = im[16:201, :]
        grayscaled = self.to_grayscale(cropped)
        resized = imresize(grayscaled, shape, "nearest").astype("float32")
        mean, std = 40.45, 64.15
        frame = (resized - mean) / std
        return frame
```

さまざまな処理が行われているので、細かく見てゆくことにします。

9.7.13 アーキテクチャー

ここでは 2 つの Q ネットワークが作成されます。1 つは予測のネットワーク、もう 1 つはターゲット Q ネットワークです。両者は基本的には同じネットワークで、ターゲット Q ネットワークではパラメーターの更新が遅らされています。ゲーム画面のピクセルを学習するので、状態はピクセルの配列として表現されます。まず、3

つの畳み込み層を使ってこの画像を処理します。そして2つの全結合の層を使い、可能な行動のそれぞれについてQ値を算出します。

9.7.14 画面の積み重ね

入力される状態のサイズが [None, self.history_length, self.screen_height, self.screen_width] だということに気づいたでしょうか。時間に依存する速度などの状態をモデル化し捕捉するために、1つだけでなく連続する複数の画像が**履歴**として利用されます。それぞれの画像は個別のチャンネルとして扱われます。ヘルパー関数 process_state_into_stacked_frames(self, frame, past_frames, past_state=None) を使い、積み重ねられた画像が組み立てられます。

9.7.15 訓練のセットアップ

以前に紹介した最適化対象の式を元に、損失関数を以下のように定義できます。

$$\min_{\theta} \sum_{e \in E} \sum_{t=0}^{T} \left\{ \widehat{Q}(s_t, a_t \mid \theta) - (r_t + \gamma \max_{a'} \widehat{Q}(s_{t+1}, a' \mid \theta)) \right\}^2$$

予測のネットワークは、ターゲットQネットワークに現在の時刻の報酬を加えたものと等しくなるべきです。この部分はTensorFlowで記述しています。予測のネットワークとターゲットQネットワークについて、それぞれからの出力の差が計算されます。それを元に、tf.train.AdamOptimizer を使って予測のネットワークの更新や訓練を行います。

9.7.16 ターゲットQネットワークの更新

安定した学習の環境を保証するために、ターゲットQネットワークの更新は4バッチごとにしか行いません。この更新のルールはとてもシンプルで、重みが予測のネットワークと等しくなるようにするというものです。この処理は関数 update_target_q_weights(self) の中で行われます。tf.get_collection を使い、それぞれのネットワークのスコープにある変数を取得します。これらの変数に対してループを実行し、assign を使ってターゲットQネットワークと予測のネットワークの重みを一致させます。

9.7.17 体験の再現の実装

先ほど、体験の再現を使ってバッチの勾配の更新から相関を取り除き、Q学習や導かれる方策の質を上げるという点について紹介しました。体験の再現を、シンプルな形で実装してみます。add_episode(self, episode) というメソッドを用意します。エピソード全体を表す EpisodeHistory オブジェクトを受け取り、再現のための表に追加します。表が満杯になったら、古いものから削除してゆきます。

この表から抽出する際には、sample_batch(self, batch_size) を呼び出してランダムに体験のバッチを組み立てます。

dqn_breakout.py（抜粋）

```
class ExperienceReplayTable(object):

  def __init__(self, table_size=50000):
    self.states = []
    self.actions = []
    self.rewards = []
    self.state_primes = []
    self.terminals = []
    self.table_size = table_size

  def add_episode(self, episode):
    self.states += episode.states
    self.actions += episode.actions
    self.rewards += episode.rewards
    self.state_primes += episode.state_primes
    self.terminals += episode.terminals
    self.purge_old_experiences()

  def purge_old_experiences(self):
    while len(self.states) > self.table_size:
      self.states.pop(0)
      self.actions.pop(0)
      self.rewards.pop(0)
      self.state_primes.pop(0)

  def sample_batch(self, batch_size):
    s_t, action, reward, s_t_plus_1, terminal = [], [], [], [], []
    rands = np.arange(len(self.states))
    np.random.shuffle(rands)
    rands = rands[:batch_size]

    for r_i in rands:
      s_t.append(self.states[r_i])
      action.append(self.actions[r_i])
```

```
            reward.append(self.rewards[r_i])
            s_t_plus_1.append(self.state_primes[r_i])
            terminal.append(self.terminals[r_i])
          return np.array(s_t), np.array(action), np.array(reward),
    ↪   np.array(s_t_plus_1), np.array(terminal)
```

9.7.18 DQNのメインのループ

以上の処理を呼び出す、メインの関数を定義します。「ブロックくずし」のためのOpenAI Gymの環境を用意したらDQNAgentをインスタンス化し、このエージェントにゲームの操作や訓練を行わせます。

dqn_breakout.py（抜粋）

```
def main(argv):
  # Configure Settings
  learn_start = 15000
  scale = 30
  total_episodes = 500 * scale
  epsilon_stop = 200 * scale
  train_frequency = 8
  target_frequency = 1000
  batch_size = 32
  max_episode_length = 100000
  render_start = 10
  should_render = False

  env = gym.make("Breakout-v4")
  num_actions = env.action_space.n

  solved = False
  with tf.Session() as session:
    agent = DQNAgent(
      session=session, num_actions=num_actions, learning_rate=1e-4,
      history_length=4, gamma=0.98
    )
    session.run(tf.global_variables_initializer())

    episode_rewards = []
    q_t_list = []

    replay_table = ExperienceReplayTable()
    global_step_counter = 0
    for i in tqdm.tqdm(range(total_episodes)):
      frame = env.reset()
      past_frames = [copy.deepcopy(frame) for _ in
↪   range(agent.history_length - 1)]
```

```
    state = agent.process_state_into_stacked_frames(
      frame, past_frames, past_state=None
    )
    episode_reward = 0.0
    episode_history = EpisodeHistory()
    epsilon_percentage = float(min(i / float(epsilon_stop), 1.0))
    for j in range(max_episode_length):
      action = agent.predict_action(state, epsilon_percentage)
      if global_step_counter < learn_start:
        action = np.argmax(np.random.random((agent.num_actions)))

      frame_prime, reward, terminal, _ = env.step(action)
      if terminal == True:
        reward -= 1

      state_prime = agent.process_state_into_stacked_frames(
        frame_prime, past_frames, past_state=state
      )

      past_frames.append(frame_prime)
      past_frames = past_frames[len(past_frames) -
↪   agent.history_length:]

      if (i > render_start) and should_render or (solved and
↪   should_render):
        env.render()
      episode_history.add_to_history(
        state, action, reward, state_prime, terminal
      )
      state = state_prime
      episode_reward += reward
      global_step_counter += 1

      if global_step_counter > learn_start:
        if global_step_counter % train_frequency == 0:
          q_t = agent.sample_and_train_pred(replay_table, batch_size)
          q_t_list.append(q_t)

          if global_step_counter % target_frequency == 0:
            agent.update_target_q_weights()

      if j == (max_episode_length - 1):
        terminal = True

      if terminal:
        replay_table.add_episode(episode_history)
        episode_rewards.append(episode_reward)
        break
```

```
if i % 50 == 0:
  ave_reward = np.mean(episode_rewards[-100:])
  ep_percent = float(min(i / float(epsilon_stop), 1.0))
  print(
    "Reward Stats (min, max, median, mean): ",
    np.min(episode_rewards[-100:]),
    np.max(episode_rewards[-100:]),
    np.median(episode_rewards[-100:]),
    np.mean(episode_rewards[-100:])
  )
  print(
    "Global Stats (ep_percent, global_step_counter): ",
    ep_percent, global_step_counter
  )
  if q_t_list:
    print(
      "Qt Stats (min, max, median, mean): ",
      np.min(q_t_list[-1000:]),
      np.max(q_t_list[-100:]),
      np.median(q_t_list[-100:]),
      np.mean(q_t_list[-100:])
    )
  if ave_reward > 50.0:
    solved = True
    print("solved")
  else:
    solved = False
```

9.7.19 「ブロックくずし」でのDQNAgentの成績

1千回のエピソードで訓練を行い、DQNAgentの学習曲線を観察しました。人間を超える成績を収めるためには、数日間にわたって訓練を行うのが一般的です。それでも図9-7のように、早期に報酬が増加する傾向が認められます。

9.8 DQNの改善と新たな方向性

2014年の時点で、DQNはAtariのゲームの攻略にかなりの成功を収めています。しかし、深刻な問題点も少なくありません。例えば訓練にとても長い時間がかかること、ゲームの種類によってはうまく機能しないこと、ゲームごとに再訓練が必要なことなどが問題点としてあげられます。近年の深層強化学習に関する研究の多くは、これらの弱点の克服に取り組んでいます。

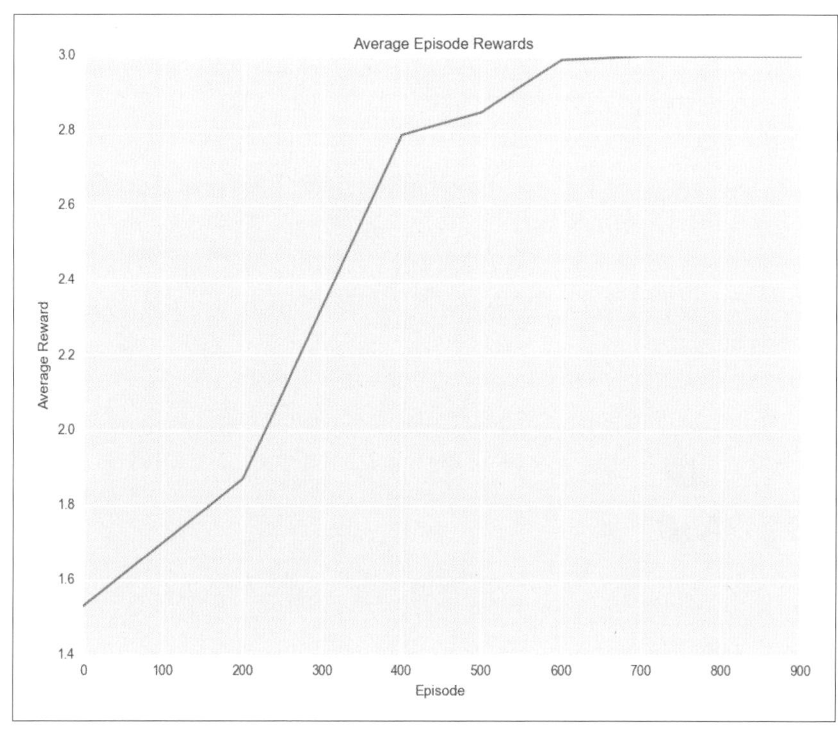

図9-7 「ブロックくずし」での DQN エージェントの性能。良い価値関数を学習できたため、成績がどんどん向上してゆく。ε-貪欲法の ε をうまく減衰させることによって、確率的なふるまいは減少する

9.8.1　深層リカレント Q ネットワーク（DRQN）

マルコフ性の仮定について思い出しましょう。この仮定の下では、次の状態は現在の状態とエージェントの行動によってのみ決まります。DQN はこの仮定を回避するために、連続する 4 つの画面をそれぞれチャンネルとして積み重ねるというハックを利用しました。ここでの（例えば 10 ではなく）4 という値はアドホックなものです。画面の履歴というハイパーパラメーターのせいで、モデルの一般性が損なわれています。しかし、任意の関連したデータのシーケンスを扱えるような方法を我々はすでに知っています。「6 章　埋め込みと表現学習」でリカレントニューラルネットワークについて学んだことを応用すれば、**深層リカレント Q ネットワーク**（DRQN、Deep Recurrent Q-Network）を定義してシーケンスをモデル化できます。

DRQN では、リカレント層を介して潜在的な知識が次の期間へと渡されます。い

くつの画面を状態に含めるのが効果的かという点について、モデル自身が学習を通じて判断できます。情報の少ない画像の破棄や、逆にずっと前からある画像を保持し続けるといった判断も可能です。

DRQN をさらに拡張して、アテンションのしくみを加えるという試みも行われています。Sorokin らによる Deep Attention Recurrent Q-Network (DARQN)†5がこれに該当します。DRQN はデータのシーケンスを扱うことができ、その中の特定の部分にアテンションを与えることも可能です。画像の一部だけに注目することによって、性能が向上します。同時に、行動の根拠を示すことによってモデルの解釈可能性も向上します。

DOOM†6のような FPS（一人称視点シューティングゲーム）では、DRQN が DQN よりも高い成績を示しています。Atari のゲームの中でも、Seaquest†7のように長期的な依存関係を持つものでは DRQN による性能の向上が見られます。

9.8.2 A3C

A3C（Asynchronous Advantage Actor-Critic）とは、2016 年に DeepMind が Asynchronous Methods for Deep Reinforcement Learning†8という論文で発表した新しい深層強化学習のアプローチです。これがどのようなものであり、DQN と比べて何が改善されているのか検討してみましょう。

A3C での **asynchronous** とは、エージェントを並列化して多数のスレッドで同時に実行できるという意味です。環境のシミュレーションを高速に行えるため、訓練時間が桁違いに短縮されます。多数の環境で同時に A3C を実行し、体験を集積できます。速度の向上以外にも、バッチ内での体験の相関を減少させるという大きなメリットがあります。異なるシナリオで実行された多数のエージェントによる体験が、バッチの中に混在するためです。

actor-critic とは、critic による価値関数 $V(s_t)$ と actor による方策 $\pi(s_t)$ をともに学習するという手法です†9。以前に、強化学習には価値学習と方策学習という 2 つのアプローチがあることを紹介しました。A3C は両者の強みを取り入れ、critic の価

---

†5 Sorokin, Ivan, et al. "Deep Attention Recurrent Q-Network." *arXiv preprint arXiv*:1512.01693 (2015).

†6 https://en.wikipedia.org/wiki/Doom_(1993_video_game)

†7 https://en.wikipedia.org/wiki/Seaquest_(video_game)

†8 Mnih, Volodymyr, et al. "Asynchronous Methods for Deep Reinforcement Learning." *International Conference on Machine Learning*. 2016.

†9 Konda, Vijay R., and John N. Tsitsiklis. "Actor-Critic Algorithms." *NIPS*. Vol. 13. 1999.

値関数を使ってactorの方策を改善します。

また、A3Cでは割引累積報酬ではなく**advantage**という関数が使われています。方策学習の際に、望ましくない報酬をもたらす行動を選ぶエージェントにはペナルティーが与えられます。A3Cでも目標は同じですが、報酬ではなくadvantageという判断基準が使われます。advantageとは、行われた行動の質の期待値とその実際の値との差を表します。advantageは次のように定義できます。

$$A_t(s_t, a_t) = Q(s_t, a_t) - V(s_t)$$

A3Cには価値関数$V(s_t)$が含まれていますが、Q関数はありません。割引累積報酬をQ関数の近似として使うことによって、advantageを概算します。

$$A_t = R_t - V(s_t)$$

以上3つのテクニックを組み合わせた結果、ほとんどの深層強化学習のベンチマークでA3Cが優位に立つことになりました。「ブロックくずし」のプレイを学習するのにDQNエージェントは3日から4日を要しますが、A3Cエージェントは12時間以下で学習できます。

9.8.3 UNREAL

UNREAL（UNsupervised REinforcement and Auxiliary Learning、教師なしの強化学習および補助学習）は、Jaderbergらが論文Reinforcement Learning with Unsupervised Auxiliary Tasksで発表した改善版のA3Cです[†10]。これもDeepMindからの提案です。

UNREALは報酬の疎性という問題に取り組んでいます。強化学習でのエージェントが受け取るのは報酬だけであり、報酬の増減の理由を正確に説明することは困難です。そのため、強化学習がとても難しいものになっています。また、強化学習では報酬を得るための良い方策だけでなく外界を表すための良い表現も学習しなければなりません。これらすべてを、疎な報酬という弱いシグナルだけを通じて行おうというのは無理な相談です。

UNREALでは、報酬なしに外界から何を学習できるかという問いかけが行われま

†10 Jaderberg, Max, et al. "Reinforcement Learning with Unsupervised Auxiliary Tasks." *arXiv preprint arXiv*:1611.05397 (2016).

す。そして、教師なしで有益な外界の表現を学習することが目標とされます。具体的には、全体的な目標に加えて教師なしの補助的なタスクが追加されます。

1つ目のタスクでは、UNREALのエージェントは自らの行動が環境に与える影響を学習します。行動を通じて画面上のピクセルの値をコントロールするという課題が、エージェントに与えられます。次の画面で特定のピクセル値が生成されるように、エージェントは行動を選択します。その結果、エージェントは行動が周囲の外界に与える影響を学習し、自分の行動を考慮に入れた形での外界の表現も学習できるようになります。

2つ目のタスクは、エージェントが**報酬の予測**を学習するというものです。一連の状態を元に、エージェントは次に受け取る報酬を予測します。この背景には、もし予測に成功したなら将来の環境の状態を表す良いモデルが使われているのだろうという考え方があります。このようなモデルは方策の作成に役立つはずです。

これらの教師なしの補助的なタスクの結果、UNREALは3D迷路ゲームLabyrinth（DeepMind製）をA3Cよりもおよそ10倍高速に学習できました。UNREALを通じて、良い外界の表現を学習することの重要性が明らかになりました。また、強化学習のようにシグナルが弱くリソースの乏しい学習には教師なしの学習が役立つこともわかりました。

9.9 まとめ

この章では強化学習の基礎について解説しました。マルコフ決定過程や割引累積報酬、探索と利用のバランスなどを紹介しました。深層強化学習のアプローチとして、方策勾配法やDQNなどについても議論しました。近年のDQNへの改善や、深層強化学習の最新動向も紹介しました。

単に外界を認識し解釈するだけでなく、外界に対して行動しインタラクションを行うエージェントが求められています。このようなエージェントを作成するには、強化学習が不可欠です。そして深層強化学習には、この目標に向かう上で大きなメリットがあります。Atariのゲームの習得や安全な自動運転、高収益な株取り引き、ロボットの制御などに深層強化学習のエージェントが活躍しています。

索引

数字

A

B

C

D

E

F

G

H

I

J

K

L

M

N

O

P

Q

R

あ行

か行

さ行

た行

な行

は行

ま行

や行

ら行

わ行

● **著者紹介**

Nikhil Buduma（ニキル・ブドゥマ）

サンフランシスコに拠点を置く、データ駆動型のプライマリーヘルスケアのシステムを手がける企業Remedyの共同創業者兼チーフサイエンティスト。16歳の時に、サンノゼ州立大学で創薬の研究所を運営し、リソースの限られたコミュニティーでのスクリーニングを行う画期的な低コストの手法を開発。19歳までに、国際生物学オリンピックで金メダルを2度受賞。後にMITで大規模なデータシステムを開発し、ヘルスケアの提供やメンタルヘルスそして医学の研究に貢献する。MITでは国立の非営利組織Lean On Meを共同で設立した。匿名メッセージのホットラインを提供して学生同士のサポートを可能にし、データを活用してメンタルヘルスや健康の増進に効果を示した。今日では、空き時間を利用してベンチャーファンドQ Venture Partnersを運営し、テクノロジー企業やデータ企業への投資を行っている。また、ミルウォーキー・ブルワーズのデータ分析チームの運営にも携わる。

● **監訳者紹介**

太田 満久（おおた みつひさ）

1983年東京都生まれ。名古屋育ち。京都大学基礎物理学研究所にて素粒子論を専攻し、2010年に博士号を取得。同年データ分析専業のブレインパッド社に新卒として入社。入社後は数学的なバックグラウンドを生かし、自然言語処理エンジンやレコメンドアルゴリズムの開発を担当。現在は最新技術の調査・検証を担当。TensorFlow User Group Tokyoオーガナイザ。Google Developer Expert（Machine Learning）。日本ディープラーニング協会試験委員。監訳書に『コマンドラインではじめるデータサイエンス』（オライリー・ジャパン）、著書に『TensorFlow活用ガイド』（共著、技術評論社）がある。

藤原 秀平（ふじわら しゅうへい）

大学院では数理最適化や機械学習の研究に取り組み修士号を取得。その後は開発者として機械学習関連の業務に携わる傍ら、Google Cloud Platform（GCP）の認定トレーナーの資格を取得し、GCPやTensorFlowを普及させるために活動。TensorFlow User Group Tokyoオーガナイザ。Google Developer Expert（Machine Learning）。

● **訳者紹介**

牧野 聡（まきの さとし）

ソフトウェアエンジニア。日本アイ・ビー・エム ソフトウェア開発研究所勤務。主な訳書に『アイソモーフィック JavaScript』『React ビギナーズガイド』『デザインスプリント』（ともにオライリー・ジャパン）。

● **カバーの説明**

本書の表紙に描かれているのはアカナマダ（Lophotus capellei）です。ユニコーン（一角獣）フィッシュと呼ばれることもあります。アカナマダ科に属し、太平洋や大西洋の深海に生息しています。隔絶された生態のため、知られていることはほとんどありません。まれに捕獲されることがあり、体長は約 6 フィート（1.8 メートル）です。

実践 Deep Learning
——PythonとTensorFlowで学ぶ次世代の機械学習アルゴリズム

2018年 4 月24日　　初版第 1 刷発行

著　　者	Nikhil Buduma（ニキル・ブドゥマ）
監 訳 者	太田 満久（おおた みつひさ）、藤原 秀平（ふじわら しゅうへい）
訳　　者	牧野 聡（まきの さとし）
発 行 人	ティム・オライリー
制　　作	株式会社トップスタジオ
印刷・製本	日経印刷株式会社
発 行 所	株式会社オライリー・ジャパン 〒160-0002　東京都新宿区四谷坂町12番22号 Tel　(03)3356-5227 Fax　(03)3356-5263 電子メール　japan@oreilly.co.jp
発 売 元	株式会社オーム社 〒101-8460　東京都千代田区神田錦町3-1 Tel　(03)3233-0641（代表） Fax　(03)3233-3440

Printed in Japan（ISBN978-4-87311-832-1）
乱丁本、落丁本はお取り替え致します。